Chemie für Kids

Manfred Amann

Chemie für Kids

bhv

Bibliografische Information Der Deutschen Bibliothek –
Die Deutsche Bibliothek verzeichnet diese Publikation in
der Deutschen Nationalbibliografie;
detaillierte bibliografische Daten sind im Internet über
<http://dnb.ddb.de> abrufbar.

ISBN-10: 3-8266-1639-1
ISBN-13: 978-3-8266-1639-6

Printed in Germany

www.bhv-buch.de

Lektorat: Katja Schrey
Herstellung: Mona Heylmann
Satz und Layout: DREI-SATZ, Husby
Druck: Media-Print, Paderborn

Inhalt

Inhaltsverzeichnis

Einleitung

Chemie macht Schlagzeilen – Glykol im Wein, saurer Regen, hochgiftige »polychlorierte Biphenyle (PCB)« im Fettgewebe und in der Muttermilch, Nitrite in der Wurst, Dioxin in der Umwelt und so weiter. Zur Gefährlichkeit dieser Wissenschaft kommt noch die unverständliche Sprache: Acrylnitril, Difluordichlormethan, PCB (bereits genannt) – wie soll man sich da für die Chemie begeistern? Trotzdem: Es gibt viele Menschen, die mit Hingabe die Gesetze dieser Wissenschaft erforschen. Was macht Chemie für diese Menschen so interessant?

Zunächst einmal hat Chemie als die »Wissenschaft von den Substanzen«, wie wir sie hier vorläufig nennen wollen, sehr viel mit deinem täglichen Leben zu tun. Alles was du anfassen, riechen, schmecken kannst, ist Gegenstand der Chemie. Viele Menschen wollen verstehen, was in dieser Welt der Substanzen vor sich geht.

Viele wollen auch verstehen, *warum* es geschieht – was diese Welt »im Innersten zusammenhält«. Es ist die Freude an der Beobachtung und Erforschung der Natur, die Begeisterung für das Experiment, mit dem Fragen an die Natur gestellt werden. »Ein reizvolles Experiment ist in sich selbst oft wertvoller als zwanzig Formeln, die man sich mühsam ausdenken muss« (Albert Einstein).

Aber vielleicht ist dir das zu hoch gegriffen. Vielleicht geht es dir nur darum zu erfahren, was da bald in der Schule mit dem Unterrichtsfach Chemie auf dich zukommt. Einverstanden; schließlich möchte nicht jeder Leser dieses Buches gleich zum großen Naturforscher und Experimentator werden. Bleiben wir also auf dem Boden der Schüler-Tatsachen! Was wird die Chemielehrerin/der Chemielehrer von dir erwarten (oder besser: erhoffen)? Vor allem natürlich Neugier – ohne sie geht es wohl in keinem Fach. Darüber hinaus: die Bereitschaft und das Erlernen der Fähigkeit,

stoffliche Vorgänge genau zu beobachten und das Wesentliche in ihnen zu erkennen. Vielleicht auch die Bereitschaft, sorgfältig eigene Experimente durchzuführen. Die Offenheit, neue Sichtweisen für vertraute Vorgänge zu entwickeln. Es ist nicht immer leicht, die Chemie zu erlernen, aber du wirst für deine Mühe belohnt. Jedes Wissen über die Welt der Substanzen ist auch ein Wissen über uns selbst. Und nur wer die Vielfalt und Großartigkeit der Natur kennt, wird wirklich Achtung vor ihr empfinden können.

Aber um es deutlich zu sagen: Dies ist kein Schulbuch. Es ist nicht seine Absicht, auf einzelne Klassenarbeiten im Fach Chemie vorzubereiten (kann diesen Zweck aber vielleicht doch hin und wieder erfüllen – das wäre ein schöner Nebeneffekt!). Ich habe eigene Schwerpunkte gesetzt, an manchen Stellen auf so genannte »didaktische Verkürzungen« verzichtet. Mein Ziel war es vor allem, Interesse zu wecken. Wenn ich dieses Ziel erreicht habe, dann ist das Buch gelungen. Dafür ist *dein* Urteil entscheidend.

Machen wir uns also auf zur Reise in die Welt der Chemie!

Zur Benutzung dieses Buches

Bedeutung der Symbole in diesem Buch:

Diese Textstellen solltest du aufmerksam lesen, um die folgenden Sachverhalte zu verstehen und die Aufgaben lösen zu können.

Das solltest du dir merken – wichtige Regeln, Gesetze und Erklärungen.

Auch Aussagen zu Einzelvorgängen und Reaktionsgleichungen sind in dieser Weise gekennzeichnet.

An diesen Stellen findest du Versuche, die du mit einfachen Mitteln selbst zu Hause durchführen kannst.

Zur Benutzung dieses Buches

Die notwendigen Materialien für die Versuche werden jeweils gesondert angegeben. Ansonsten brauchst du nur einen Bleistift und einen Block Papier zur Lösung der Aufgaben. Wenn du vergleichen willst: Am Ende des Buches stehen meine Lösungen. Die Aufgaben sind aber nur dann nützlich, wenn du in jedem Fall *zuerst selbst* die Lösung suchst!

1

Was machen die Chemiker eigentlich?

Ein Tag in den Sommerferien: Spaziergang im Stadtpark, ein vorbeifahrendes Auto, ein Schluck Mineralwasser zur Erfrischung ... Was hat das mit Chemie zu tun? Chemie, ist das nicht gesundheitsschädliche Arbeit mit Reagenzgläsern und geheimnisvollen Geräten, »unnatürlich«, Umweltverschmutzung und unverständlicher Formelkram? Das kann aber nicht alles sein. Wieso gibt es in der Schule trotzdem das Fach Chemie, wo doch schon dieser Name für viele wie ein Schimpfwort klingt? Wieso arbeiten trotzdem allein in Deutschland über 400.000 Menschen in der chemischen Industrie? Wieso werden Menschen für herausragende Forschungsleistungen in der Chemie ausgezeichnet, zum Beispiel mit dem Nobelpreis?

In diesem Kapitel lernst du

- welche Bedeutung die Chemie in deinem Leben hat
- was der Chemiker unter Stoffen versteht
- was den Chemiker vom Physiker unterscheidet
- welche Aufgaben die Chemie hat
- seit wann es Chemie gibt

Wohin man blickt – Stoffe!

Schauen wir etwas genauer hin bei unserem Spaziergang. Das Sonnenlicht, die Buche im Stadtpark – zusammen eine chemische Fabrik, die in jeder Stunde ein paar hundert Gramm Zucker und große Mengen Sauerstoff erzeugt!

Abb. 1.1: Grüne Pflanzen erzeugen im Sonnenlicht Kohlenhydrate.

Das vorbeifahrende Auto – es enthält etwa 150 kg Kunststoffe, die von der chemischen Industrie hergestellt wurden. Das Mineralwasser – es enthält chemisch erzeugte Kohlensäure. Wir selbst – eine »chemische Fabrik«, die ständig Nahrung in andere Stoffe umwandelt. Und bereits bei den bisher genannten Punkten eine der Gemeinsamkeiten, die uns später die Übersicht im riesigen Feld der Chemie erleichtern werden: Es ist das Gas Kohlenstoffdioxid, von dem du vielleicht schon gehört hast. Das Auto und wir selbst erzeugen dieses Gas; im Mineralwasser entsteht daraus die Kohlensäure, und die Buche wandelt es zusammen mit Wasser und mit Hilfe des Sonnenlichts in den neuen Stoff Zucker um.

Abb. 1.2: Baum, Auto, Medikamente – Chemie ist überall!

Aber das ist noch nicht alles: deine Kleidung, die Sonnenschutzcreme, die Tablette gegen Zahnschmerzen, die Luft um dich herum – all das interessiert den Chemiker. Wie? Du möchtest »keine Chemie« in deiner Kleidung, trägst reine Baumwolle oder vielleicht sogar reine Seide? Sei sicher – auch das gehört zur Chemie. Aber was ist denn nun Chemie? Was machen die Chemiker eigentlich?

> Unsere erste Erkenntnis: Chemie ist überall!

Betrachten wir noch einmal Kohlenstoffdioxid, eine gasförmige Substanz. In der Luft ist sie nur in geringen, aber leider steigenden Mengen vorhan-

den: Dieser Anstieg ist höchstwahrscheinlich die Hauptursache für die zunehmende Erderwärmung (Treibhauseffekt). Es wird von Lebewesen bei der Umwandlung von Nährstoffen erzeugt. Ein Erwachsener gibt täglich etwa 360 Liter davon (über 700 Gramm) an die Umwelt ab, bei schwerer körperlicher Arbeit auch erheblich mehr. Ein Mittelklassewagen erzeugt zwischen 140 und 200 Gramm Kohlenstoffdioxid pro Kilometer(!). In großen Mengen entsteht es bei der Verbrennung von Holz, Kohle und Erdölprodukten. Andererseits sind grüne Pflanzen mit Hilfe des Sonnenlichts in der Lage, aus diesem scheinbar nutzlosen Gas etwas sehr Wertvolles herzustellen: Zucker, ein Kohlenhydrat. Das ist der wichtigste chemische Vorgang auf diesem Planeten Erde (wegen der Mitwirkung des Lichts nennt man ihn *Fotosynthese*), denn er ist die Grundlage für fast alle Lebensformen.

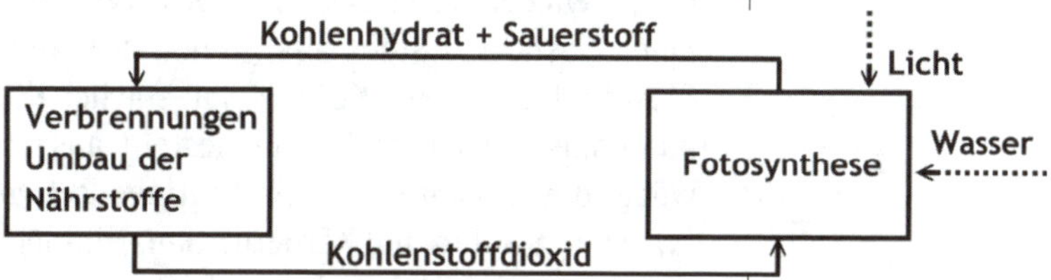

Abb. 1.3: Kohlenstoffdioxid-Kreislauf

Bei der Fotosynthese werden durch die Energie des Sonnenlichts Kohlenhydrate erzeugt. Ohne die Fotosynthese gäbe es fast kein Leben auf der Erde. Durch den Verbrauch von Kohlenstoffdioxid bremst die Fotosynthese den Treibhauseffekt.

Die Aufgabe des Chemikers

Aber offenbar reicht dieser Vorgang nicht mehr aus, um die steigenden Kohlenstoffdioxidmengen zu bewältigen. Der Chemiker wird nach Wegen suchen, Kohlenstoffdioxid auf andere Weise »unschädlich« zu machen. Dazu muss er aber diese Substanz sehr gut kennen lernen. Er muss ihr Vorkommen, ihre Entstehung und ihre Eigenschaften erforschen, so genau wie möglich – ein »Steckbrief« dieser Substanz muss erstellt werden, wie bei der Kriminalpolizei.

Vorläufiger Steckbrief von Kohlenstoffdioxid (auch Kohlendioxid genannt):

Farb- und geruchloses Gas, schwerer als Luft, wasserlöslich, in der Luft zu 0,03% enthalten (ab 5% Vergiftungserscheinungen), in großen Mengen im Wasser der Weltmeere gelöst, flammenerstickend, wird bei –78 °C fest.

In der Luft ist sie gemischt mit den Hauptbestandteilen Stickstoff und Sauerstoff enthalten. Sie kann durch Sauerstoffkontakt aus allen Substanzen entstehen, die Kohlenstoff enthalten. Der Chemiker möchte verhindern, dass zu viel davon in die Luft kommt, z.B. aus den Schornsteinen großer Kohlekraftwerke. Das entstehende Kohlenstoffdioxid soll so gut es geht noch im Schornstein abgefangen, also aus dem Abgasgemisch herausgetrennt werden. Das gelingt durch Einleitung in Kalkwasser: Unser Sorgenkind bindet sich in Form von Kalkstein und kann so z.B. als Baustoff weitere Verwendung finden.

Chemie oder Physik

Sauerstoff, Stickstoff, Kohlenstoff, Kraftstoff, Kunststoff, Farbstoff – immer wieder dieser Begriff »Stoff«! Wir wollen ihn künftig so verwenden: Eine Substanz besteht aus (reinen oder gemischten) Stoffen, und diese Stoffe bilden einen »Körper«. Ein solcher Körper wäre beispielsweise ein aufgeblasener Luftballon. Er besteht aus den Stoffen Gummi und Luft, wobei die Luft ihrerseits ein Stoffgemisch ist. Warum diese Abgrenzung zwischen Stoffen und Körpern? Ganz einfach, weil hier eine Grenzlinie zur anderen großen Naturwissenschaft verläuft, zur Physik. Für den Chemiker stehen die *Stoffe* im Vordergrund, für den Physiker die Eigenschaften und das Verhalten von *Körpern*, insbesondere ihre *Energie*. Beispiel Fußball: Der Chemiker fragt z.B. nach den Eigenschaften der Kunststoffe, aus denen dieser besteht. Der Physiker hat andere Fragen: Wie weit fliegt der Fußball, wenn er mit einer bestimmten »Wucht« getreten wird? Unter welchem Winkel sollte er abgeschlagen werden, damit er möglichst weit fliegt? Wie verhält es sich also mit der *Energie* des Fußballs unter bestimmten Bedingungen?

Abb. 1.4: Physik und Chemie des Fußballs

Aber natürlich ist diese Abgrenzung nicht ganz eindeutig. Energie spielt auch in der Chemie eine große Rolle, und der Physiker kann stoffliche Eigenschaften nicht vernachlässigen, wenn er das Verhalten von Körpern

studiert. Deshalb muss jeder gute Chemiker auch etwas von Physik verstehen und umgekehrt.

Chemie untersucht Stoffe – Physik untersucht Körper

Stoffe umgeben uns in unendlicher Vielfalt. Müll, Abwasser, Luft, Abgase, Lebensmittel, Gesteine sind typische Beispiele von Stoffgemischen. In vielen Fällen hat der Chemiker die Aufgabe, solche Gemische zu trennen (Recycling, Abwasser- und Abgasreinigung, Erzgewinnung).

Bestandteil	Anteil (%)
Bioabfälle	31
Papier/Pappe/Kartonagen	13
Glas	12
Kunststoffe	10
Metalle	5
Textilien	4
Mineralstoffe	4
Verbundstoffe	3
Holz	2
Schadstoffbelastete Abfälle	1
Sonstiges	15

Tabelle 1.1: Hausmüllanalyse 2000/2001 der Landeshauptstadt Magdeburg (Sachsen-Anhalt). Gesamt-Müllmenge pro Jahr 54.500 t.

Der reine Stoff

Andere Stoffe gelten zwar als »rein« – z.B. Metalle (Eisen, Aluminium usw.), Halbleiter (Silizium), Zucker, Salz, Arzneimittelwirkstoffe – sind es aber in Wirklichkeit gar nicht. Es gibt ein Gebiet der Chemie, das sich auf die Untersuchung der Zusammensetzung und den Nachweis von Stoffen spezialisiert hat: die analytische Chemie. Sie ist mit modernen Methoden in der Lage, auch äußerst geringe Verunreinigungen nachzuweisen. So

kann z.B. das Umweltgift Blei in manchen Lebensmitteln noch nachgewiesen werden, wenn es nur zum fünfzigmillionsten Teil enthalten ist (20 ppb, also »parts per billion«, Anteile pro Milliarde).

Steckbrief Blei: Häufigkeit in der Erdrinde 0,0018%, schweres und sehr weiches Metall, sehr giftig, Verwendung: Bleikabel, Akkumulatoren, Strahlenschutz usw.

Bestimmte Bestandteile des Benzins (Antiklopfmittel) können in Wasser nachgewiesen werden, wenn sich nur der hundertmillionste Teil davon in einem Liter gelöst hat – das sind 0,00000001 Gramm. Oder anders ausgedrückt: In 100 Millionen Liter Wasser kann man noch ein Gramm dieser Antiklopfmittel nachweisen! Man spricht von der »Nachweisgrenze«: Wenn man nichts findet, heißt das noch lange nicht, dass es keine Verunreinigung gibt – sie liegt dann eben unter der Nachweisgrenze.

»Acetylsalicylsäure reinst, Gehalt > 99,5%« (Angaben auf einem Chemikalien-Etikett; es handelt sich um den Wirkstoff von Aspirin-Tabletten)

Den völlig reinen Stoff, der mit keinem anderen Stoff verunreinigt ist, gibt es also nur theoretisch. Für viele Anwendungsbereiche wäre er sehr wünschenswert, beispielsweise im Arzneimittelbereich oder in der Halbleiterindustrie. Die Steigerung des Reinheitsgrades chemischer Produkte ist deshalb eine immerwährende, sehr anspruchsvolle Aufgabe der Chemie.

Wegen der enormen methodischen Fortschritte in der Analytik lassen sich in menschlichem Blut oder in der Muttermilch heute mehr Stoffe nachweisen als noch vor einigen Jahren. Aus wissenschaftlicher Sicht ist diese Tatsache nicht überraschend, da der Mensch durch Atmung und Ernährung in einem ständigen Stoffaustausch mit seiner Umgebung steht. Moderne Biomonitoring-Verfahren erlauben heute den Nachweis eines Tropfens einer Substanz gelöst in 100.000 Litern, was etwa dem Fassungsvermögen eines Eisenbahnkesselwagens entspricht. Romanowski: »Das Aufspüren synthetischer Substanzen in so geringen Konzentrationen wie Millionstel (ppm) oder sogar Milliardstel Gramm (ppb) je Gramm ist nicht automatisch mit einem gesundheitlichen Risiko gleichzusetzen. Darin sind sich Wissen-

schaft und Behörden weitgehend einig.« (Aus einer Stellungnahme des Verbandes der chemischen Industrie e. V., VCI, vom 6.10.2005)

Aufgaben der Chemie

Die bisher näher beschriebenen Aufgaben der Chemie können wir so zusammenfassen (und in Kapitel 2 vertiefen):

- Untersuchung von Stoffeigenschaften
- Nachweis von Stoffen
- Trennung/Reinigung von Stoffgemischen

Aber zur Chemie gehört noch viel mehr als »nur« die Reinigung und Zerlegung von Stoffgemischen sowie die Untersuchung und der Nachweis von Stoffen, die bereits auf natürlichen Wegen entstanden sind. Chemie kann mehr: In *chemischen Reaktionen* werden ganz gezielt *neue Stoffe* erzeugt. In aller Regel entstehen sie aus mehreren, teils einfacheren Stoffen oder können in solche zerlegt werden. Man spricht deshalb von *chemischen Verbindungen.* Manche davon gab es bereits in der Natur, z.B. Vitamine. Die chemische Produktion deckt hier den gestiegenen Bedarf, der sich aus dem Bevölkerungswachstum ergibt. Andere Stoffe werden ganz gezielt und maßgeschneidert für technische, medizinische oder Konsumzwecke hergestellt, z.B. Reinigungsmittel, Malaria-Präparate oder Lippenstiftfarben. Und oft werden gefährliche Stoffe durch chemische Reaktionen unschädlich gemacht (Beispiel: Abgasreinigung). Mit diesem riesigen Gebiet der chemischen Verbindungen und Reaktionen werden wir uns jetzt näher befassen.

Wenn das Essen anbrennt: Chemische Reaktionen

Das haben wir alle schon mal erlebt: Fett wird in der Pfanne überhitzt, ein beißender Geruch entsteht und verursacht Kopfschmerzen. Der Stoff Fett (eigentlich ein Gemisch sehr ähnlicher chemischer Verbindungen, der »Triglyceride«) wird durch die Hitze zunächst in einfachere Stoffe zerlegt: Glycerin und Fettsäuren. Glycerin (das der Chemiker korrekt *Glycerol* nennt) kennen wir als Hautpflegemittel; es hat völlig andere Eigenschaften als unser Bratfett! Noch mehr gilt das für die Produkte der anschließenden chemischen Reaktion: Aus Glycerol entsteht Wasser und Acrolein – dieses giftige Gas verursacht den Kopfschmerz.

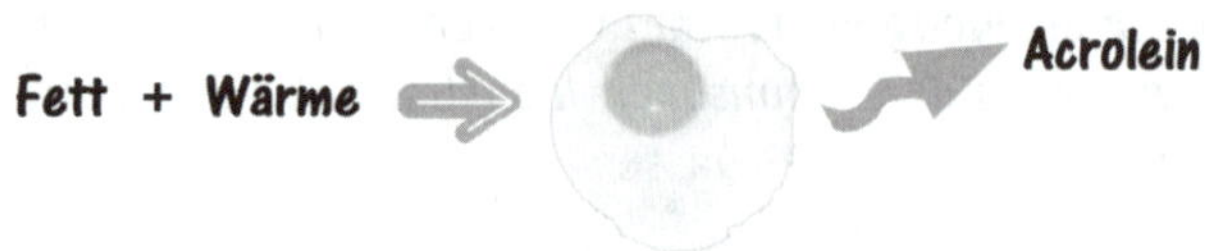

Abb. 1.5: Aus überhitztem Fett entsteht das giftige Acrolein.

Ausgangsstoffe (Edukte) bilden also in einer chemischen Reaktion neue und andersartige Endstoffe (Produkte). Eigentlich kennen wir das ja schon: die Buche im Stadtpark mit ihrer Zuckerproduktion, die Kohlensäure im Mineralwasser, die Umwandlung unserer Nahrung – chemische Reaktionen sind überall! Ein Streichholz verbrennt, übrig bleiben Gase und ein bisschen Asche – die Liste chemischer Reaktionen in unserem Alltag ließe sich fast endlos fortsetzen.

Chemische Reaktionen sind überall!

Aber der Chemiker erforscht nicht nur solche Alltagsreaktionen (obwohl auch diese oft sehr kompliziert und schwer verständlich sind). Mehr als 20 Millionen chemische Verbindungen sind bereits bekannt, jedes Jahr kommen Hunderttausende neue dazu. Über sechs Millionen bekannte chemische Reaktionen lassen diese Vielfalt entstehen.

Die Beiträge der Greifswalder Wissenschaftler um Prof. Ulrike Lindequist (Institut für Pharmazie) und Prof. Frieder Schauer (Institut für Mikrobiologie) konzentrierten sich auf die Suche nach neuen Wirkstoffen aus marinen Organismen. Dazu wurden in Kooperation mit dem Institut für Marine Biotechnologie in Greifswald über 300 Algen, Pilze, Muscheln, Schnecken und Würmer untersucht, aus denen verschiedene Wirkstoffe isoliert und chemisch definiert wurden. Die gewonnenen Substanzen wurden anschließend auf ihre Wirkung gegen Krankheitserreger (Viren, Bakterien, Pilze), gegen Tumorzellen sowie auf Knochenzellen (Osteoporose-Schutz), Hautzellen und verschiedene Enzyme geprüft. Mehrere hochaktive neue Substanzen aus marinen Organismen konnten dabei entdeckt werden. Diese wurden daraufhin in Rostock analysiert, nachsynthetisiert und in größeren Mengen hergestellt. (Aus: Analytik-News – Tagesaktuelle News und Infos für Analytiker, www.analytik-news.de, vom 4.1.2006)

Die chemische Industrie erzeugt aus ca. 300 so genannten »Grundprodukten« schließlich etwa 100.000 Produkte für den Endverbraucher. Die Grundprodukte (z.B. Ammoniak, Kohlenwasserstoffe) wiederum stammen aus den Vorräten dieser Erde: vor allem Erdöl und Erdgas, selten auch noch Kohle (die fossilen Rohstoffe), dazu Luft, Wasser und mineralische Rohstoffe (Erze).

Sparte	Prozentanteil
Chemische Grundstoffe	48,47
Schädlingsbekämpfungs-, Pflanzenschutz- und Desinfektionsmittel	0,93
Anstrichmittel, Druckfarben und Kitte	7,84
Pharmazeutische Erzeugnisse	22,44
Seifen, Wasch-, Reinigungs- und Körperpflegemittel, Duftstoffe	7,73
Klebstoffe, Gelatine	1,07
Chemiefasern	3,17
Datenträger	0,31
Sonstige	8,04

Tabelle 1.2: Anteil der Sparten an der Gesamtproduktion der deutschen chemischen Industrie im Jahr 2004 (Quelle: Verband der chemischen Industrie, VCI)

Das alles ergibt noch nicht die Zahl von 20 Millionen bekannten (in Datenbanken registrierten) Verbindungen. Viele entstehen zunächst in der wissenschaftlichen Forschung, die eine oder andere findet schließlich den Weg zur industriellen Produktion.

Wir können jetzt also eine vollständige Definition der Chemie angeben – sie lautet kurz und bündig:

> Chemie ist die Wissenschaft von den Stoffen und Stoffumwandlungen.

Ein einfacher Satz, hinter dem sich ein riesiges Universum des Wissens und der Anwendungen verbirgt!

Den Überblick behalten

Wie soll man sich bei der gewaltigen Zahl bekannter Verbindungen eigentlich noch in der Chemie zurechtfinden? Ohne das regelmäßige Stu-

dium von Fachzeitschriften – die gibt es schon seit dem Jahr 1778 – geht das keinesfalls. Allerdings erscheinen dort inzwischen ca. 600.000 Veröffentlichungen pro Jahr (in der Regel in englischer Sprache), so dass man um Spezialisierung und die Nutzung elektronischer Datenbanken schon lange nicht mehr herumkommt.

Abb. 1.6: Chemie-Informationsquellen sind Fachzeitschriften, Bücher, elektronische Verzeichnisse (DVD) und das Internet.

Von der analytischen Chemie hast du schon gehört. Weitere Fachrichtungen:

- Organische Chemie: die Chemie des Grundbausteins (Elements) Kohlenstoff
- Anorganische Chemie: Verbindungen aus anderen Grundbausteinen (Elementen)
- Physikalische Chemie: Anwendung physikalischer Erkenntnisse und Methoden in der Chemie
- Biochemie: chemische Vorgänge in lebenden Systemen

In dieser Aufzählung ist erstmals die Rede von »Grundbausteinen« oder genauer »Elementen«. In Kapitel 3 werden wir uns näher damit befassen. Die organische Chemie ist das Hauptthema in den Kapiteln 9 und 10, wird uns aber – ebenso wie die anorganische und physikalische Chemie – auch zuvor immer wieder begegnen. Biochemie schließlich setzt fundierte Kenntnisse insbesondere der organischen Chemie, aber auch der Biologie voraus. Eine genauere Betrachtung würde den Rahmen dieses Buches leider bei weitem sprengen.

Seit wann gibt es Chemie?

Seit 1778 gibt es also schon chemische Fachzeitschriften – und wie lange gibt es schon die Chemie? Diese Frage ist nicht ganz leicht zu beantworten, denn natürlich haben sich die Menschen schon seit Urzeiten mit Stoffen und Stoffumwandlungen beschäftigt und sich Gedanken darüber gemacht. Das Wort jedenfalls stammt aus dem Arabischen. Die alten »Alchimisten« suchten beispielsweise nach Möglichkeiten, den relativ wertlosen Stoff Blei in Gold zu verwandeln – nicht gerade aus wissenschaftlichen Gründen! Fragen wir also besser nach den Anfängen der Che-

mie als Wissenschaft, die nach Erkenntnis sucht. Da finden wir bereits um 400 v. Chr. den Griechen Demokrit, der – auf die stoffliche Welt bezogen – den berühmten Satz sprach: »In Wahrheit gibt es Atome und eine Leere.« Die Weisheit dieser Feststellung wird sich uns in Kapitel 5 erschließen. Ein weiteres »Highlight« in der Chemie-Geschichte war dann sehr viel später John Dalton mit seinem Teilchenmodell (»daltonsche Atomhypothese«, 1809; siehe Kapitel 3). Im 19. Jahrhundert lieferte z.B. der deutsche Chemiker Justus von Liebig entscheidende Impulse sowohl für die wissenschaftliche Weiterentwicklung als auch die wirtschaftliche Umsetzung seines Faches.

Nach diesem Überblick können wir uns jetzt die Teilgebiete, Konzepte und Arbeitsweisen der Chemie genauer ansehen. Wir beginnen mit dem ersten Teil der Chemie-Definition, mit dem Stoff »an sich«. Stoffkenntnis ist schließlich die Voraussetzung für gezielte stoffliche Umwandlungen. Du lernst in Kapitel 2 zunächst die Systematik der Stoffe und Stoffgemische sowie Möglichkeiten der Stofftrennung kennen, bevor wir in Kapitel 3 bei den »einfachsten« Stoffen überhaupt ankommen – den Elementen. Keine Angst – die Zahl der Elemente ist viel kleiner als zwanzig Millionen!

Zusammenfassung

Den ersten Spaziergang im Riesenreich der Chemie hast du hinter dir. In diesem Kapitel hast du gelernt

- dass die Fotosynthese aus Kohlenstoffdioxid und Wasser mit Hilfe des Sonnenlichts Kohlenhydrate und Sauerstoff erzeugt und dies die wichtigste chemische Reaktion auf unserem Planeten ist
- dass Substanzen aus Stoffen zusammengesetzt sind und Stoffe einen Körper bilden
- dass es völlig reine Stoffe nicht gibt
- dass der Chemiker Stoffe untersucht, Stoffgemische trennt und Stoffe umwandelt
- dass der Physiker Körper und ihre Energie erforscht
- dass die chemische Industrie aus ca. 300 Grundprodukten etwa 100.000 Endprodukte erzeugt
- dass der Chemiker derzeit mehr als 20 Millionen chemische Verbindungen und sechs Millionen unterschiedliche chemische Reaktionen kennt

- dass es die Fachrichtungen der analytischen, organischen, anorganischen, physikalischen und der Biochemie gibt
- dass sich Menschen bereits seit mehr als zweitausend Jahren wissenschaftlich mit der Chemie beschäftigen

Aufgaben

1. Formuliere einen Stoffkreislauf, der im grünen Gras einer Wiese beginnt, indem du die Begriffe *Weiderind – Kohlenstoffdioxid – Wasser – Mensch – Sonnenlicht – Kohlenstoffdioxid – Kohlenhydrat – Fotosynthese* (siehe Abschnitt »Wohin man blickt - Stoffe«) in die richtige Reihenfolge bringst!
2. Die Nachweisgrenze für Blei in Kartoffeln liegt bei 20 ppb (siehe Zitat unter *Der reine Stoff*). Welche Bleimenge kann in 500 Gramm Kartoffeln, in denen bei der Analyse kein Blei gefunden wurde, noch enthalten sein?
3. Nenne mindestens drei Endprodukte der chemischen Industrie, auf die du persönlich leichten Herzens verzichten könntest, und mindestens drei Produkte, die du persönlich für unverzichtbar hältst. Bitte eine Freundin/einen Freund, ebenfalls solche Produkte zu nennen; vergleicht eure Antworten und begründet sie.
4. Nenne fünf Fachrichtungen der Chemie.
5. Ermittle in einer Internet-Recherche (z.B. unter www.google.de) fünf bedeutende deutsche Chemiker des 19. und 20. Jahrhunderts.

2

Kalbsleberwurst, Milch und Schmutzwasser

Den völlig reinen Stoff gibt es, wie du bereits weißt, nur theoretisch. »Reinstaluminium« z.B. enthält 0,001% Verunreinigungen, stellt also immer noch ein Stoffgemisch dar. Ein anderes – deutlicheres – Beispiel sind wir selbst. Eine sehr materialistische Beschreibung des Menschen könnte lauten: 60–70% Wasser, 20% Eiweiß, 4–10% Fett, 1% Kohlenhydrate, 4–5% Mineralstoffe – der Mensch als Stoffgemisch.

Abb. 2.1: Der Mensch als Stoffgemisch

In diesem Kapitel lernst du

- den Unterschied zwischen physikalischen und chemischen Vorgängen
- die Kennzeichen von heterogenen und homogenen Gemischen
- etwas über die Wirkung von Emulgatoren
- welche Möglichkeiten der Gemischtrennung es gibt
- auf welchen Stoffeigenschaften die Trennmethoden beruhen

Chemische und physikalische Vorgänge

Der menschliche Körper *als Ganzes* hat natürlich andere Eigenschaften als die in der vorherigen Abbildung genannten Stoffanteile – aber deren Eigenschaften sind sogar in diesem hoch komplizierten Gemenge erhalten geblieben. Sie können dadurch nachgewiesen und isoliert werden. Blutzucker (ein Kohlenhydrat) zum Beispiel ist genau dasselbe wie Traubenzucker aus der Drogerie, schmeckt genauso süß, ist genauso wasserlöslich und zeigt die gleichen chemischen Reaktionen.

Auch der Mensch ist ein Stoffgemisch!

Doch wir wollen den Menschen nicht auf seine stofflichen Bestandteile reduzieren! Betrachten wir deshalb zunächst ein etwas »gröberes« Gemisch-Beispiel, nämlich Müll. Viele Bestandteile kann man bereits mit bloßem Auge unterscheiden und damit auslesen. Eisenbestandteile können mit dem Magneten herausgeholt werden, weil Eisen auch in dieser Mischung mit anderen Stoffen magnetisch ist. Andere Metalle können von Holz und vielen Kunststoffen getrennt werden, weil sie schwerer sind. Kupfer könnte man, außer an seinem Aussehen, auch an seiner hervorragenden elektrischen Leitfähigkeit erkennen und von anderen Metallen im Müll unterscheiden. Wieder etwas anders stellt sich die Situation bei salzigem Wasser dar. Mit bloßem Auge und auch mit Hilfe eines Mikroskops wird es uns keinesfalls gelingen, Salz und Wasser zu unterscheiden – das Salz können wir überhaupt nicht mehr entdecken! Aber es ist noch vorhanden, wie uns bereits der salzige Geschmack beweist. Zur Gemischtrennung genügt es, etwas Salzwasser ein paar Tage offen stehen zu lassen. Wasser wird dann verdunsten, wie es »reines« Wasser ebenfalls tun würde. Salz wird – sichtbar in Form von Salzkristallen – zurückbleiben, wie auch ein geöffneter Salzstreuer sich nicht durch Verdunstung entleeren würde.

! Im Gemisch bleiben die Stoffeigenschaften erhalten.

Müll und Salzwasser sind also verschiedene Arten von Stoffgemischen. Wir werden nicht umhin kommen, Stoffgemische nach bestimmten Kriterien zu ordnen, um den Überblick zu behalten.

Gemische und Verbindungen

Doch bevor wir das tun, werden wir noch etwas grundsätzlicher und fragen uns: Wo liegen denn überhaupt die Unterschiede zwischen Stoffgemischen und chemischen Verbindungen? Zur Erinnerung: Chemische Verbindungen sind »reine« Stoffe, die durch chemische Reaktionen aus anderen, meist einfacheren »reinen« Stoffen entstehen. Und da haben wir doch schon den ersten, wichtigen Unterschied: Gemische können nämlich, wie bereits ihr Name sagt, durch irgendeine Form des Mischens entstehen, nicht nur (aber auch) durch chemische Reaktionen! Das führt uns gleich zum zweiten wesentlichen Unterschied.

Bei *chemischen Vorgängen* (chemischen Reaktionen) entstehen chemische Verbindungen mit neuen, eigenen Eigenschaften, während die Eigenschaften der Ausgangsstoffe verschwunden sind. Beispiele dazu haben wir bereits erwähnt (Zucker aus Kohlenstoffdioxid und Wasser und weitere Beispiele). Bei *physikalischen Vorgängen* dagegen bleiben die Stoffe selbst und ihre Eigenschaften erhalten, es entstehen keine neuen Stoffe. Die Stoffe ändern »nur« ihren Zustand (fest, flüssig, gasförmig, gelöst; warm, kalt; rein, gemischt; grobkörnig, feinkörnig usw.).

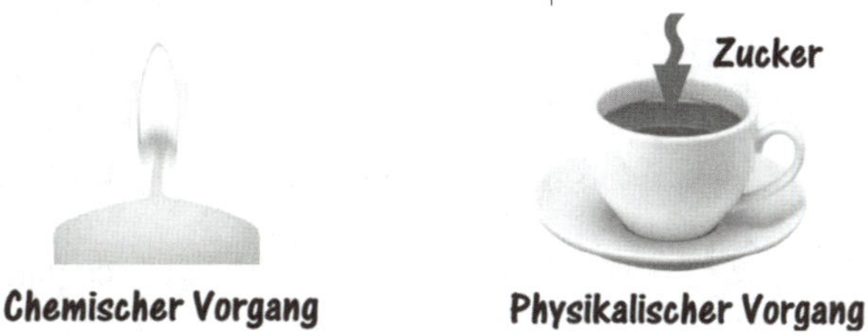

Abb. 2.2: Chemischer und physikalischer Vorgang

Deshalb können Gemische auch durch physikalische Vorgänge, also ohne chemische Reaktionen, wieder in ihre Bestandteile zerlegt werden, so wie sie auch durch physikalische Vorgänge entstanden sind. Chemische Verbindungen dagegen können nur durch chemische Reaktionen in einfachere Stoffe zerlegt werden.

Physikalischer Vorgang:
Die Stoffe bleiben erhalten, aber sie ändern ihren Zustand.
Chemischer Vorgang:
Die Stoffe werden umgewandelt, neue Stoffe entstehen.

Ein wichtiger Punkt fehlt noch: Während Menschen durchaus einen unterschiedlichen Fettanteil haben können, während wir Müll und (in gewissen Grenzen) Salzwasser in beliebigen Verhältnissen aus den Bestandteilen mischen können, ist dies bei chemischen Verbindungen völlig anders. Diese enthalten die Grundbausteine (Elemente), aus denen sie zusammengesetzt sind, immer in einem ganz bestimmten Verhältnis, von dem niemals abgewichen wird (sonst wäre es eben eine andere chemische Verbindung). 100 Gramm Traubenzucker z.B. enthalten *immer* 40 Gramm des »Grundbausteins« Kohlenstoff, 6,7 Gramm Wasserstoff und 53,3 Gramm Sauerstoff (in Form kleinster Teilchen miteinander verbunden). Diese wichtige Erkenntnis formulierte als Erster der französische Naturforscher Joseph Louis Proust (1754–1826). In Kapitel 4 kommen wir darauf zurück.

Fassen wir also zusammen:

Tabelle 2.1: Unterschiede zwischen Gemischen und chemischen Verbindungen

Kriterium	Gemisch/Gemenge	Chemische Verbindung
Entstehung	Durch physikalischen Vorgang oder durch chemische Reaktion	Nur durch chemische Reaktion
Eigenschaften der Ausgangsstoffe	Bleiben erhalten, weil auch die Ausgangsstoffe erhalten bleiben	Bleiben nicht erhalten, weil die Ausgangsstoffe verschwinden
Zusammensetzung	Beliebiges Verhältnis (mit Einschränkungen bei echten Lösungen und Legierungen)	Ganz bestimmtes Verhältnis der Grundbausteine
Zerlegung	Durch physikalischen Vorgang oder durch chemische Reaktion	Nur durch chemische Reaktion

Man sieht, was drin ist – heterogene Gemische

Müll hatten wir bereits – aber wie ist das mit der Milch? Sieht doch völlig einheitlich aus! Also nehmen wir ein Mikroskop zu Hilfe. Ein kleiner Tropfen Milch auf einen Objektträger aufgebracht, mit einem Tropfen Wasser verdünnt und fein verteilt (ausgestrichen) – bei 400facher Vergrößerung werden kleine Kügelchen sichtbar. Es sind Fetttröpfchen, die wir da sehen. Die Verpackungsaufschrift gibt denn auch an, dass (in Vollmilch) etwa 3,5% Fett enthalten sind. Milch ist also ein heterogenes Gemisch.

Unter dem Mikroskop ist auch Milch heterogen!

Eine kleine Abschweifung und eine Vorausschau: Die Fetttröpfchen führen eine ständige, bei dieser Vergrößerung aber nur bei genauer Beobachtung sichtbare Zitterbewegung aus. Dieses Phänomen wurde bereits im Jahr 1827 von dem schottischen Botaniker Brown beschrieben und nach ihm »Brownsche Bewegung« genannt. Was zunächst wie eine technische Störung des Mikroskops (oder eine Störung unserer Augenfunktion) wirkt, ist in Wahrheit ein Hinweis auf sehr viel kleinere, im Mikroskop noch lange nicht sichtbare Teilchen – ein Hinweis auf die grundlegende Struktur chemischer Verbindungen! Sogar der große Albert Einstein veröffentlichte dazu 1905 eine wissenschaftliche Abhandlung mit dem Titel »Über die von der molekularkinetischen Theorie der Wärme geforderte Bewegung von in ruhenden Flüssigkeiten suspendierten Teilchen«. Wir werden auf diese »Theorie der Wärme« in Kapitel 3 (Kugelmodell nach Dalton) zurückkommen.

Fett ist eigentlich in Wasser nicht löslich und setzt sich an der Oberfläche ab. Diesem Aufrahmen wird im Falle Milch bereits in der Molkerei durch die so genannte Homogenisierung (Verkleinerung der Fetttröpfchen) entgegengewirkt. Andere Milchbestandteile wie Lecithin tun ein Übriges: Als so genannte *Emulgatoren* sorgen sie für die Durchmischung der ineinander unlöslichen Bestandteile. Weitere typische Beispiele hierfür aus dem Lebensmittelbereich: Mayonnaise, Leberwurst, Butter und Margarine. Schweineschmalz dagegen ist nahezu reines Fett. Emulgatoren – auch chemisch erzeugte, also in der Natur nicht vorkommende – finden in der Lebensmittelherstellung ausgedehnte Verwendung. Fette sorgen zwar für guten Geschmack, sind aber nicht gerne »gesehen«! Unter einem normalen Lichtmikroskop werden sie aber, wie erwähnt, trotzdem sichtbar. Deshalb gilt:

Auch die für das bloße Auge völlig einheitlichen, emulgierten Fett-Wasser-Mischungen sind heterogene Gemische.

Lebensmittel	Fett	Wasser
Mayonnaise	83%	13%
Butter	83%	16%
Margarine	89%	19%
Leberwurst	40%	47%

Tabelle 2.2: Emulgierte Fett-/Wasser-Anteile einiger Lebensmittel

Was die Dinge zusammenhält

Die Wirkung von Emulgatoren können wir leicht demonstrieren:

> Versuch 2a:
>
> Gebe in ein Glas etwas Wasser und dazu etwas Öl. Halte die Hand auf die Öffnung und schüttle kräftig. Lasse das Glas dann ruhig stehen und beobachte das Verhalten der Flüssigkeit.
>
> Wiederhole diesen Versuch, gebe aber vor dem Schütteln einige Tropfen Geschirrspülmittel zu.

Wie du siehst, trennt sich im ersten Fall das Öl bereits nach kurzer Zeit wieder vom Wasser. Im zweiten Fall aber bleibt eine trübe Mischung bestehen. Die Trübung rührt von den fein verteilten Öltröpfchen her.

Abb. 2.3: Modell einer Emulsion

Seifen und Waschmittel – wichtige Produkte der chemischen Industrie – enthalten Emulgatoren. Auch die Gallensäuren in unserer Verdauung wirken emulgierend. Chemiker sprechen ganz allgemein von »grenzflächenaktiven Stoffen«. Sie sollen an den Grenzflächen zwischen unterschiedlichen Bereichen eines Gemisches – den *Phasen* – ihre Wirkung entfalten.

Emulsionen bestehen aus (mindestens) zwei *flüssigen Phasen*, im häufigsten Fall Öl (Fett) und Wasser. Die entsprechende feine Verteilung fester Stoffe in einer Flüssigkeit dagegen nennt man *Suspension*. Ein Beispiel dafür ist naturtrüber Apfelsaft (oder ganz einfach schmutziges Wasser). Suspensionen bestehen also aus *mindestens einer festen* und *einer flüssigen Phase*. Wir können damit heterogene Gemische so definieren:

> Heterogene Gemische bestehen aus Phasen, die sich entweder bereits mit bloßem Auge oder in optischer Vergrößerung (Lupe, Mikroskop) unterscheiden lassen.

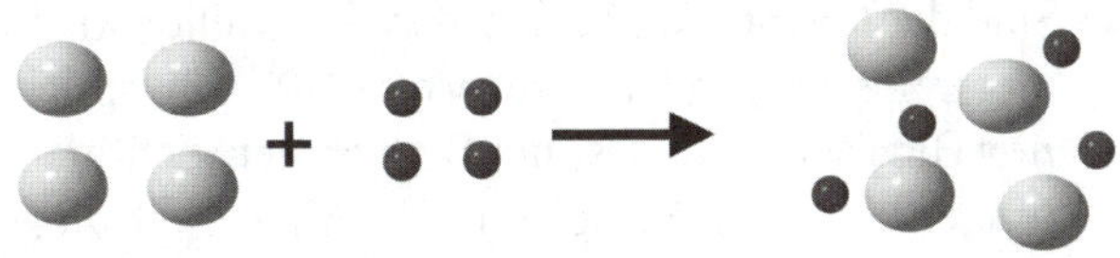

Abb. 2.4: Heterogenes Gemisch aus zwei Phasen

Daraus leiten wir die folgenden Möglichkeiten heterogener Gemische ab:

Tabelle 2.3: Phasen bei heterogenen Gemischen

Phasen	Beispiel
flüssig-gasförmig	Nebel
gasförmig-flüssig	Badeschaum
flüssig-flüssig	Milch (Emulsion)
flüssig-fest	Lehm
fest-flüssig	Schmutzwasser (Suspension)
fest-fest	Gestein
fest-gasförmig	Rauch
gasförmig-fest	Styropor

Bei einigen dieser Gemischtypen steht chemisch-technisch die Trennaufgabe im Vordergrund (Schmutzwasser, Rauch, Gesteine zur Erzgewinnung), andere wiederum werden gezielt hergestellt oder stabilisiert (Styropor, Badeschaum). Kenntnis der Stoffeigenschaften – und damit chemisches Wissen – ist in jedem Fall notwendig.

Vielleicht hast du in der Tabelle oben die Kombination gasförmig-gasförmig vermisst. Das hat seinen Grund: In solchen Gemischen lassen sich auch mit dem stärksten Lichtmikroskop keine Phasen unterscheiden. Man nennt sie deshalb homogen.

Völlig gleichartig – homogene Gemische

Lasse ein Glas Wasser einige Zeit stehen. Aus der zunächst völlig klaren Flüssigkeit scheiden sich schließlich an den Glaswänden Luftbläschen ab – du hast damit den Übergang vom homogenen zum heterogenen Gemisch beobachtet! Die Luft war ja bereits vorher im Wasser. Aber offenbar war sie so fein verteilt, dass wir sie nicht erkennen konnten. An diesem Zerteilungsgrad, also an der Größe der Teilchen, die sich miteinander mischen, verläuft die Grenze zwischen heterogen und homogen.

- Sind die Teilchen kleiner als etwa ein Millionstel Millimeter (ein Nanometer, also ein Milliardstel Meter, 10^{-9} m), spricht man von *homogenen* Gemischen. Das ist der Bereich der »echten« Lösungen, der Legierungen und Gasgemische. In der Mikrowelt dieser kleinsten Teilchen gibt es natürlich ebenfalls Grenzflächen wie bei den heterogenen Gemischen – nur sind sie hier so winzig, dass man sie auch im Lichtmikroskop bei stärkster Vergrößerung nicht erkennen kann. Man sagt auch: Homogene Gemische sind *mikro-heterogen.*
- Den Übergangsbereich bis etwa 1/10000 mm (also ein Zehnmillionstel Meter, 10^{-7} m) Teilchendurchmesser bezeichnet man als *kolloiddispers.* Mit bloßem Auge ist hier nichts zu erkennen, aber beispielsweise wird Licht an solchen Teilchen ebenso gestreut wie an den (größeren) Wassertröpfchen des Nebels. Man sieht dann den »Weg des Lichts«. Ein bekanntes Beispiel sind Stärkelösungen. Ein weiteres, etwas problematischeres Beispiel sind Teile der Feinstäube, die in den Großstädten unsere Lungen belasten. Die Verminderung dieser Feinstäube ist auch eine Aufgabe der Chemie.
- Alle Gemische mit höherer Teilchengröße (ab ungefähr dem Bereich 1/1000 mm, 10^{-6} m) schließlich nennt man *heterogen.*

Tabelle 2.4: Einteilung der Gemische nach der Teilchengröße

Teilchengröße	Art des Gemisches
10^{-6} m und größer	Heterogen
Zwischen 10^{-7} m und 10^{-9} m	Kolloiddispers
Kleiner 10^{-9} m	Homogen

Doch zurück zu den homogenen Gemischen! Die folgenden Kombinationen sind möglich:

Tabelle 2.5: Phasen bei homogenen Gemischen

Phasen	Beispiel
flüssig-gasförmig	Luft oder Kohlenstoffdioxid in Wasser
flüssig-flüssig	Essig, Schnaps
fest-flüssig	Zucker- oder Salzwasser
fest-fest	Legierungen
fest-gasförmig	Hydridspeicher (Wasserstoff in Metall gespeichert, z.B. für Brennstoffzellen)
gasförmig-gasförmig	Alle Gasgemische (Luft usw.)

Völlig gleichartig – homogene Gemische

In den ersten drei Fällen handelt es sich um die bereits erwähnten *echten Lösungen*. *Echt* nennt man sie, weil der gelöste Stoff so weit zerkleinert ist, dass es kleiner gar nicht mehr geht. Hier sind wir tatsächlich in der Wunderwelt einzelner *Atome*, *Ionen* oder *Moleküle* angekommen. Das sind die kleinsten Teilchen der Stoffe. Nur der Physiker kann diese Teilchen noch kleiner machen!

In echten Lösungen sind die Stoffe in ihre kleinsten Teilchen zerlegt.

Abb. 2.5: In echten Lösungen sind keine Phasen mehr erkennbar.

Homogene Gemische bestehen aus Phasen, die sich weder mit bloßem Auge noch mit dem Lichtmikroskop unterscheiden lassen. Die enthaltenen Teilchen sind kleiner als ein Millionstel Millimeter.

Erinnerst du dich an den Satz von Demokrit (400 v. Chr.): »In Wahrheit gibt es Atome und eine Leere«? Wenn sich ein Edelgas wie Helium in Wasser löst, liegen tatsächlich – fein zwischen den *Molekülen* des Wassers verteilt – einzelne Helium-*Atome* vor. Und was ist mit der »Leere«? Da müssen wir noch genauer hinsehen und brauchen die Hilfe der Physiker! Aber halt – wir wollen nichts überstürzen. Atome, Ionen und Moleküle werden wir in Kapitel 3 und ab Kapitel 5 unter die Lupe nehmen.

Eine Besonderheit bei echten Lösungen und Legierungen, zum Teil auch bei kolloiddispersen Systemen (Feinstaub) muss noch erwähnt werden: Wenn die Teilchen der gemischten Stoffe so fein verteilt sind, dann hat das auch Auswirkungen auf die Eigenschaften. So bleibt im Salzwasser zwar *prinzipiell* der Unterschied der Siedepunkte erhalten – wir können also durch Erhitzen (Abdampfen) das Wasser vom Salz trennen. Aber: Die Lösung siedet nicht bei 100 Grad Celsius, sondern erst bei höherer Temperatur! Und sie gefriert auch nicht bei null Grad Celsius, sondern sie bleibt bis zu Minusgraden flüssig! Man nützt das bekanntlich im Winter aus, indem man Eis durch Salzzugabe zum Schmelzen bringt. Bei den Legierungen (Bronze, Messing, Stahl usw.) gibt es ähnliche Veränderungen. Es gibt hier sogar einen fließenden Übergang von der Mischung zur chemischen Verbindung, der so genannten »intermetallischen Verbindung«. Und bei den Feinstäuben macht diese Besonderheit bei der Luftreinigung Probleme. Die *Aerosole*, wie man sie auch nennt, bleiben hartnäckig in der Luft schweben, obwohl sie schwerer sind als diese und sich eigentlich absetzen müssten. Man sieht, auch auf dem Gebiet der homogenen Gemische gibt es für den Chemiker reichlich zu tun!

Zeige mir, wer du bist – Trennen mit System

Wie können wir die in einem Gemisch enthaltenen reinen Stoffe erkennen? Richtig, an ihren Eigenschaften. Und diese Eigenschaften nutzen wir, um das Gemisch zu zerlegen. Da die Gemischtrennung – im Gegensatz zur Zerlegung einer chemischen Verbindung – auch als physikalischer Vorgang möglich ist, nutzen wir (in diesem Kapitel) die *physikalischen Eigenschaften*. Das sind eben solche, die durch physikalische Messungen, also ohne chemische Reaktion, festgestellt werden können. Masse, Teilchengröße, Löslichkeit, Magnetismus, elektrische Leitfähigkeit, Schmelz- und Siedepunkt und Haftfähigkeit (Adsorbierbarkeit), aber auch Farbe, Geruch, Geschmack sind wichtige Beispiele; eine weitere physikalische Eigenschaft – die Dichte – wirst du gleich kennen lernen.

Wir nutzen zur Gemischtrennung die physikalischen Eigenschaften der enthaltenen reinen Stoffe.

Ein aktueller politischer Vorgang zeigt, welche gewaltige Bedeutung Gemischtrennungen haben können: Der Stoff Uran liegt in mehreren Arten in der Natur vor. Sie unterscheiden sich nur ganz minimal in der Masse und Größe der kleinsten Teilchen, sind aber in allen anderen oben aufgezählten Eigenschaften praktisch identisch. In einer weiteren Eigenschaft aber, die ich *nicht* genannt habe, ist der Unterschied riesig: Mit Uran, das die leichtere Teilchenart in größerem Anteil enthält als das natürliche Uran, kann man Kernreaktoren betreiben – aber auch Atombomben bauen! Wer das eine oder eben auch das andere will, muss also die leichtere Teilchenart *anreichern*. Derartige Anlagen werden weltweit von der Internationalen Atomenergiebehörde streng kontrolliert.
Auch Uran-Anreicherung ist Gemischtrennung!

Bei der Dialyse – der Blutreinigung bei Nierenkranken – werden übrigens ganz ähnliche Methoden angewendet wie bei der Uran-Anreicherung – Trennung nach der Teilchengröße.

Aber sogar beim Kaffeefiltern nutzt man diese Stoffeigenschaft aus. Der Kaffeesatz bleibt im Filter zurück, weil die Teilchen nicht durch die Löcher (Poren) des Filterpapiers passen. Andererseits wandern die gelösten Teile des Kaffeepulvers und erst recht die Teilchen des Wassers spielend durch diese Barriere. Filtern – oder besser: filtrieren – nutzt also die unterschiedliche Teilchengröße der Stoffe im Gemisch aus.

Abb. 2.6: Gemischtrennungen im Haushalt

Wenden wir dieses Prinzip gleich an:

Versuch 2b: Trennung von Schmutzwasser in die Bestandteile durch Filtrieren

Besorge dir aus einem trüben Bach oder Tümpel einen Becher schmutziges Wasser (ohne technische Verunreinigungen wie z.B. Öl, Benzin). Setze einen Kaffeefilter aus Papier auf eine große Porzellan-, Keramik- oder Glastasse, halte den Filter fest und schütte die Hälfte der Flüssigkeit in kleinen Portionen hinein.

Ergebnis: Im Filter bleibt ein Rückstand. Er stammt von den grob suspendierten Teilchen des Schmutzwassers. Die durch den Filter gelaufene Flüssigkeit – das *Filtrat* – und den Rest des Schmutzwassers bewahrst du bitte für weitere Versuche auf.

Wahrscheinlich wirst du – zu Recht – kritisieren, dass du gar keine vollständige Trennung in die Bestandteile durchgeführt hast, sondern nur eine Trennung der suspendierten festen Teilchen von der Flüssigkeit. Aber leider besitzt du bis jetzt weder die Kenntnisse, noch haben wir im Haushalt die chemischen/technischen Möglichkeiten, um eine regelrechte *Analyse* der festen Bestandteile durchzuführen.

Dennoch können wir uns mit einfachen Mitteln weitere Kenntnisse über die Zusammensetzung der nichtwässrigen Bestandteile verschaffen.

Versuch 2c: Trennung von Schmutzwasser in die Bestandteile durch Sedimentieren und Dekantieren

1. Gebe den Rest des Schmutzwassers nach kräftigem Umrühren in ein möglichst enges(!), hohes Glas und lasse es 12 bis 24 Stunden lang ruhig stehen.

   Ergebnis: Die festen Bestandteile haben sich (wenigstens zum größten Teil) auf dem Boden des Glases abgesetzt. Man nennt dieses »Absetzen lassen« in der Fachsprache *Sedimentieren.* Bei genauem Hinsehen kannst du im Bodensatz (Sediment) vielleicht sogar einzelne Schichten unterscheiden.

2. Schütte die überstehende Flüssigkeit vorsichtig – ohne den Bodensatz (Fachsprache: Bodenkörper) aufzuwirbeln – in ein weiteres Gefäß um. Dieses Abgießen nennt man in der Fachsprache *Dekantieren.*

Beim *Sedimentieren* haben wir die höhere *Dichte* der suspendierten festen Teilchen gegenüber Wasser ausgenutzt. Sie sinken der Schwerkraft gehorchend nach unten. Dazu kommt: Je *größer* ihre Dichte ist, desto *schneller* sinken sie. Im Sediment können wir deshalb mit etwas Glück die verschiedenen festen Bestandteile unterscheiden – je weiter unten, desto *dichter.*

Dichte – eine Stoffeigenschaft

Dichte? Was ist das? Eine nicht ganz ernst gemeinte Frage dazu: Was ist schwerer, ein Kilo Zuckerwatte oder ein Kilo Blei? Klar, die sind gleich schwer, aber ein Kilo Blei ist viel kleiner, nimmt also viel weniger *Volumen* ein. Die Formulierung »gleich schwer« hören Naturwissenschaftler allerdings mit Stirnrunzeln. Ein Kilo Blei (und genauso ein Kilo Zuckerwatte) ist nämlich auf der Erde, auf dem Mond und im Weltall sehr unterschiedlich schwer! Chemiker und Physiker verwenden lieber den Begriff *Masse* anstelle von Gewicht, weil die Masse vom Ort der Messung unabhängig

ist, das Gewicht aber nicht (in der Schwerelosigkeit gibt es kein Gewicht mehr, aber immer noch die Masse!). Also noch einmal: Ein Kilogramm Blei und ein Kilogramm Zuckerwatte haben die gleiche *Masse*, aber ein sehr verschiedenes *Volumen*. Wenn wir die Masse (bei beiden gleich groß) ins Verhältnis zum Volumen (bei Blei klein, bei Zuckerwatte groß) setzen, also die Masse durch das Volumen teilen, bekommen wir die Dichte. Da kommt bei Blei natürlich ein viel größerer Wert heraus als bei Zuckerwatte – Blei hat eine viel größere Dichte!

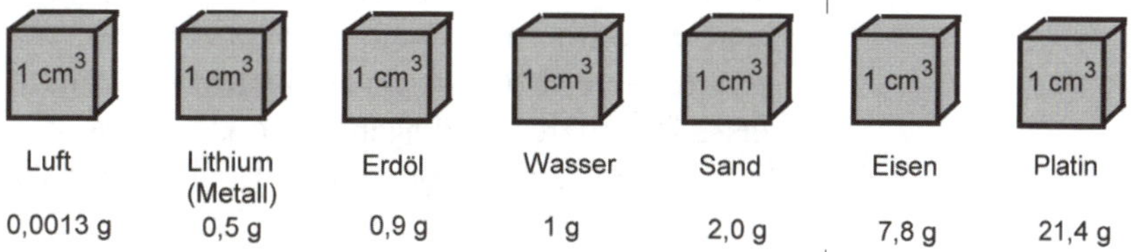

Abb. 2.7: Dichten verschiedener Materialien

Die Dichte gibt die Masse pro Volumeneinheit an. Die Masse wird in der Einheit Gramm (g) oder Kilogramm (kg) ausgedrückt, das Volumen in der Einheit Kubikzentimeter (cm^3) oder Kubikdezimeter (dm^3). Statt Kubikdezimeter kann man bei Gasen und Flüssigkeiten auch den Begriff Liter (l) verwenden.

Dichte = Masse / Volumen

Dichte von Gold 19,3 kg/dm^3 bedeutet, dass ein *Kubikdezimeter* Gold die *Masse 19,3 kg* hat. Ein *Kilogramm* Gold hat dann das *Volumen 0,052* dm^3.

Dichte von Holz 0,7 kg/dm^3 bedeutet, dass ein *Kubikdezimeter* Holz die *Masse 0,7 kg* hat. Ein *Kilogramm* Holz hat dann das *Volumen 1,43* dm^3.

Der Begriff *Dekantieren* wiederum ist bei Wein-Liebhabern wohlbekannt: Darunter versteht man dort das vorsichtige Abgießen des Weins vom festen Weinstein (vor allem bei älteren, wertvollen Weinen).

Vom Wein zurück zum Schmutzwasser (was für ein Abstieg!). Du erinnerst dich: Die sehr feinen kolloiddispersen Teilchen in der Flüssigkeit gehen uns bei diesem Verfahren durch die Lappen – sie »schweben« weiterhin in der Flüssigkeit, obwohl auch sie eine höhere Dichte als Wasser haben. Noch mehr gilt das für die »echt« gelösten Teilchen; das sind die mit dem höchstmöglichen Zerteilungsgrad (die kleinsten Teilchen der Stoffe). So kommt es, dass höchstwahrscheinlich sowohl die dekantierte Flüssigkeit aus Versuch 2b als auch das Filtrat aus Versuch 2c nicht völlig klar sind, sondern mehr oder weniger trüb erscheinen.

Die uns zur Verfügung stehenden Trennmöglichkeiten nach der Teilchengröße und nach der Dichte haben wir jedoch ausgeschöpft. Mittels einer Zentrifuge könnten wir zwar starke Fliehkräfte nach außen erzeugen, wie bei einem schnell drehenden Kettenkarussell (oder einer Salatschleuder). Der Physiker nennt diese Kräfte *Zentrifugalkräfte*, sie wirken praktisch wie eine gewaltige Verstärkung der Schwerkraft. Damit würden wir durchaus eine bedeutende Beschleunigung der Sedimentation und eine weitergehende Abtrennung fein suspendierter Teilchen erreichen. Aber welcher Haushalt hat schon eine Zentrifuge? Und außerdem: Auch durch Zentrifugieren würde die Abtrennung sehr feiner – kolloiddisperser und echt gelöster – Bestandteile nicht gelingen. Theoretisch könnten wir auch spezielle Filter mit sehr engen Poren einsetzen. Die kleinsten Teilchen der Stoffe würden aber sogar durch die winzigsten Löcher solcher Filteranlagen schlüpfen.

Das Prinzip des Abdampfens

Überlegen wir also, in welchen weiteren Eigenschaften sich diese verbliebenen nichtwässrigen Bestandteile vom Wasser unterscheiden. Farbe, Geruch und Geschmack kommen leider nicht in Frage. Nach diesen Eigenschaften können nur gröbere Gemische getrennt werden (Farbe und Geruch vielleicht in der Müllvorsortierung – mit Geschmacksproben sollte man aber generell vorsichtig sein!). Über die elektrische Leitfähigkeit weißt du noch zu wenig, und mit dem Magneten kannst du auch nichts ausrichten. Aber erinnere dich an die Salzlösung und ihre Trennung durch Abdampfen des Wassers! Wir nutzen dabei aus, dass Wasser und Salz sehr unterschiedliche Siedepunkte haben. Dieses Prinzip kannst du auch hier anwenden. Bei der Temperatur des siedenden Wassers wird kein messbarer Anteil der weiteren Bestandteile verdampfen.

Versuch 2d: Abtrennung kolloiddisperser und echt gelöster Bestandteile aus vorgereinigtem Schmutzwasser durch Abdampfen.

Gebe in getrennten Arbeitsgängen das Filtrat aus Versuch 2b und die dekantierte Flüssigkeit aus Versuch 2c in dünner Schicht in einen weiten Topf und erhitze auf geringer Stufe, bis jeweils das ganze Wasser verdampft ist.

Ergebnis: Wahrscheinlich wird in beiden Fällen ein deutlicher Rückstand im Topf sichtbar. Ein eventueller Unterschied zwischen den Rückständen der filtrierten und der dekantierten Flüssigkeit zeigt die unterschiedliche Qualität der vorangegangenen Trennschritte (Art des Filters, Dauer der Sedimentation).

Und was müsstest du tun, um die abgedampfte Flüssigkeit für weitere Untersuchungen zurückzugewinnen? Es könnten ja schließlich auch flüssige Verunreinigungen mit niedrigerem Siedepunkt im Schmutzwasser enthalten sein!

In einem solchen Fall käme – sozusagen als verfeinerte Methode des Abdampfens – die *Destillation* in Frage. Der Dampf wird abgekühlt (in der Regel durch fließendes Wasser in einem Kühlmantel), er kondensiert wieder zur Flüssigkeit und wird aufgefangen als *Destillat.*

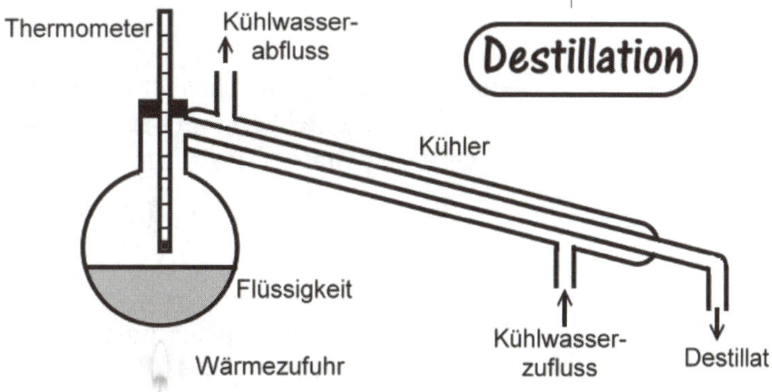

Abb. 2.8: Destillationsapparatur mit Liebigkühler

Bleiben wir noch ein bisschen bei wässrigen Mischungen! Auch Lebensmittel enthalten in unterschiedlichen Mengen Wasser. Bei Milch z.B. ist das offensichtlich, bei anderen aber nicht.

Versuch 2e: Bestimmung des Wasseranteils in Mehl durch Abdampfen (Trocknen)

Wiege auf einer Aluminiumfolie 50 g Mehl ab und verteile es gleichmäßig auf der Folie. Trockne das Mehl zwei Stunden lang bei 100 Grad Celsius im Backofen und wiege es anschließend noch einmal.

Ergebnis: Durch die Trocknung ergibt sich ein deutlicher Gewichtsverlust. Er entspricht dem Wasseranteil.

Masse des frischen Mehls ($Masse_{frisch}$) minus Masse des getrockneten Mehls ($Masse_{trocken}$) = Masse des Wasseranteils ($Masse_{Wasser}$).

Errechne daraus den prozentualen Wasseranteil des frischen Mehls (Massen-Prozent) nach der Formel

Prozentualer Wasseranteil = ($Masse_{Wasser}$ / $Masse_{frisch}$) * 100%

Eine sportliche Übung

Die bisherigen Versuche haben uns fit gemacht für eine sportliche Übung. Lasse dir von einer Freundin/einem Freund eine Mischung aus feinem Sand und Kochsalz zubereiten. Sie/er soll sich dabei die jeweiligen Anteile in Gramm notieren; deine Aufgabe ist es, diese Anteile experimentell zu ermitteln. Wie gehst du vor?

Versuche zunächst, eine eigene Trennstrategie zu entwickeln und vergleiche erst dann mit der folgenden Anleitung unter Versuch 2f!

Hier die Formel in *allgemeiner* Form, mit der du prozentuale Anteile (Massen-Prozente) berechnen kannst. Die Massen müssen beide Male in derselben Einheit, also z.B. in Gramm, angegeben sein:

Prozentualer Anteil Stoff A = (Masse Stoff A / Gesamtmasse) * 100%

Versuch 2f: Ermittlung der prozentualen Zusammensetzung einer Sand-Kochsalz-Mischung

1. Wägung der gesamten Mischung oder besser nur eines Teils davon (z.B. genau 20 Gramm), der bei den folgenden Versuchen verwendet wird.
2. Durch Zugabe von Wasser und kräftiges Rühren wird Kochsalz in eine echte Lösung überführt.
3. Die Sandabtrennung könnte auch durch Sedimentieren und Dekantieren erfolgen, sicherer aber durch *Filtrieren*. Darauf achten, dass die *gesamte* Mischung filtriert wird; zum Abschluss noch etwas sauberes Wasser in den Filter nachgießen (zum Ausspülen von Kochsalzresten aus dem Rückstand).
4. Erste Möglichkeit: Das Kochsalz wird aus dem Filtrat durch vorsichtiges Abdampfen des Wassers zurückgewonnen. Das geht in einem Topf bei *geringer* Erhitzungsstufe oder noch besser mit einer Campingausrüstung. Zweite Möglichkeit: Der Sand wird getrocknet und vollständig vom Filterpapier abgetrennt.
5. Das gesammelte, trockene Salz oder der getrocknete Sand werden gewogen und daraus die prozentuale Zusammensetzung berechnet.

– Fortsetzung

Beispiele:

a. Anfängliche Masse der Mischung 20 g, Masse des trockenen Salzes 7,4 g.

   Prozentualer Anteil Salz = (7,4 g/20 g) * 100% = 37%. Der restliche Anteil (63%) ist Sand.

b. Anfängliche Masse der Mischung 15 g, Masse des getrockneten Sandes 10,5 g.

   Prozentualer Anteil Sand = (10,5 g/15 g) * 100% = 70%. Der restliche Anteil (30%) ist Salz.

Eine Trennmethode, die gelegentlich sehr schön anzusehende Ergebnisse liefert und chemisch-technisch enorme Bedeutung hat, ist die Chromatografie. Das bedeutet so viel wie »Farbenschreiben«. Sie beruht zum Teil auf unterschiedlichen Löslichkeiten der Gemischbestandteile in verschiedenen Flüssigkeiten (Lösungsmitteln), zum Teil auf unterschiedlicher Haftfähigkeit (Adsorbierbarkeit). Der zweite Punkt lässt sich besser anschaulich machen, ich möchte mich deshalb bei der Erklärung auf ihn beschränken.

Durch Chromatografie lässt sich beispielsweise schwarze Filzstiftfarbe in ihre Bestandteile zerlegen.

Versuch 2g: Trennung von schwarzer Filzstiftfarbe in ihre Farbbestandteile durch Chromatografie

Schneide aus weißem Küchenpapier oder aus weißem Kaffeefilter ein kreisrundes Stück aus. Male genau in die Mitte des Papiers einen dicken Klecks mit schwarzer Filzstiftfarbe. Lege dann dieses Papier auf den Rand einer weiten Tasse. Lasse dann – z.B. mit einem Löffelstiel oder mit dem Finger – regelmäßig einzelne Wassertropfen genau auf den schwarzen Klecks fallen, bis die Wasserfront etwa 1 cm vom Papierrand entfernt ist.

Ergebnis: Das Wasser wandert von der Mitte nach außen und erzeugt dabei verschiedene Farbzonen.

Die Erklärung: Die verschiedenen Farben, aus denen sich schwarze Filzstiftfarbe zusammensetzt, haften unterschiedlich stark an den Fasern des Papiers. Sie werden deshalb von dem Wasser, das ständig von der Mitte nach außen strömt, unterschiedlich schnell und damit im gleichen Zeit-

raum unterschiedlich weit mitbefördert. Auf diese Weise wird die Trennung sichtbar. Man kann den Versuch mit verschiedenen Filzstiftfarben oder Tinten wiederholen und dabei feststellen, dass manche Farben keine Auftrennung ergeben – sie sind (mit der bekannten Einschränkung) Reinstoffe. Statt Papier wird im chemischen Labor häufig die so genannte Dünnschicht-Chromatografie angewandt. Die Trennung erfolgt hier auf einer speziellen Folie von unten nach oben.

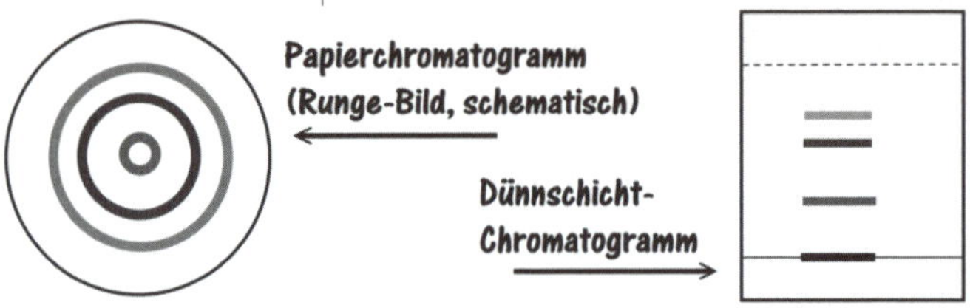

Abb. 2.9: Beispiele einer Farbstoffauftrennung durch Papier- und Dünnschichtchromatografie

Trennprinzipien in der Übersicht

Fassen wir einige Trennprinzipien in Tabellen zusammen.

- Trennung aufgrund unterschiedlicher *Teilchengröße*:

Tabelle 2.6: Trennprinzip Teilchengröße

Gemisch-Phasen	Trennverfahren
fest-fest	Sieben, Auslesen
fest-flüssig	Filtrieren
fest-gasförmig	Filtrieren (Luftfilter)
gasförmig-gasförmig	Diffusion (z.B. für die Uran-Anreicherung)

- Trennung aufgrund unterschiedlicher Dichte:

Tabelle 2.7: Trennprinzip Dichte

Gemisch-Phasen	Trennverfahren
fest-fest	Aufwirbeln (Schlämmen), Sedimentieren
fest-flüssig	Sedimentieren, Dekantieren
fest-gasförmig	Sedimentieren
gasförmig-gasförmig	Zentrifugieren (z.B. für die Uran-Anreicherung)

- Trennung aufgrund unterschiedlicher Siedepunkte:

Tabelle 2.8: Trennprinzip Siedepunkt

Gemisch-Phasen	Trennverfahren
fest-flüssig	Abdampfen, Destillieren, Trocknen lassen
flüssig-flüssig	Destillieren

◇ Trennung aufgrund unterschiedlicher Löslichkeit:

Tabelle 2.9: Trennprinzip Löslichkeit

Gemisch-Phasen	Trennverfahren
fest-fest	Extrahieren (z.B. Fett aus Schinken/Speck)
fest-flüssig	Eindampfen (der schlechter lösliche Stoff scheidet sich zuerst ab)
flüssig-flüssig	Extrahieren (z.B. eine Öl-Wasser-Emulsion mit Benzin mischen und schütteln)
flüssig-gasförmig	Auswaschen (z.B. Gemisch durch Waschflüssigkeit leiten)

◇ Trennung aufgrund unterschiedlicher Adsorbierbarkeit:

Tabelle 2.10: Trennprinzip Adsorbierbarkeit

Gemisch-Phasen	Trennverfahren
flüssig-flüssig	Chromatografie, z.B. Papier-, Dünnschichtchromatografie
gasförmig-gasförmig	Gaschromatografie (Gasgemisch über Feststoff leiten, an dem die Gasbestandteile unterschiedlich stark haften)

Das Fett in der Kalbsleberwurst

Nach so viel Trennung wollen wir noch mal auf die Kalbsleberwurst in der Kapitelüberschrift zurückkommen. Du weißt, der enorme Fettanteil ist in diesem Lebensmittel emulgiert und damit für unser Auge unsichtbar. Du kannst das Fett aber trotzdem sehr leicht nachweisen, auch wenn du gerade kein Mikroskop zur Hand hast. Etwas Zeitungspapier genügt bereits: Drücke es an einer Stelle leicht auf die Leberwurst, so dass ein Fleck entsteht (haften gebliebene Leberwurst wischt du ab). Zum Vergleich setzt du daneben einen Wasserfleck und lässt die beiden Flecke trocknen (zur Beschleunigung kann ein Fön verwendet werden). Die *beiden* Flecke? Du stellst fest, nur der Wasserfleck trocknet, der Fettfleck bleibt durchscheinend. Fett hat eben einen viel höheren Siedepunkt als Wasser! Diese einfache »Fettfleckmethode« wird durchaus auch in seriösen Lehrbüchern der Lebensmittelchemie zur schnellen Orientierung empfohlen.

Wollten wir den Fettanteil mengenmäßig (*quantitativ*) bestimmen, müssten wir das Fett mit einem geeigneten Lösungsmittel *extrahieren* (herauslösen). Dafür kämen z.B. Ether oder Benzin in Frage. Da diese Stoffe aber in mehrfacher Hinsicht recht problematisch sind, wollen wir das in unserem häuslichen Umfeld lieber sein lassen! Wer wenigstens das *Prinzip*

einer solchen Extraktion zu Hause kennen lernen will, kann es mit Nagellack-Entferner versuchen. Etwas Kalbsleberwurst mit Nagellackentferner sehr fein und kräftig verrühren, danach einige Zeit warten: Die überstehende Flüssigkeit ist mit Fett angereichert. Das wiederum lässt sich mit der Fettfleckmethode zeigen.

Erinnerst du dich noch an die Beschreibung des Menschen als Stoffgemisch? Wasser, Eiweiß, Fett, Kohlenhydrate und Mineralstoffe habe ich als Bestandteile angegeben. Eine andere, genauso zutreffende Angabe seiner Zusammensetzung könnte aber lauten: 56% Sauerstoff, 28% Kohlenstoff, 9,3% Wasserstoff, 2% Stickstoff, 1,5% Calcium und der Rest in kleinen Anteilen Chlor, Phosphor, Schwefel, Eisen, Natrium, Kalium und so weiter. In der ersten Beschreibung habe ich *chemische Verbindungen* als Bestandteile angegeben. In der zweiten Beschreibung aber die *Grundbausteine* dieser Verbindungen, die einfachsten Stoffe überhaupt: die *Elemente*. Zu ihnen kommt man, wenn man die Verbindungen durch *chemische Reaktionen* in größtmöglicher Weise zerlegt. In Kapitel 3 werden wir uns genauer damit befassen.

Zusammenfassung

In diesem Kapitel hast du erfahren

- dass bei physikalischen Vorgängen die Stoffe erhalten bleiben, aber ihren Zustand ändern
- dass bei chemischen Vorgängen neue Stoffe entstehen und die ursprünglich vorhandenen verschwinden
- dass sich Gemische und chemische Verbindungen in vier Kriterien unterscheiden
- dass sich heterogene und homogene Gemische vor allem in der Größe der vermischten Teilchen unterscheiden
- dass in echten Lösungen die Stoffe in ihre kleinsten Teilchen zerlegt sind
- dass Emulgatoren Fett in anderen Stoffen fein verteilen und damit vor unserem Auge verbergen können
- dass bei der Gemischtrennung die physikalischen Eigenschaften der enthaltenen reinen Stoffe ausgenutzt werden
- dass die Dichte eine dieser physikalischen Stoffeigenschaften ist – andere Eigenschaften sind Teilchengröße, Siedepunkt, Löslichkeit, Adsorbierbarkeit, elektrische Leitfähigkeit und Magnetisierbarkeit (und weitere)

Aufgaben

1. Welche der folgenden Ereignisse sind physikalische Vorgänge, welche sind chemische Reaktionen? Schnee schmilzt; Gartenabfälle werden kompostiert; Kaffee wird aufgebrüht; Benzinmotor läuft; Elektromotor läuft; Teebeutel wird aufgebrüht; Brot wird getoastet; Milch wird sauer. Begründe jeweils deine Entscheidung.

2. Informiere dich anhand der Zutatenliste auf den Verpackungen fetthaltiger Lebensmittel über die Inhaltsstoffe. Sie sind dort in der Reihenfolge abnehmenden Anteils angegeben. Überprüfe mit Hilfe der E-Nummern auf den Einsatz synthetischer Emulgatoren (Listen der E-Nummern im Internet z.B. unter http://www.meb.uni-bonn.de/giftzentrale/zusatzst/emulgato.html).

3. Überlege dir weitere Beispiele für die heterogenen Gemischtypen nach Tabelle 2.3!

4. Überlege dir weitere Beispiele für die homogenen Gemischtypen nach Tabelle 2.5!

5. Bestimme mit Hilfe eines Messbechers und einer Küchenwaage die Dichte von Vollmilch.

6. Bei der Dichtebestimmung einer Edelmetallmünze ergeben sich folgende Werte: Masse 20 g, Volumen (gerundet) 1,9 cm^3. Berechne die Dichte und identifiziere das Edelmetall mit einer Dichtetabelle in einem Schulbuch oder durch eine Suchanfrage im Internet.

7. »Danziger Goldwasser« ist ein Likörgetränk, das (im Wesentlichen) die Inhaltsstoffe Wasser, Alkohol, feine Goldstreifen und gelöste, zuckerartige Stoffe enthält. Überlege dir eine Strategie zur Trennung dieser Gemischteile. Notiere zu jedem Trennungsschritt die ausgenutzte Stoffeigenschaft und das Ergebnis der Trennung (was wurde abgetrennt, was bleibt in der Mischung).

8. Im Container einer Sammelstelle für Altmetall liegen durcheinander Kleinteile aus Eisen, Kupfer und Styropor. Informiere dich über die Eigenschaften dieser Stoffe und entwickle danach eine Strategie zur Trennung des Gemisches.

3

Elemente – die »einfachsten« Stoffe

Schon immer haben die Menschen nach dem Grundlegenden, Einfachsten gesucht – in der Natur ebenso wie in der Philosophie. Das war sowieso ein und dasselbe: Naturwissenschaft als Naturphilosophie! So entstand bereits vor über 2000 Jahren in Griechenland die Vorstellung, alle Stoffe seien aus den vier Elementen Erde, Feuer, Luft und Wasser aufgebaut. Aristoteles (384–322 v. Chr.) stellte die Theorie auf, dass alle Stoffe aus der gleichen Ursubstanz aufgebaut seien, die sich ständig in ihrer Form verändert.

In diesem Kapitel lernst du

- was die Naturwissenschaftler heute unter Elementen verstehen
- wie Elemente bezeichnet werden
- die Unterschiede zwischen Metallen und Nichtmetallen kennen
- die Steckbriefe ausgewählter Elemente kennen
- dass Elemente zu Elementfamilien zusammengefasst werden
- wie sich John Dalton 1809 die Atome vorstellte und warum diese Vorstellung auch heute noch für uns nützlich ist

Elemente und ihre Symbole

Nach Aristoteles dauerte es sehr lange, bis schließlich im 17. Jahrhundert der englische Naturforscher Boyle Elemente als »primitive und einfache, völlig unvermischte Körper« beschrieb, als »Zutaten, aus denen alle perfekt gemischten Körper zusammengesetzt sind und in welche diese letztlich wieder zerlegt werden«. Erkannte man nach dieser Definition zunächst nur ca. 20 Stoffe als Elemente, so sind es heute 115 – von denen aber nur 92 in der Natur vorkommen. Du verstehst das richtig – man kann heute Elemente (auch Gold!) künstlich herstellen! Aber das ist hauptsächlich das Fachgebiet von Atomphysikern; nur wenige Chemiker (mit der Spezialisierung »Kernchemie«) sind daran beteiligt.

Eine auch heute noch gültige Definition des Begriffs Element stammt aus dem 18 Jahrhundert: Ein Element ist ein Stoff, der in keine einfacheren Stoffe zerlegt werden kann.

Schauen wir uns einmal die Häufigkeit der Elemente im Universum an:

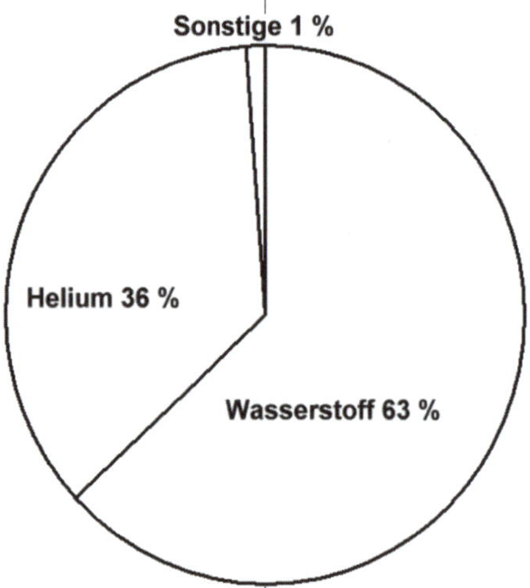

Abb. 3.1: Häufigkeit der Elemente im Universum

Ein recht einfaches Diagramm. Wo sind all die anderen Elemente? – Sie kommen im Weltall *insgesamt* offenbar nur in Spuren vor!

Betrachten wir zum Vergleich die Elemente, die auf der Erdoberfläche bis in einige Kilometer Tiefe vorkommen:

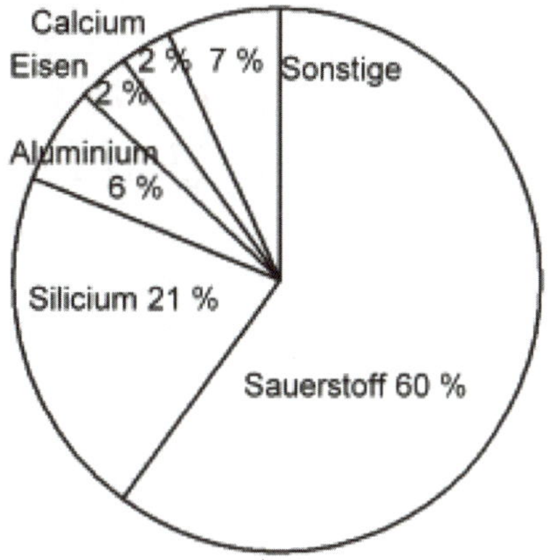

Abb. 3.2: Häufigkeit der Elemente in der Erdrinde

Das sind doch schon einige mehr, wenn auch die Verteilung wiederum recht einseitig ist! Das stark unterschiedliche Vorkommen im Weltall und auf der Erde gibt bereits deutliche Hinweise auf die Entstehung der Elemente in der Geschichte des Universums. Ich werde in Kapitel 5 darauf zurückkommen.

Metalle und Nichtmetalle im Haushalt

Doch schauen wir uns mal in unserem Haushalt um. Welche Elemente, die als solche (also nicht als Bestandteil chemischer Verbindungen) vorliegen, können wir erkennen?

Da die meisten Elemente Metalle sind, suchen wir zuerst nach diesen. Da wäre als erstes die Aluminiumfolie. Abgesehen von einer dünnen Schicht an der Oberfläche (chemische Verbindung mit Sauerstoff) liegt hier Aluminium elementar vor. Unser Besteck und metallene Küchengerätschaften – in aller Regel handelt es sich um Legierungen (also Mischungen) mit dem Hauptbestandteil Eisen. In elektrischen Leitungen: Kupfer. Und vielleicht gibt es ja noch Gold- und Silberschmuck ...

Wie sieht es bei Nichtmetallen aus? Vielleicht gibt es in der Hausapotheke eine Iod-Tinktur, dann hätten wir schon eines davon. Da wir bereits an der Schmuckschatulle waren, schauen wir noch mal nach Diamanten – das wäre dann das Element Kohlenstoff (derselbe Kohlenstoff, der bei Verbrennung das Gas Kohlenstoffdioxid bildet!). Sehr viel mehr wird unsere

Suche aber nicht erbringen: Kaum ein Privathaushalt verfügt über Schwefel-, Phosphor- oder Chlor-Vorräte, um nur einige weitere Nichtmetalle zu nennen. Aber natürlich gibt es in jedem Haushalt die Luft zum Atmen: Sie enthält Sauerstoff, Stickstoff und noch – in geringer Menge – einige Edelgase (z.B. Helium). Von Wasserstoff, der doch im Universum *insgesamt* fast ausschließlich vorkommt, keine Rede!

Gegen die Sprachverwirrung: Elementsymbole

Ein interessantes metallisches Element ist Quecksilber. Es ist das einzige Metall, das bei Zimmertemperatur flüssig ist (alle anderen sind fest). Deshalb kann es auch in Thermometern verwendet werden. Auf Englisch heißt es nicht etwa quicksilver, sondern *mercury*. In Frankreich wiederum wird es *mercure* genannt. Zur Verständigung wurden bis ins 18. Jahrhundert hinein unter Chemikern (und Alchimisten) zeichnerische Darstellungen für die damals bekannten Elemente verwendet.

Tabelle 3.1: Elementsymbole im 18. Jahrhundert

♂	♀	☽	☉
Eisen	Kupfer	Silber	Gold

Der schwedische Chemiker Berzelius schlug schließlich Anfang des 19. Jahrhunderts die Bezeichnung der Elemente mit dem ersten Buchstaben ihres lateinischen oder griechischen Namens vor. Schwefel wurde so mit dem Buchstaben S (von Sulfur) symbolisiert – oder anders ausgedrückt: Schwefel erhielt das Elementsymbol (oder einfach: Symbol) S. Das Symbol für Wasserstoff wiederum ist der Buchstabe H (von Hydrogenium). Der erste Buchstabe reichte aber bald nicht mehr aus. Gold (Aurum) und Silber (Argentum) zum Beispiel konnten nur durch die Hinzunahme eines weiteren Buchstabens korrekt symbolisiert werden – Au für Gold, Ag für Silber (Ar ging nicht – das ist das Symbol des Edelgases Argon). Quecksilber übrigens bekam das Symbol Hg (von Hydrargyrum). Und so haben heute die meisten Elemente ein Symbol mit zwei Buchstaben (die übrigens *getrennt* ausgesprochen werden – »A-u« für Gold, nicht »Au«!). Bei neuen, künstlich hergestellten Elementen werden für eine Übergangszeit bis zur endgültigen Benennung auch drei Buchstaben verwendet. So erhält Element 115 gegenwärtig das Symbol Uup (Ununpentium).

Tabelle 3.2: Einige Elemente mit Symbolen und deren Herkunft

Element	Symbol	Herkunft des Symbols
Kohlenstoff	C	carboneum (von lat. carbo = *Kohle*)
Sauerstoff	O	oxygenium (*Säurebildner*)
Stickstoff	N	nitrogenium (*Salpeterbildner*)

Element	Symbol	Herkunft des Symbols
Silizium	Si	silicium (von lat. silex = *Kieselstein*)
Eisen	Fe	ferrum (von lat. ferreus = *hart*)
Helium	He	helios (*Sonne*)
Neon	Ne	neos (*neu*)
Aluminium	Al	von lat. alumen = *Alaun (Färbemittel)*
Kupfer	Cu	cuprum (nach *Zypern*)
Blei	Pb	plumbum (lateinisch)

Befassen wir uns zunächst näher mit einigen häufigen oder chemisch-technisch bedeutenden Nichtmetallen: Wasserstoff, Sauerstoff, Kohlenstoff, Chlor, Helium und Silizium. Du wirst dabei erkennen, dass die beiden letzteren einige merkwürdige Eigenschaften haben, die nicht so recht zu den übrigen Nichtmetallen zu passen scheinen. Und wir werden zu klären haben, warum es sich eigentlich um *Nicht*metalle handelt: Wo liegen die Unterschiede?

Nicht Metall – aber was sonst?

Es ist schon etwas merkwürdig mit der Bezeichnung *Nichtmetalle*: Wer käme denn auf die Idee, Mädchen als *Nichtjungen* zu bezeichnen (oder umgekehrt)? Wenn du aber etwas genauer hinsiehst, merkst du schnell, dass dies ein nicht ganz passendes Beispiel ist. Die so genannten Nichtmetalle bieten uns nämlich ein reichlich buntes und sehr uneinheitliches Bild! Man will zunächst nicht glauben, dass der Stickstoff der Luft irgendeine Gemeinsamkeit mit dem hochgiftigen weißen Phosphor hat. Oder hochaggressives, hochgiftiges Chlorgas und lebensnotwendiger Sauerstoff! Bei diesem zweiten Vergleich kommen allerdings bereits erste Zweifel an der *grundsätzlichen* Verschiedenheit. In reiner Form eingeatmet hat nämlich auch Sauerstoff verheerende Folgen für die Gesundheit – und die chemischen Reaktionen, die diese Gesundheitsschädigungen bei Chlor und bei Sauerstoff verursachen, sind von recht ähnlicher Natur. Trotzdem, mindestens auf den ersten Blick haben die Metalle untereinander sehr viel mehr Gemeinsamkeiten als die Nichtmetalle. Offensichtlich ist nur, dass den Nichtmetallen in aller Regel genau das fehlt, was wir als typisch für Metalle empfinden: z.B. das Verhalten beim Anlegen einer elektrischen Spannung, die gute Verformbarkeit im festen Zustand, der wunderschöne »metallische Glanz« ... *Nichtmetall* heißt also tatsächlich *Nicht* Metall – die Definition bezieht sich auf das Fehlen metallischer Eigenschaften.

Doch jetzt wollen wir uns die oben genannten Nichtmetall-Elemente genauer ansehen. Beginnen wir mit Wasserstoff, dem Urvater aller anderen Elemente!

Wasserstoff – das erste Element

Erster ist Wasserstoff in mehrfacher Hinsicht: Es ist in der Geschichte unseres Universums als erstes Element entstanden, aus dem in den vergangenen 20 Milliarden Jahren alle anderen Elemente gebildet wurden. Es steht damit in der Häufigkeit des Vorkommens im Universum immer noch mit großem Abstand an erster Stelle. Der Planet Saturn beispielsweise besteht – wie die Fixsterne des Weltalls – zum größten Teil aus Wasserstoff. Und Wasserstoff steht in der Anordnung der Elemente nach der Masse ihrer kleinsten Teilchen, der Atome, an erster Stelle: Wasserstoff-Atome sind die leichtesten Atome. Auf der Erdoberfläche kommt Wasserstoff nur in Form von chemischen Verbindungen vor.

Steckbrief von Wasserstoff:

Symbol H (von hydrogenium = Wasserbildner), im 18. Jahrhundert als Element entdeckt, Vorkommen als chemische Verbindung in Wasser, Kohle, Erdöl/Erdgas und allen Lebewesen, Schmelzpunkt –259 °C, Siedepunkt –253 °C, Dichte 0,09 g/l (Gramm pro Liter) bei 0 °C und Luftdruck in Meereshöhe (damit 14-mal leichter als Luft!), sehr gut löslich in Metallen (Hydridspeicher), aber schlecht löslich in Wasser, brennbar, bildet mit Sauerstoff (Luft) und Chlor explosive Gemische (Knallgas).

Die Explosion eines solchen Knallgas-Gemisches führte 1986 zu einer der schlimmsten Katastrophen der Raumfahrt. Die Raumfähre Challenger wurde dadurch kurz nach dem Start zerstört und riss sieben Astronauten in den Tod. Es handelte sich um die gewaltigste Knallgasexplosion, die je beobachtet wurde.

Knallgas können wir normalerweise (Gott sei Dank!) im Haushalt nicht in nennenswerter Menge erzeugen. Aber bitte doch mal einen Chemielehrer deiner Schule, dir eine so genannte »Knallgasprobe« vorzuführen! Er wird sich über dein Interesse sicher freuen.

Abb. 3.3: Wasserstoff als brennbares Gas wird in roten Stahlflaschen aufbewahrt.

Wasserstoff aus Wasser

Als brennbares Gas wird Wasserstoff im Labor in roten Gasflaschen aufbewahrt. Gewonnen wird es hauptsächlich aus der chemischen Zerlegung fossiler Stoffe (Erdöl, Erdgas), aber auch aus Wasser durch Zerlegung dieser Verbindung mit Hilfe des elektrischen Stroms. Du kannst dies bereits mit Taschenlampenbatterien sichtbar machen (Verbesserung des Ergebnisses durch Zugabe von Säure).

Versuch 3a: Zerlegung des Wassers durch den elektrischen Strom.

Fülle ein Glas zur Hälfte mit Essigessenz und gebe etwas Wasser dazu. Besorge dir drei Flachbatterien (4,5 Volt). Verbinde mit Draht den Minuspol der ersten Batterie (langer Metallstreifen) mit dem Pluspol der zweien Batterie (kurzer Metallstreifen) und den Minuspol der zweiten Batterie mit dem Pluspol der dritten. An der ersten und letzten Batterie bleiben damit entgegengesetzte Pole – Plus und Minus – frei (Reihenschaltung, ergibt zusammen 13,5 Volt). Verbinde dann einen Draht mit dem freien Pluspol (erste Batterie) und einen Draht mit dem freien Minuspol (dritte Batterie). Tauche die beiden Drähte mit geringem Abstand, aber ohne gegenseitige Berührung in die Flüssigkeit.
Ergebnis: An den Drahtenden scheiden sich Gasbläschen ab. Am Minus-Draht (*negative Elektrode*) handelt es sich dabei um Wasserstoff.

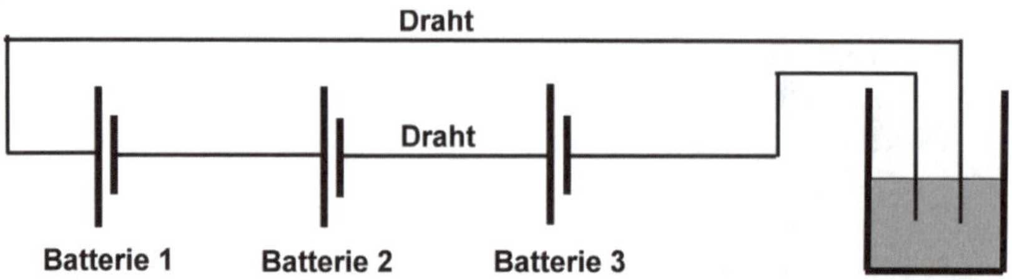

Abb. 3.4: Zerlegung des Wassers durch elektrischen Strom

In großen Mengen wird Wasserstoff zur Erzeugung des Grundprodukts Ammoniak eingesetzt (siehe Kapitel 1). Zusätzliche, aktuelle Bedeutung hat er als Energieträger durch die Entwicklung von Brennstoffzellen erhalten. Damit sollen – irgendwann – die knapper werdenden fossilen Energieträger ersetzt werden. Die elektrische Energie, die die Brennstoffzelle liefert, stammt aus der Umkehrung der Wasserzerlegung – aus Wasserstoff und Sauerstoff wird kontrolliert wieder Wasser gebildet. Damit imitiert die Technik im Grunde einen Vorgang, der in den Zellen unseres Körpers in jeder Sekunde abläuft. Er liefert die nötige Energie sowohl für unsere Körperwärme als auch für jede denkbare Muskel- und Stoffwechselarbeit. Biochemiker nennen diesen Vorgang *Atmungskette* – aus Wasserstoff (stammt aus der Nahrung) und Sauerstoff (stammt sowohl aus der Luft, die wir atmen, als auch aus der Nahrung) bilden die Körperzellen in raffinierter, kontrollierter Weise Wasser. Ein Erwachsener erzeugt davon täglich etwa 0,3 Liter. Das Besondere daran: Die Energie aus dieser Reaktion, die normalerweise bei der *Knallgasexplosion* in ganz kurzer Zeit vollständig freigesetzt wird, damit als Wärme verpuffen würde und für uns nicht nur nutzlos, sondern sogar tödlich wäre, wird nach und nach in *kleinen Portionen* frei. Außerdem wird diese Energie zu einem erheblichen Teil in speziellen Verbindungen, einer Art *wiederaufladbarer Körperakkus*, gespeichert. Die Evolution ist damit der chemischen Technik mehr als einen Schritt voraus!

Sauerstoff – der Säurebildner

Es handelt sich, wie du weißt, um das häufigste Element auf der Erdoberfläche. Im Gegensatz zu Wasserstoff kommt es (in der Luft) auch *elementar* vor, das heißt chemisch nicht gebunden. Die ursprüngliche Bezeichnung als »Feuerluft« sagt schon einiges aus über seine Eigenschaften. Jede Verbrennung (außerhalb spezieller Abläufe in chemischen Laboren) ist eine chemische Reaktion mit Sauerstoffbeteiligung, bei der Oxide entstehen. Der französische Chemiker Lavoisier erkannte dies bereits im Jahr 1775. Wissenschaftsgeschichtlich ist dieses Datum bedeutsam: Bis dahin galt die Phlogistontheorie, nach der Phlogiston als »Feuerstoff« in jeder brennbaren Substanz enthalten sei und bei der Verbrennung entweichen

würde. Kohle bestand nach dieser Theorie aus Asche und Phlogiston. Daneben hielt man Sauerstoff für den zwingenden Bestandteil aller Säuren, was zu seiner Namensgebung führte. Wir wissen aber heute, dass es auch sauerstofffreie Säuren gibt.

Steckbrief von Sauerstoff:

Symbol O (von oxygenium = Säurebildner), im 18. Jahrhundert als Element entdeckt, Vorkommen elementar in Luft und chemisch gebunden in Wasser, Gesteinen und allen Lebewesen, Schmelzpunkt –219 °C, Siedepunkt –183 °C, Dichte 1,4 g/l bei 0 °C und Luftdruck in Meereshöhe, damit etwas schwerer als Luft (Mischung Sauerstoff/Stickstoff), als Gas farb-, geruch- und geschmacklos, in flüssiger Form hellblau, in Wasser etwas löslich, Reaktionspartner bei Verbrennungen.

Neben dem »normalen« Sauerstoff gibt es auch eine Sonderform, das *Ozon*. Es handelt sich um das gleiche Element, aber um eine andere Erscheinungsform mit anderen Eigenschaften. Ozon wird für Desinfektionszwecke verwendet, was bereits etwas über seine Giftigkeit aussagt. In großer Höhe (Stratosphäre) wirkt es als Schutzschild gegen die gefährliche Ultraviolett-Strahlung. Der Unterschied zum Normal-Sauerstoff beruht einzig und allein auf der Anordnung der kleinsten Teilchen, der *Atome*: bei Ozon sind es *drei* davon, die sich jeweils zusammenschließen, gegenüber nur *zwei* im Normalfall.

Aber auch Normal-Sauerstoff ist nicht ganz ohne: einerseits lebensnotwendig, andererseits – in reiner Form – giftig. In früheren Zeiten wurden enorme Gesundheitsschäden durch einen zu hohen Sauerstoffanteil in Brutkammern für Frühgeborene und bei Tauchern beobachtet.

Sauerstoff kann mit fast allen anderen Elementen – außer einigen Edelmetallen und Edelgasen – chemische Reaktionen eingehen. Bei Metallen sorgt er dabei für Korrosion (Rosten). Man erkennt die entstandenen sauerstoffhaltigen Verbindungen meist schon an den entsprechenden Namensteilen, beispielsweise -oxid, -hydroxid, -peroxid. Die rasche Entstehung solcher Oxide unter Flammenerscheinung nennt man Verbrennung und formuliert, dass Sauerstoff »die Verbrennung unterhält«. Was das heißt, lässt sich mit der so genannten Glimmspanprobe zeigen: Ein glimmender (nicht: brennender) Holzspan flammt sofort wieder auf, wenn er mit Sauerstoff angeblasen wird. Stahlflaschen mit reinem Sauerstoff werden die wenigsten Haushalte vorrätig haben – aber auch diesen Versuch (wie die oben genannte Knallgasprobe) wird dir ein Chemielehrer deiner Schule gerne vorführen! Vielleicht kennst du auch einen Handwer-

ker mit Schweißausrüstung oder einen metallverarbeitenden Betrieb, der das autogene Schweiß-Verfahren anwendet. Hier gibt es ebenfalls Sauerstoff in (blauen) Stahlflaschen und hoffentlich einen hilfreichen Menschen, der dir die gefahrlose Glimmspanprobe zeigen kann.

Sauerstoff wird chemisch und technisch für zahlreiche Zwecke eingesetzt, darunter auch – wie bereits erwähnt – zum Schweißen und Schneiden von Metallen. Die Verwendung als Raketenantriebsstoff hast du ja bereits kennen gelernt (Challenger-Katastrophe).

Kohlenstoff – der Herrscher der organischen Chemie

Welches Element kann schon für sich in Anspruch nehmen, eine eigene Fachrichtung der Chemie ins Leben gerufen zu haben? Kohlenstoff jedenfalls hat dieses Kunststück geschafft. Es wurde möglich durch den erst im 19. Jahrhundert widerlegten Glauben, dass Stoffe in tierischen und pflanzlichen Organismen prinzipiell etwas ganz anderes seien als Stoffe in der unbelebten Natur – vor allem, dass sie nur in Lebewesen entstehen könnten. Deshalb teilte man die Chemie in eine *unbelebte (anorganische)* und *belebte (organische)* Richtung ein. Seit einem bedeutenden Experiment des deutschen Chemikers Friedrich Wöhler (Synthese von Harnstoff, 1828, siehe Kapitel 9) wissen wir zwar, dass organische Stoffe durchaus auch im Reagenzglas hergestellt werden können. Da aber alle organischen Naturstoffe Verbindungen des Kohlenstoffs sind, hat man die Einteilung anorganisch-organisch beibehalten. An diesem Beispiel sieht man sehr schön, dass die Bedeutung eines Elements nicht unbedingt etwas mit seiner Menge zu tun haben muss: Kohlenstoff ist in der Erdrinde nur zu etwa 0,03% enthalten!

Steckbrief von Kohlenstoff:

Symbol C (carboneum, abgeleitet von carbo = Kohle), 1775 als Element erkannt, Vorkommen elementar als Graphit und Diamant, chemisch gebunden in Kohle, Erdöl/Erdgas, Kohlenstoffdioxid und in organischen Verbindungen (Kohlenhydrate, Fette, Eiweiße usw.), Umwandlung Diamant zu Graphit bei 1500 °C, direkter Übergang des Graphits bei 3800 °C vom festen in den gasförmigen Zustand (Sublimation), also kein Schmelzen und Sieden, Dichte Diamant 3,51 kg/dm^3, Dichte Graphit 2,22 kg/dm^3. Härte: Graphit weich, Diamant härtester Naturstoff. In beiden Arten geruch- und geschmacklos, in Wasser unlöslich. Elektrische Leitfähigkeit bei Graphit, nicht aber bei Diamant; brennbar (auch Diamant!).

Auch Ruß ist nichts anderes als Graphit, allerdings stark mit anderen Stoffen verunreinigt und in kleinsten Kristallen. Es gibt noch eine weitere Erscheinungsform des Kohlenstoffs, die *Fullerene*, die aber in der Natur nur in Spuren vorkommen. Man kann sie jedoch im Labor in größeren Mengen herstellen.

Abb. 3.5: Kohlenstoff in Form von Graphitpulver

Wer hätte das gedacht – Ruß und Diamant sind ein und dasselbe Element! Bereits beim Sauerstoff (Normalform und Ozon) haben wir gesehen, welche Bedeutung die Kombination der kleinsten Teilchen hat. Hier sind die Auswirkungen in den Eigenschaften noch deutlicher. Sie bewirken auch die verschiedene Härte und elektrische Leitfähigkeit. Beim Graphit sind sie schichtenförmig (zweidimensional), beim Diamant als räumliches (dreidimensionales) Gitter und bei den Fullerenen so ähnlich wie die Oberfläche eines Fußballes angeordnet. Weil diese Anordnungen so bedeutungsvoll sind, werden wir uns in diesem Kapitel noch mit der Teilchenvorstellung des englischen Naturforschers John Dalton (Anfang 19. Jahrhundert) befassen. Sie ist – aus der Sicht heutiger Erkenntnisse – sehr einfach, genügt aber bereits, um manche Eigenschaften, Veränderungen und Erscheinungsformen der Stoffe gut zu verstehen.

Merke dir bis dahin den Fachbegriff für die Element-Erscheinungsformen:

Erscheinungsformen eines Elements = Modifikationen

Sauerstoff kommt also in zwei Modifikationen vor, Kohlenstoff in drei Modifikationen.

Die Verwendung des Kohlenstoffs ergibt sich aus seinen Eigenschaften. Der harte Diamant, der auch künstlich aus Graphit hergestellt werden kann, dient nicht nur als Schmuckstück, sondern vor allem für Bohr- und Schneidezwecke. Der weiche Graphit findet Verwendung als Schmiermittel, in Bleistiftminen und in elektrischen Geräten (Kohlebürsten), aber auch in Kernreaktoren (als so genannter Moderator). Daneben werden aus Kohlenstoff-Fasern (eine besondere Verarbeitungsform des Graphits) zahlreiche Werkstoffe hergestellt.

Abb. 3.6: Anwendungen des Kohlenstoffs

Noch ein Nachtrag zum Vorkommen des Kohlenstoffs als Kohlenstoffdioxid: Dieses Gas ist uns bereits mehrfach begegnet. Bekannt ist seine Rolle bei der Erderwärmung. In diesem Zusammenhang verdient Erwähnung, dass das in Meerwasser gelöste Kohlenstoffdioxid ein Vielfaches der Menge in der Luft ausmacht. Nicht auszudenken, wenn dieses Gas plötzlich aus dem Wasser in die Luft gelangen würde! Neben einer gewaltigen Verstärkung des Treibhauseffekts wäre wohl die erste Folge der Erstickungstod zahlreicher Menschen. In Afrika hat sich durch die plötzliche Freisetzung von Kohlenstoffdioxid aus einem See bereits einmal eine derartige (regional begrenzte) Katastrophe mit vielen Toten ereignet.

Silizium – wie Sand am Meer

In der Tat, Silizium steckt in jedem Sandkorn, in jedem Gestein, in jedem Felsen. Deshalb ist es auch das zweithäufigste Element der Erdrinde. Ein Element, bei dem der Chemiker schon überlegen muss, wo er es hin steckt – zu den Metallen, oder doch lieber zu den Nichtmetallen? Es sieht zwar eher aus wie ein Metall, aber es hat fast keine elektrische Leitfähigkeit. Wirklich? Beim Erwärmen fließt auf einmal etwas mehr Strom – bei den Metallen ist es genau umgekehrt! Noch verwirrender wird die Sache, wenn Silizium in ganz geringem Maße mit anderen Elementen verunreinigt ist (oder gezielt verunreinigt wird): Die elektrische Leitfähigkeit steigt auf einmal fast explosionsartig an – was aber rein mengenmäßig nicht an den Verunreinigungen liegen kann! Eine merkwürdige Sache ist das also mit diesem Silizium.

Abb. 3.7: Silizium

Man einigte sich darauf, es als Halbmetall oder – besser – als *Halbleiter* zu bezeichnen. Und als solcher hat Silizium Karriere gemacht. Eine eigene Halbleiterindustrie ist entstanden und produziert sowohl Solarzellen zur Stromerzeugung durch Sonnenlicht als auch die stofflichen Grundlagen der Computerindustrie. In dieser Industrie finden Chemiker und Techniker sehr anspruchsvolle Arbeitsplätze. Silizium darf nämlich nicht einfach *irgendwie* verunreinigt sein – nein, die Verunreinigung (Dotierung) muss ganz gezielt erfolgen und setzt deshalb erst einmal die Produktion von hochreinem Silizium voraus.

Steckbrief von Silizium:

Symbol Si (silicium, abgeleitet von silex = Kieselstein), 1822 Entdeckung als Element, Vorkommen in chemisch gebundener Form in Silikaten (Gesteinen, Sand usw.), Schmelzpunkt 1414 °C, Siedepunkt 3265 °C, Dichte 2,3 kg/dm^3, sehr hart, Halbleitereigenschaften, schwach metallisch glänzend, unlöslich in Wasser, reagiert bei normalen Temperaturen nur mit wenigen Stoffen (z.B. Fluor, Chlor), bei hohen Temperaturen aber vielfältige chemische Reaktionen.

Bei der Herstellung von Silizium wird übrigens der bis jetzt »reinste Stoff« überhaupt erreicht. Nur ein einziges Fremdatom-Teilchen unter Hunderten von Milliarden Silizium-Atomen kann den Reinigungsbemühungen der Chemiker noch entgehen. Bei der gezielten *Dotierung* mit den Atomen anderer Elemente will man nämlich den Überblick behalten: Nur etwa jedes hunderttausendste Silizium-Atom wird dann ersetzt.

In mancher Hinsicht ist Silizium dem Kohlenstoff recht ähnlich: So entspricht der Aufbau der kleinsten Teilchen ungefähr demjenigen im Diamanten (und deshalb ist Silizium auch sehr hart, wenn auch nicht in gleichem Maße wie der Diamant). Mit Graphit hat Silizium Gemeinsamkeiten

in der Elektrizitätsleitung: Bei beiden nimmt – im Gegensatz zum Verhalten der Metalle – die Leitfähigkeit beim Erwärmen zu. Und schließlich kann Silizium – wie Kohlenstoff, wenn auch in viel geringerer Zahl und Vielfalt – Verbindungen aus einer hohen Zahl miteinander vernetzter Teilchen bilden, die so genannten Silicone. Als Kunststoffe und Siliconöle finden sie bereits ausgedehnte Verwendung, z.B. als Dichtungsmaterial, in der Motorentechnik und in der Medizin.

Chlor – gelbgrün, giftig, wichtig

Wohl kaum ein Element hat einen ähnlich schlechten Ruf wie Chlor. Begründet wurde er im ersten Weltkrieg; Chlorgas wurde 1915 mit verheerenden Folgen als erster chemischer Kampfstoff eingesetzt. Bereits 0,05% Chlor in der Luft führen zum Tode. *Chlorfrei* gilt immer noch als Gütesiegel und bedeutet für den Laien so viel wie *chemiefrei*, sei es bei Papier, Insektenspray oder Kunststoff. In der Tat hat dieses Element – angefangen beim Aussehen – so gar nichts Liebenswertes an sich. Es gibt fast kein weiteres Element, das sich so aggressiv mit anderen Stoffen verbindet wie Chlor. Gemeinsam mit Sauerstoff und Fluor ist es geradezu der Prototyp des Nichtmetalls, das typische Nichtmetall schlechthin. »Typisch« heißt: Es fehlt ihm so ziemlich alles, was ein richtiges Metall ausmacht. Nach dem Motto »Gegensätze ziehen sich an« reagiert es besonders heftig mit unedlen Metallen. Mit diesen Eigenschaften ist Chlor meilenweit vom gerade beschriebenen Silizium entfernt! In elementarer Form werden wir einen derart angriffslustigen Stoff in der Natur nicht finden. Aber in praktisch jeder Küche werden seit Urzeiten Chlorverbindungen verwendet, in jedem Lebewesen spielen sie eine wichtige Rolle und die Industrie kann trotz allem nicht auf sie verzichten. Auch Chlor hat mehrere Gesichter!

Abb. 3.8: Chlorgas – gelbgrün und giftig

Die enge Verwandtschaft mit Sauerstoff zeigt sich in einem speziellen Knallgasgemisch: Chlor und Wasserstoff reagieren genauso explosionsartig miteinander wie Sauerstoff und Wasserstoff. Zur Auslösung dieser Explosion genügt ultraviolettes Licht. Aber auch bei der Korrosion (Zersetzung von Metallen) gibt es Parallelen. Die Aggressivität des elementaren Chlors nutzt man zur Desinfektion und zur Bleichung (chemischen Zerstörung) von Farbstoffen. Die chemische Industrie erzeugt aus Chlor vor allem Lösungsmittel und Kunststoffe. Chlorhaltige Pflanzenschutzmittel und Zwischen- oder Nebenprodukte wie das äußerst gefährliche Gift Dioxin haben wesentlich zum schlechten Ruf von Chlor beigetragen.

Steckbrief von Chlor:

Symbol Cl (von griech. chloros = gelbgrün), im 18. Jahrhundert entdeckt, Vorkommen in Form gelöster Salze in den Weltmeeren und fester Salze in Salzstöcken (z.B. Steinsalz, aus dem Kochsalz gewonnen wird, oder Sylvin), Schmelzpunkt –101 °C, Siedepunkt –34 °C, Dichte 3,2 g/l (schwerer als Luft), gelbgrün, stechender Geruch, in Wasser etwas löslich, hochgiftig und aggressiv, reagiert mit fast allen Elementen (sogar mit Gold).

In seinen Verbindungen zeigt sich Chlor – wie alle Elemente – sehr uneinheitlich. Das (in Maßen genossen) harmlose Speisesalz ist genauso vertreten wie der Kunststoff PVC, aber auch die ätzende Salzsäure. Vielen Menschen ist nicht bekannt, dass in ihrem Magen genau diese Säure am Verdauungsprozess teilnimmt – und dabei gelegentlich ein Magengeschwür verursacht.

Nachdem wir mit Chlor einen »Rambo« der Elemente kennen gelernt haben, wie es kaum einen zweiten gibt, wenden wir uns dem genauen Gegenteil zu: Helium lässt sich in seiner Friedfertigkeit von keinem Element übertreffen, ein »Rühr mich nicht an« wie aus dem Bilderbuch!

Helium – das edle Kind der Sonne

War Wasserstoff das *erste* Element in der Geschichte unseres Universums, so ist Helium das *zweite*. In Sternen entsteht es in einer Art »immerwährender Wasserstoffbombe« aus seinem Vorgänger und trägt deshalb den Namen der Sonne. Auf Jahrmärkten und in Showveranstaltungen wird Helium zur Erzeugung einer Mickymaus-Stimme missbraucht; die Stimmbänder schwingen in Helium anders als in Luft. Für den Chemiker aber ist die interessanteste Frage, warum dieses Element weder freiwillig noch unter Zwang an chemischen Reaktionen teilnimmt. Nur Neon und Argon – zwei enge Verwandte des Heliums – sind genauso störrisch. Die ganze »Familie«, zu der noch Krypton, Xenon und Radon gehören, verdankt dieser äußersten Zurückhaltung ihren Namen: Es handelt sich um die Edelgase.

Steckbrief von Helium:

Symbol He (von griech. helios = Sonne), 1868 in der Sonne, 1895 auf der Erde entdeckt, Vorkommen in kleinsten Mengen in der Luft, Schmelzpunkt (unter Druck) –272 °C, Siedepunkt –269 °C, Dichte 0,18 g/l (viel leichter als Luft), farblos, geruchlos, geschmacklos, in Wasser etwas löslich, geht keine chemischen Verbindungen ein.

Der feste Zustand von Helium bei –272 °C ist nur beim 25fachen des normalen Luftdrucks erreichbar. Unter normalen Bedingungen wird Helium überhaupt nicht fest und nur mit größten Anstrengungen flüssig. Hauptgrund für diese Schwierigkeit ist der so genannte »absolute Nullpunkt«: kälter als –273,15 °C geht nicht und wird niemals gehen – hier setzt die Natur eine unüberwindliche Grenze. Und je näher man dieser tiefsten möglichen Temperatur kommt, desto schwieriger wird die weitere Abkühlung.

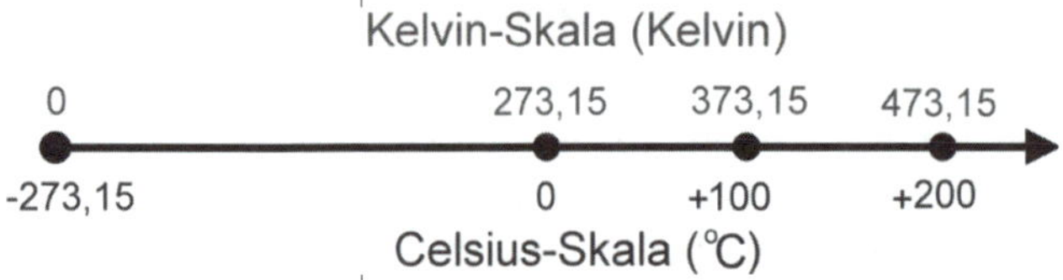

Abb. 3.9: Kelvin- und Celsius-Skala im Vergleich

Weil jeder gute Chemiker auch etwas von Physik verstehen muss (ich erwähnte es bereits in Kapitel 1), hier ein wichtiger Hinweis: Für den Physiker ist die Temperaturangabe in Grad Celsius eine sehr unpraktische Sache. Warum null Grad Celsius, wo es doch noch sehr viel kälter geht? Also lässt er die ganze Temperaturskala dort anfangen, wo wirklich »Null« ist, eben bei –273,15 ×C. Das nennt er dann »Null Kelvin« (0 K), zu Ehren des englischen Naturforschers Lord Kelvin. Wo für uns Normalmenschen dann null Grad Celsius ist – also 273,15 Grad Celsius wärmer als am absoluten Nullpunkt –, ist für den Physiker die Temperatur 273,15 Kelvin (273,15 K). Alles klar?

Auch für dieses so unendlich »träge« Element Helium findet man in der Technik Verwendung. Tiefseetaucher atmen ein Gemisch aus Helium und Sauerstoff ein (zur Vermeidung der Taucherkrankheit hat man Stickstoff weggelassen und *reiner* Sauerstoff wäre ja – du hast bereits davon gehört – ein schlimmes Gift, das die Lunge zerstört). Diese Heliumbeimischung sorgt dann für den bekannten Mickymaus-Effekt. Weiterhin gibt es Heliumlampen und Helium-Laser. Eine wichtige Anwendung fehlt noch: Weil Helium so viel leichter als Luft ist, wird es für Ballon- und Zeppelinfüllungen eingesetzt.

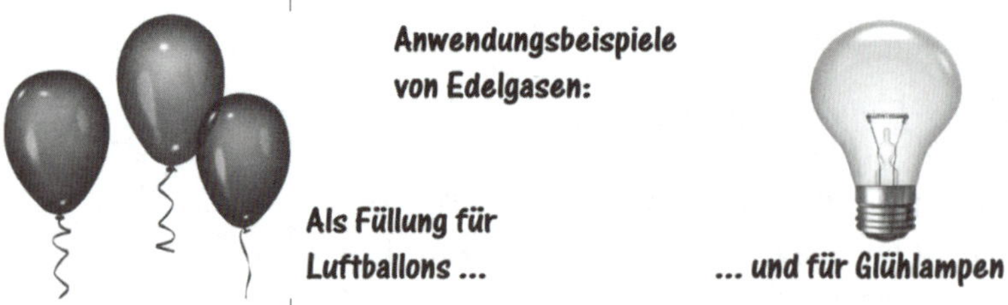

Abb. 3.10: Edelgase sind nicht brennbar.

Dafür gäbe es allerdings ein noch leichteres und damit noch besser geeignetes Gas, den Wasserstoff. Das dachten sich auch die Konstrukteure der großen Luftschiffe, die Anfang des 20. Jahrhunderts den Atlantik überquerten. Im Jahr 1937 war Schluss damit: Der riesige Zeppelin »Hindenburg« geriet beim Landeanflug auf New York in Brand. Nach allem, was du bereits über Wasserstoff weißt, kannst du dir das Ausmaß dieser Katastrophe vorstellen. Seither verwendet man Helium, das aber leider sehr viel teurer ist.

Ich habe es bereits erwähnt, für den Chemiker ist die interessanteste Frage: Warum reagiert Helium nicht? Was hat Helium, was andere Elemente nicht haben? Mit deinen bis jetzt erworbenen Kenntnissen kannst du bereits genauer fragen: Was haben Helium-Atome, was die Atome anderer Elemente nicht haben? Dieses Rätsel wirst du erst lösen, wenn du *in die Atome hineinschauen* kannst (Kapitel 5). Selbst die Atomvorstellung von John Dalton hilft uns hier nicht weiter.

Nachdem du einige Nichtmetall-Elemente näher kennen gelernt hast, wenden wir uns den viel zahlreicheren Metallen zu. Was den *Nicht*metallen an Eigenschaften fehlt, das sollten wir hier finden. Die chemisch-technisch wichtigen Elemente Eisen, Natrium, Kupfer, Germanium und Gold werden wir genauer unter die Lupe nehmen.

Metalle – die glänzenden Leiter

Nein, Metalle müssen keineswegs so »hart wie Stahl« sein. Einerseits ist der härteste Naturstoff – der Diamant – ein Nichtmetall und Stahl ein Stoffgemisch. Andererseits gilt flüssiges – und damit »weiches« – Quecksilber eindeutig als Metall. Es muss also etwas anderes sein, was die Metalle von den Nichtmetallen unterscheidet. Ich beschränke mich dabei zunächst auf Unterschiede in den *physikalischen* Eigenschaften.

Glänzen denn alle Metalle? Im Prinzip ja – aber an der Luft ist dieser Glanz oft nicht lange haltbar! Viele Metalle verändern durch eine chemische Reaktion mit Sauerstoff oder Luftschadstoffen (Korrosion) recht schnell ihr Aussehen. Da durch diese Reaktionen das Metall verschwindet und durch Metallverbindungen ersetzt wird, können wir trotzdem den typischen *metallischen Glanz* als Kennzeichen der Metalle festhalten. Eine weitere typische Metalleigenschaft kannst du fühlen, wenn du einen Porzellan- und einen Metalllöffel gleichzeitig in die heiße Flamme eines Gasherds hältst. Rate mal, welchen Löffel du zuerst loslassen musst – natürlich den Metalllöffel! Damit hätten wir also die bessere *Wärmeleitfähigkeit* der Metalle als typische Eigenschaft erkannt. Schließlich betrachten

wir noch eine elektrische Steckdose: Die Kontakte sind aus Metall, die Außenteile aus Kunststoff. Das Kabel eines Elektrogeräts: außen Kunststoff (Isolator), innen Kupfer (Leiter). *Elektrische Leitfähigkeit* müssen wir also ebenfalls zu den metallischen Eigenschaften zählen.

Verformbarkeit, elektrische Leitfähigkeit, metallischer Glanz ...

Abb. 3.11: Anwendungsbeispiele von Metallen

Du wirst vielleicht einwenden, dass elektrischer Strom auch durch Wasser fließen kann, wie du bei Versuch 3a (Wasserstofferzeugung) gesehen hast. Richtig – nur lautete die Versuchsüberschrift »*Zerlegung* des Wassers durch den elektrischen Strom«! Der Unterschied besteht also in der Art und Weise, *wie* der Strom fließt: unter *Zerstörung* des »Leitermaterials« (Wasser und Säuren, daneben noch Salze und Laugen) oder unter *Erhalt* des Leiters (Metalle). Metalle tragen deshalb den Ehrentitel »Leiter 1. Klasse«, während die genannten Nichtmetallverbindungen sich mit der 2. Klasse begnügen müssen.

Metall ist Charaktersache

Aber halt – da war doch noch etwas! Graphit, eine Modifikation des Kohlenstoffs, leitet ebenfalls zerstörungsfrei den elektrischen Strom und ist außerdem noch schwach glänzend! Auch der Kohlenstoff hat also in *einer* seiner Erscheinungsformen metallische Eigenschaften – so strikt ist die Trennung zwischen Metallen und Nichtmetallen denn doch nicht! Und erinnere dich an Silizium: Von einer schwachen Leitfähigkeit war die Rede, die sich allerdings – im Gegensatz zum metallischen Verhalten – beim Erwärmen verstärkt. Auch der metallische Glanz ist vorhanden. Wir haben Silizium deshalb als Halbmetall (Halbleiter) bezeichnet. Bei Kohlenstoff sind wir nicht so weit gegangen – *insgesamt* betrachtet, ist der Unterschied zu den Metallen doch etwas zu groß. Der Diamant hat keinerlei metallische Eigenschaften. Man sagt auch, der Kohlenstoff habe nur einen *schwachen Metallcharakter*, während dieser bei Silizium etwas stärker sei.

Versuche einmal, ein Stück Kandiszucker zu biegen oder flach zu klopfen! Den gleichen Misserfolg wirst du mit einem Salzkristall (und auch mit Graphit, Diamant und Silizium!) erleben. Mit einem Kupferdraht dagegen gelingt es spielend. Diese Verformbarkeit der (reinen) Metalle ist ebenfalls eine ihrer typischen Eigenschaften. Technisch ist sie oft, aber nicht immer

erwünscht. Sie lässt sich durch gezielte Beimengungen anderer Stoffe – vor allem von Kohlenstoff – verringern.

Fassen wir zusammen:

Typische physikalische Metalleigenschaften sind metallischer Glanz, elektrische Leitfähigkeit, Wärmeleitfähigkeit und Verformbarkeit.

Nach so viel Vorrede wollen wir jetzt das technisch wichtigste, auf der Erde (nach Aluminium) zweithäufigste metallische Element genauer ansehen: Eisen, eines der am längsten bekannten chemischen Elemente.

Eisen – in Blut und Boden

Ohne Eisen kommt der Brennstoff nicht zu den Körperzellen: In den roten Blutkörperchen ist Eisen für den Sauerstofftransport zuständig. Durch Kohlenstoffmonoxid wird dieses *Hämoglobin-Eisen* außer Gefecht gesetzt, mit den bekannten Folgen (Erstickungstod). Man sieht, Eisen ist nicht nur technisch bedeutend, hat nicht nur eine große Geschichte (Eisenzeit, etwa 1000 v. Chr.), sondern ist auch eine Voraussetzung unseres Zellstoffwechsels.

In der Alchemie des Mittelalters stand Eisen für das *männliche Prinzip*. Das kann man durchaus kritisch sehen (immerhin gab es im 20. Jahrhundert auch eine »eiserne Lady« genannte englische Politikerin). Eisen also so viel wie hart, unbeugsam? Das ist nicht ganz richtig: Hart wird Eisen erst durch Zusätze, und unbeugsam – unverformbar – ist es schon gar nicht.

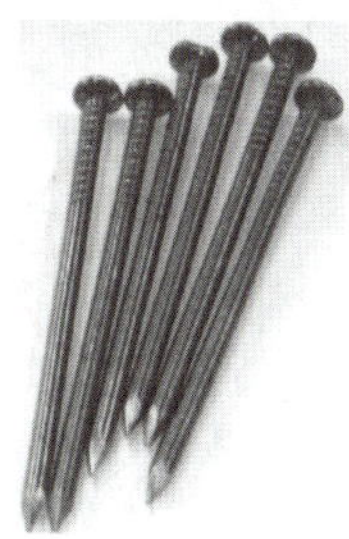

Abb. 3.12: Eisennägel bestehen aus Stahl.

Steckbrief von Eisen:

Symbol Fe (ferrum; von lat. ferreus = hart), seit über 3000 Jahren bekannt, Vorkommen in Form chemischer Verbindungen im Erdboden (bräunliche Farbe), in Eisenerzen und in Lebewesen, selten auch als Meteoriteneisen elementar, Schmelzpunkt 1539 °C, Siedepunkt 2861 °C, Dichte 7,87 kg/dm^3 (Schwermetall), silberweiß und weich (im reinen Zustand), magnetisch, sehr unedel (rostet an feuchter Luft und reagiert mit Säuren unter Auflösung).

Über die Eigenschaften und technischen Anwendungen von Eisenlegierungen ließe sich mühelos ein eigenes Buch schreiben. Im Grunde seit Jahrtausenden experimentiert die Menschheit mit diesem Element und hat dabei Produkte wie Roheisen, Gusseisen und die verschiedensten Stähle für alle möglichen Anwendungen entwickelt. Zunächst wird Eisen in Hochöfen mit Hilfe von Koks aus Eisenerzen gewonnen.

Dieses Roheisen (das viel Kohlenstoff enthält) wird dann in Stahlwerken »veredelt« (Senkung des Kohlenstoffgehalts, Entfernung von Verunreinigungen). Das hat starken Einfluss auf die Eigenschaften: Kohlenstoff steigert die Härte, aber auch die Sprödigkeit und sorgt für bleibende magnetische Eigenschaften (Permanentmagnete).

Dabei bilden sich – für den Chemiker hochinteressante – Übergangszustände zwischen Gemisch und chemischer Verbindung. Kohlenstoff kann sich, ein heterogenes Gemisch bildend, zwischen mikroskopisch dünne Eisenschichten legen, er kann sich aber auch homogen im Eisen auflösen (Mischkristalle) und er kann schließlich regelrechte chemische Verbindungen mit Eisen bilden.

Stahl – kein reines Eisen

Der Begriff Stahl – von Laien oft mit Eisen gleichgesetzt – beschreibt ganz allgemein Legierungen mit dem Hauptbestandteil Eisen und mit eher geringem Kohlenstoffanteil: Stähle sollen nicht spröde, sondern elastisch sein. Chrom als Legierungsbestandteil macht den Stahl rostfrei, andere Metalle wie z.B. Nickel erhöhen die Härte (aber nicht die Sprödigkeit).

Aber nicht immer stehen diese Anforderungen im Vordergrund. Gerade die *Permanent*magnetisierung ist oft unerwünscht, z.B. in Elektromagneten. Für diese Zwecke ist Reineisen gefragt. Man stellt es zum Beispiel aus Eisen-Sauerstoff-Verbindungen (Eisenoxiden) durch Behandlung mit Wasserstoff her. Du weißt ja, dass Wasserstoff sehr heftig mit Sauerstoff reagieren kann. Er ist deshalb in der Lage, dem Eisenoxid den Sauerstoffanteil zu entreißen und dabei Wasser zu bilden, wie es auch in der Knallgasreaktion entsteht. Reines Eisen bleibt übrig.

Wegen der überragenden technischen Bedeutung von Eisen werden in der Metallurgie alle übrigen Metalle kurzerhand als NE-Metalle (Nichteisen-Metalle) bezeichnet. In einer anderen Betrachtungsweise wird Eisen mit

seinen »nächsten Verwandten« Cobalt und Nickel zur »Eisengruppe« zusammengefasst. Eine vergleichbare (noch stärker ausgeprägte) Sonderstellung eines Elements hast du bisher nur bei den Kohlenstoffverbindungen kennen gelernt, die als *organische Chemie* eine eigene Fachrichtung begründen. Wenden wir uns trotzdem den NE-Metallen zu: Es gibt dort interessante Elemente zu entdecken! Beginnen wir mit Natrium, in elementarer Form genauso unausstehlich wie ein berüchtigtes Nichtmetall …

Natrium – leicht, weich und aggressiv

Mit Luft und besonders mit Wasser verträgt sich Natrium überhaupt nicht. Als eines der leichtesten Metalle schwimmt es nicht nur auf dem Wasser, sondern setzt dabei augenblicklich chemische Reaktionen in Gang, die geradezu explosionsartig verlaufen können. In chemischer Hinsicht verhält sich Natrium damit ähnlich aggressiv wie Chlor. Und deshalb kommt es auch, wie Chlor, in der Natur nicht elementar vor.

Ein so unleidliches Metall ist in seiner wirtschaftlichen Bedeutung natürlich meilenweit vom nützlichen Eisen entfernt. Eine Betrachtung lohnt trotzdem: Chemisch gebunden (mit Chlor!) in Form von Kochsalz ist es weit verbreitet, und es ist in unserer Auswahl das mit Abstand *unedelste* Metall.

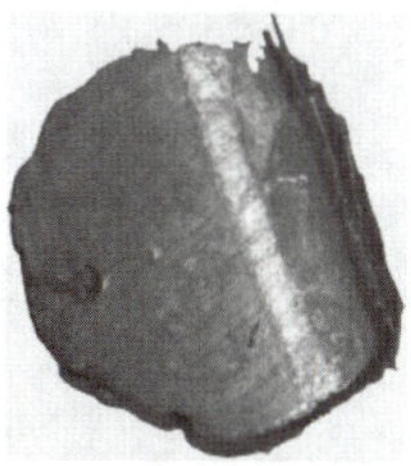

Abb. 3.13: Der Glanz von Natrium ist vergänglich.

Steckbrief von Natrium:

Symbol Na (von natron = Soda), elementar zum ersten Mal zu Beginn des 19. Jahrhunderts dargestellt, Vorkommen (wie Chlor) in Form gelöster Salze in den Weltmeeren und fester Salze in Salzstöcken sowie in Lebewesen; Schmelzpunkt 98 °C, Siedepunkt 883 °C, Dichte 0,97 kg/dm^3 (leichter als Wasser), sehr weiches, schneidbares, silbrig glänzendes Metall, ätzend auf feuchter Haut, sehr reaktionsfähig, brennt mit gelber Flamme.

Natrium ist in Form von gelöstem Salz reichlich in unseren Körperflüssigkeiten enthalten. In Salzform wird es auch für die verschiedensten Zwecke verwendet: als Auftausalz, zur Konservierung (Salzhering!), zur Nahrungszubereitung und für chemische Zwecke (z.B. Chlorgewinnung). Im elementaren Zustand sind die Verwendungsmöglichkeiten seltener, dafür

aber sehr interessant. So dient es in *physikalischer* Verwendung als Kühlmittel in Kernkraftanlagen oder zur Erzeugung des schönen gelben Lichts an Fußgängerüberwegen.

Natrium ist so reaktionsfähig, dass es unter Petroleum aufbewahrt werden muss, um Luft und Wasser fernzuhalten.

Petroleum ist wie viele andere »organische« Flüssigkeiten in seinen Eigenschaften von Wasser grundverschieden und reagiert deshalb nicht mit Natrium. Darum kann sich der Chemiker auch die Reaktion des Natriums mit Wasser zunutze machen, um solche organischen Flüssigkeiten von hartnäckigem Restwasser zu befreien.

Natrium steht mit seinen Eigenschaften nicht allein in der Welt der Metalle. Vor allem die vier Elemente Lithium, Kalium, Rubidium und Cäsium haben große Ähnlichkeit mit ihm. Kalium, Rubidium und Cäsium sind noch aggressiver, Lithium und Kalium noch leichter, Kalium, Rubidium und Cäsium noch weicher. Und alle sind gute Elektrizitäts- und Wärmeleiter. Eine richtige Familie also – ich werde darauf zurückkommen! Aber bevor ich das tue, betrachten wir noch die Elemente Kupfer, Germanium und Gold. Jedes dieser Metalle steht für ganz besondere Eigenschaften. Allesamt sind sie meilenweit von denen des Natriums und seiner Familie entfernt.

Kupfer – in edler Verwandtschaft

Nur Silber leitet noch etwas besser den Strom und die Wärme, nur Silber und Gold lassen sich noch einfacher dehnen und verarbeiten. Wie Gold und Silber ist Kupfer ein Schwermetall mit angenehmem Äußeren: Alle drei Elemente werden als *Münzmetalle* bezeichnet. Die chemische Reaktionsfähigkeit ist sehr viel geringer als bei Natrium und seinen Verwandten. Kupfer trägt also edle Züge – fast so edel wie Gold und Silber! Kein Wunder, dass dieses Metall schon seit Tausenden von Jahren zu Waffen und Schmuck verarbeitet wird.

Die beschriebenen Ähnlichkeiten legen nahe, auch die drei Metalle Kupfer, Silber und Gold als »Elementfamilie« zu betrachten, wie wir es schon bei Lithium, Natrium, Kalium, Rubidium und Cäsium, bei Eisen, Cobalt und Nickel sowie bei Helium, Neon, Argon, Krypton, Xenon und Radon getan haben.

Abb. 3.14: Kupfer – in bester Verwandtschaft

Steckbrief von Kupfer:

Symbol Cu (von lat. cuprum = Zypern), seit ca. 7000 Jahren bekannt, Vorkommen vereinzelt in elementarer (gediegener) Form, meistens aber in chemischer Verbindung mit Schwefel, Spurenelement in Lebewesen, Schmelzpunkt 1083 °C, Siedepunkt 2562 °C, Dichte 8,95 kg/dm^3, rotes, weiches Metall, ausgezeichneter Wärme- und Elektrizitätsleiter, in der Kälte langsame, beim Erhitzen rasche chemische Reaktion mit Nichtmetallen.

Die Verwendung von Kupfer leitet sich von seinen hervorstechenden Eigenschaften ab: für Elektrokabel und anderes Leitermaterial, für Rohre in Heizungsanlagen und als Kupferblech in der Bautechnik. Sehr oft werden auch Gefäße aus Kupfer hergestellt, beispielsweise die Kessel in Brauereien, aber auch Blumengießkannen. Als Schwermetall ist Kupfer giftig; in Spuren in Wasser gelöst hat es desinfizierende Wirkung.

Die in der frühen Menschheitsgeschichte aus Kupfer hergestellten Gegenstände nutzten sich rasch ab. Schon bald wurden deshalb Legierungen mit anderen Metallen hergestellt, und eine davon gab einer ganzen Epoche den Namen: Bronze, aus Kupfer und Zinn gebildet (Bronzezeit ab ca. 3000 v. Chr.). Diese Legierung ist härter und haltbarer als das reine Kupfer. Bis in die Neuzeit wird Bronze häufig verarbeitet, vor allem in der Kunst und im Kunsthandwerk. Die zweite häufige Kupferlegierung ist Messing, sie enthält bis zu 40% Zink.

Bleiben wir in der Kupferfamilie und gehen wir zum König der Metalle, zum »göttlichen Metall« der alten Ägypter.

Gold – das Metall des Sonnengottes

Kein anderes Metall hat die Menschen je so fasziniert, für kein anderes Metall haben so viele Menschen ihr Leben gelassen. Gold stand schon immer für Macht und Reichtum und vor Tausenden von Jahren auch für Unsterblichkeit. Die Eroberungskriege der Spanier in Südamerika, die Raubzüge des römischen Weltreichs, die Vertreibung und Ausrottung nordamerikanischer Indianerstämme – getrieben von der Gier nach Gold. Generationen von Alchimisten suchten im vorwissenschaftlichen Mittelalter nach dem Stein der Weisen, um damit Gold herzustellen. Was macht dieses Metall so faszinierend?

Abb. 3.15: Goldmünze (Krügerrand)

Gold ist nicht nur eines der schwersten Metalle, sondern für die meisten Menschen eindeutig das schönste. Dazu kommt: Dieses schöne, schwere Element findet sich elementar – zum Teil sogar in sehr reiner Form – in der Natur, muss also nicht mühsam chemisch aus Erzen hergestellt werden. Aber es kommt eben sehr selten vor. Es zu besitzen ist etwas Besonderes. Und es lässt sich extrem gut bearbeiten, ist widerstandsfähig gegen fast alle Chemikalien. All das erklärt trotzdem noch nicht den wohligen Schauer, der jeden erfasst, der zum ersten Mal einen Goldbarren in der Hand hält ...

Steckbrief von Gold:

Symbol Au (aurum; von lat. aurora = Morgenröte), seit über 6000 Jahren bekannt, Vorkommen meist gediegen in Gesteinen, Sänden und im Meerwasser, Schmelzpunkt 1063 °C, Siedepunkt 2856 °C, Dichte 19,3 kg/dm^3, gelblich glänzend, weich, ausgezeichneter Wärme- und Elektrizitätsleiter, extrem dehnbar und verformbar, chemisch sehr reaktionsträge (edel), reagiert mit Chlor, Brom und »Königswasser« (Säuremischung).

Der englische Physiker Ernest Rutherford (1871–1937) suchte für Experimente zum Aufbau der Atome ein äußerst dünnes Material. Er benutzte schließlich eine Goldfolie: Dieses Metall lässt sich noch dünner als ein Tausendstel Millimeter auswalzen oder -hämmern. Durch diese Folie kann man hindurchsehen, und sie glänzt immer noch golden! Das erklärt auch die Verwendung als Blattgold. Übrigens, die Versuche von Rutherford erbrachten entscheidende Erkenntnisse. Ich werde in Kapitel 5 darauf zurückkommen.

Gold wird in großen Mengen von Nationalbanken als Währungsgrundlage gehortet, z.B. in Fort Knox (USA). Goldmünzen sind ebenfalls weit verbreitet. Die weiteren Verwendungen beschränken sich aber nicht auf Schmuck-Zwecke. In der Elektronik und in der Zahnheilkunde wird ebenfalls viel Gold verarbeitet. Wegen seiner Weichheit muss Gold für viele Zwecke mit Silber oder Kupfer legiert werden. Der Goldgehalt solcher Legierungen wird in Promille angegeben: 800/1000 bedeutet 80 Prozent Goldgehalt, 1000/1000 bedeutet, dass der Gehalt an Verunreinigungen unter einem Promille liegt.

»Rambo« Chlor begegnet uns ausgerechnet hier wieder: Chlor und sein Verwandter Brom sind tatsächlich in der Lage, Gold anzugreifen und in eine chemische Verbindung zu zwingen. Das gelingt aber auch mit einer Mischung aus drei Teilen Salzsäure und einem Teil Salpetersäure. Diese teuflische Brühe, die sogar den *König der Metalle* besiegt, bekam folgerichtig den Namen *Königswasser*.

So edel ist unser letztes metallisches Elementbeispiel Germanium bei weitem nicht. Aber Germanium hat andere Qualitäten, die eher im Verborgenen blühen ...

Germanium – Doppelgänger mit Charakterunterschieden

Tatsächlich könnte man Germanium fast für einen Doppelgänger von Silizium halten: Wie dieses ist es ein Halbleiter, hat ähnliches Aussehen und ähnliche Verwendungsmöglichkeiten. Allerdings kommt es so selten in der Natur vor, dass man dafür fast immer Silizium vorzieht. Die Charakter-Unterschiede liegen im Detail, und hier schließt sich der Kreis von den Nichtmetall- zu den Metallelementen. In mancher Hinsicht steht Germanium den Metallen eben ein kleines bisschen näher, als es bei seinem bedeutenden Verwandten der Fall ist. Deshalb fällt die Entscheidung leichter als bei Silizium: Germanium ist ein Metall, wenn auch mit immer noch *schwachem Metallcharakter*.

Abb. 3.16: Germanium – ein Halbleiter

Steckbrief von Germanium:

Symbol Ge (von lat. germania = Deutschland), Ende des 19. Jahrhunderts in Silbererz (Freiberg/Sachsen) entdeckt, sehr seltenes Vorkommen in Erzen als Begleiter anderer Metallverbindungen, Schmelzpunkt 937 °C, Siedepunkt 2830 °C, Dichte 5,3 kg/dm^3 (viel schwerer als Silizium), Halbleitereigenschaft, silbrig metallisch glänzend, in den chemischen Eigenschaften ähnlich Silizium, aber größere Nähe zu Metallen.

Interessanterweise wurde das Element Germanium bereits 14 Jahre vor seiner Entdeckung von dem russischen Naturforscher Mendelejew (1834–1907) vorausgesagt. Mendelejew hatte ein Ordnungssystem der Elemente entwickelt, in dem es noch zahlreiche Lücken gab. In eine davon sollte ein dem Silizium ähnliches Element passen, das »Eka-Silizium«. Sogar die Eigenschaften dieses noch unbekannten Elements konnte Mendelejew recht zutreffend prophezeien.

Das »periodische System der Elemente«, kurz *Periodensystem* oder *PSE* genannt, gilt als Meilenstein in der wissenschaftlichen Chemiegeschichte. Vollständig deuten lässt es sich erst aufgrund des *Feinbaus* der kleinsten Teilchen der Elemente, der *Atome*. Ich werde es deshalb in Kapitel 5 genauer vorstellen.

Da die entsprechenden Erkenntnisse erst einige Jahrzehnte nach Mendelejews PSE-Entwicklung gewonnen wurden, ist seine wissenschaftliche Leistung gar nicht hoch genug einzuschätzen! Das Periodensystem gibt der von uns an einzelnen Beispielen bereits eingeführten Zusammenfassung von Elementen zu *Elementfamilien* die wissenschaftliche Grundlage. Schauen wir uns diese »Clans« also noch genauer an!

Die Clans der Elemente

Häufig erkennt man die Clan-Mitglieder bereits am Aussehen. Elementares Natrium und Kalium zum Beispiel sehen sich zum Verwechseln ähnlich, genau wie Silizium und Germanium. Zuverlässig sind diese äußeren Merkmale aber nicht: Einerseits kommen Sauerstoff und Schwefel sehr verschieden daher, obwohl sie zur selben Familie gehören, andererseits ist die augenscheinliche Ähnlichkeit von Arsen und Selen frappierend, während sie doch zu verschiedenen (aber einander nahe stehenden) Familien

gehören. Nein, die entscheidenden Merkmale liegen unter der Oberfläche, im *Charakter*, ganz wie im wirklichen Leben. Charakter heißt im Reich der Stoffe: physikalische und chemische Eigenschaften.

Die Elemente eines »Clans« haben ähnliche physikalische und chemische Eigenschaften.

Physikalische Eigenschaften sind für den Ablauf aller Vorgänge entscheidend, in denen die Stoffe als solche *unverändert* bleiben und nur ihren Zustand ändern, z.B. gelöst werden oder schmelzen. Chemische Eigenschaften dagegen bestimmen den Ablauf aller Vorgänge, in denen Stoffe als solche *verschwinden* und durch andere Stoffe *ersetzt* werden.

Als chemische Eigenschaft gilt z.B. die *grundsätzliche Reaktionsbereitschaft* eines Elements, sein edler oder unedler Charakter. Sowohl bei Metallen als auch bei Nichtmetallen lautet die Faustregel: je reaktionsfähiger, desto *typischer*. Das typische Metall reagiert besonders heftig mit dem typischen Nichtmetall und mit typischen Nichtmetallverbindungen, z.B. Wasser. Ein weiteres, für uns gegenwärtig sehr hilfreiches Beispiel: Fast alle Elemente (Metalle und Nichtmetalle) bequemen sich mehr oder weniger freiwillig dazu, mit Sauerstoff zu reagieren, wobei Oxide entstehen. Die Frage, wie sich solche *Oxide gegenüber Wasser* verhalten, hat große Bedeutung sowohl für die Einteilung der Elementfamilien als auch für das Erkennen der Unterschiede innerhalb einer solchen Familie.

Abb. 3.17: Unterschiedliches Verhalten von Metall- und Nichtmetalloxiden gegenüber Wasser

Diese Oxide können mit Wasser entweder Säuren oder Laugen bilden. Der Unterschied zwischen Säuren und Laugen besteht in speziellen Eigenschaften, die als saurer oder basischer Charakter bezeichnet werden. Obwohl ich diese speziellen Eigenschaften hier noch nicht beschreiben will (das mache ich in Kapitel 6), leistet uns die Säuren/Laugen-Unterscheidung bereits jetzt wertvolle Dienste.

Nichtmetalloxide bilden mit Wasser bevorzugt *Säuren*, *Metalloxide* dagegen bevorzugt *Laugen*.

Bereits ohne diese besonderen Merkmale finden wir große Übereinstimmung bei den Edelgasen. Alle sind sie reaktionsträge, Helium, Neon und Argon sogar völlig reaktionsunfähig. Krypton, Xenon und Radon reagieren nur mit dem aggressivsten Element überhaupt, mit Fluor, und auch das nur unter Zwang. Farb-, geruch- und geschmacklos sowie in Wasser nur wenig löslich sind alle Edelgase. Könnte Wasserstoff nicht auch zu dieser Familie passen? Leider nein – physikalisch dem Helium sehr ähnlich, sind die chemischen Unterschiede denn doch zu gewaltig. Das ist schade, denn Wasserstoff ist das einzige Element, für das wir auch anderswo keine Heimat finden. Es bleibt ein Einzelgänger, der nirgendwo richtig dazupasst.

Die Alkalimetalle – vergänglicher Glanz

Lithium, Natrium, Kalium, Rubidium und Cäsium – diese Familie hast du bereits kennen gelernt. Dazu käme noch das hochradioaktive Francium (Fr), das nur in Spuren vorkommt, keinerlei praktische Bedeutung hat und deshalb hier nicht beschrieben wird. Das Wort »Alkali« stammt aus dem Arabischen und bezeichnet kaliumhaltige Bestandteile der Pflanzenasche. Alle Familienmitglieder sind zwar bei Zimmertemperatur sehr weich, aber nicht flüssig; in frischem Zustand silberweiß glänzend, reagieren aber sofort an dieser schönen Oberfläche mit dem Luftsauerstoff und sehen dann gar nicht mehr so vorteilhaft aus.

> Die Alkalimetalle sind die reaktionsfähigsten Metalle.

Die Oxide bilden mit Wasser sofort Laugen, am bekanntesten die Natronlauge. Sie wird technisch in großem Maßstab verwendet. Darüber hinaus reagieren auch schon die Elemente mit Wasser, von Lithium bis Cäsium zunehmend heftig. Während Natrium dabei bereits in Brand geraten kann, läuft bei Cäsium diese Reaktion geradezu explosionsartig ab. Wir können also aufgrund der chemischen Eigenschaften eine Zunahme des Metallcharakters vom Lithium zum Cäsium feststellen. Das *typischste aller Metalle*, das Element mit dem stärksten Metallcharakter, ist damit *Cäsium!*

Die Kohlenstoffgruppe – ungleiche Verwandtschaften

Die Zusammengehörigkeit der Familienmitglieder Kohlenstoff (C), Silizium (Si), Germanium (Ge), Zinn (Sn) und Blei (Pb) erschließt sich tatsäch-

lich nicht auf den ersten Blick. Was hat Kohlenstoff mit dem Schwermetall Blei zu tun? Erste Gemeinsamkeit: Alle Mitglieder der Kohlenstoffgruppe sind bei Zimmertemperatur fest. Noch einsichtiger wird die Verwandtschaft erst, wenn wir uns die Eigenschaften der Elemente *in der genannten Reihenfolge* genauer ansehen. Dann stellt man nämlich einen allmählichen Übergang vom Nichtmetall zum Metall fest, genauer gesagt: eine *allmähliche Zunahme des Metallcharakters.* Diese Zunahme konnten wir bereits bei den Alkalimetallen beobachten. Während Kohlenstoff in zwei nichtmetallischen Modifikationen (Diamant und Fullerene) und einer teilweise metallischen Modifikation (Graphit) vorkommt, also insgesamt nur schwachen Metallcharakter hat, gilt Silizium bereits als Halbmetall. Noch stärker ist der metallische Charakter bei Germanium.

Von Kohlenstoff zu Blei nimmt der Metallcharakter zu.

Erkennbar ist dieser Übergang auch mit unserem genannten chemischen Kriterium, der Reaktion der Oxide mit Wasser. Kohlenstoffdioxid (bereits ein alter Bekannter von uns) bildet mit Wasser die Kohlensäure. Das findet beispielsweise in den Geräten zur Sodawasser-Herstellung statt, die in vielen Haushalten verwendet werden. Siliziumdioxid (Quarz) reagiert kaum mit Wasser, schwach wasserhaltiger Quarz gilt als sehr schwache Säure. Die entsprechenden Verbindungen des Germaniums dagegen gelten als »amphoter«, also als Verbindungen, die sowohl sauren als auch basischen Charakter tragen. Bei Zinn und Blei schließlich ist der Metallcharakter in physikalischer und chemischer Hinsicht so deutlich, am deutlichsten beim Schwermetall Blei, dass ohnehin kein Zweifel mehr an ihrer Zugehörigkeit besteht. Diesen allmählichen Übergang vom Nichtmetall zum Metall finden wir auch in anderen Elementfamilien, z.B. in der Sauerstoff-Familie (*Chalkogene*) und in der Chlor-Familie (*Halogene*).

Chalkogene – vom Säurebildner zum leuchtenden Metall

Chalkogene bedeutet so viel wie Erzbildner. Familienmitglieder sind Sauerstoff, Schwefel, Selen, Tellur und Polonium. Auch hier beobachten wir wieder den allmählichen Übergang: Auf Sauerstoff (»Säurebildner«), das reaktionsfähige, typische Nichtmetall, bei Zimmertemperatur gasförmig, als chemische Verbindung in vielen Erzen vertreten, folgt Schwefel, ein bei Zimmertemperatur fester, gelber Stoff, ebenfalls ohne erkennbare metallische Eigenschaften. Schwefeldioxid, auch (leider) als Luftschadstoff vorkommend, bildet mit Wasser »schweflige Säure«, die an der Luft leicht zu Schwefelsäure wird und für den berüchtigten »sauren Regen« sorgt.

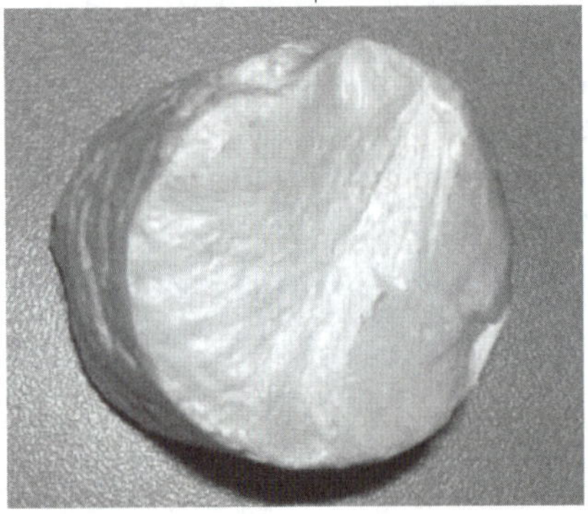

Abb. 3.18: Elementarer Schwefel

Selen dagegen existiert bei Zimmertemperatur in einer festen metallischen (grauen) und in einer festen nichtmetallischen (roten) Modifikation, steht also zwischen den Welten. Die nichtmetallische Modifikation ähnelt chemisch dem Schwefel, die metallische eher Germanium oder Arsen. Bei Tellur (ebenfalls ein fester Stoff) überwiegt insgesamt bereits der metallische Charakter, obwohl das Oxid mit Wasser eine so genannte »tellurige Säure« bilden kann. Diese Säure ist jedoch äußerst schwach. Sowohl Selen (griech. *Mond*) als auch Tellur (lat. *Erde*) treten übrigens als Begleiter von Schwefel in Erzen auf.

Bei den Chalkogenen nimmt der Metallcharakter von Sauerstoff zu Polonium zu.

Fehlt noch Polonium: Dieses 1898 vom Ehepaar Curie entdeckte und nach ihrem Heimatland Polen benannte radioaktive, blau leuchtende, feste Element ist sowohl in den physikalischen wie auch in den chemischen Eigenschaften ein typisches Metall.

Halogene – der Clan der Nichtmetalle

Halogen bedeutet so viel wie *Salzbildner*. Zumindest die ersten vier Vertreter – Fluor, Chlor, Brom und Iod – tun dies in reichlichem Maße. Es handelt sich durchweg um Nichtmetalle, ab Iod machen sich auch (schwache) metallische Charaktereigenschaften bemerkbar.

Alle Halogene sind Nichtmetalle.

Fluor und Chlor sind bei Zimmertemperatur gasförmig und gelten – zusammen mit Sauerstoff – als die typischsten Nichtmetalle. Auch an Brom, einer bei Zimmertemperatur übel riechenden, hochgiftigen, braun dampfenden Flüssigkeit kann man noch nichts Metallisches entdecken. Iod schließlich ist immer noch ein aggressives Nichtmetall, bildet allerdings bereits bei Zimmertemperatur metallisch glänzende Kristalle. Der in den anderen Elementfamilien beobachtete allmähliche Übergang zu immer stärkerem metallischem Charakter wiederholt sich damit (in stark abgeschwächter Form!) auch bei den Halogenen. Zu diesen vier Vertretern kommt noch Astat (von astaton, »unbeständig«), ein äußerst seltenes, stark radioaktives Element, das in den Eigenschaften zwischen Iod und Polonium steht, bei Zimmertemperatur fest ist, metallisch glänzt und damit noch etwas stärkeren metallischen Charakter hat. Wir wollen dieses Element aufgrund seiner sehr geringen Bedeutung aber nicht näher betrachten.

Übersicht der Elementfamilien

Betrachten wir die beschriebenen und weitere Elementfamilien in einer Übersicht. Die erste Zeile bezeichnet die so genannte Hauptgruppennummer (Spalten der Tabelle, römische Ziffer). Die linke Spalte bezeichnet die Periodennummer (Zeilen der Tabelle, lateinische Ziffer). Beide Zahlen haben Bedeutung im Zusammenhang mit dem Bau der Atome (Kapitel 5). Die erste Hauptgruppe (I) enthält die Alkalimetalle, die zweite die Berylliumgruppe (Beryllium und die so genannten Erdalkalimetalle). Die Hauptgruppen III bis V werden ebenfalls nach ihrem jeweils ersten Vertreter benannt: Bor-, Kohlenstoff- und Stickstoffgruppe. In den Hauptgruppen VI, VII und VIII finden wir die uns bereits bekannten Gruppen der Chalkogene, Halogene und Edelgase.

Gr. P.	I	II	III	IV	V	VI	VII	VIII
1								He
2	Li	Be	B	C	N	O	F	Ne
3	Na	Mg	Al	Si	P	S	Cl	Ar
4	K	Ca	Ga	Ge	As	Se	Br	Kr
5	Rb	Sr	In	Sn	Sb	Te	I	Xe
6	Cs	Ba	Tl	Pb	Bi	Po	At	Rn
7	Fr	Ra						

Tabelle 3.3: Übersicht der Hauptgruppenelemente nach Elementfamilien geordnet (Hauptgruppen im periodischen System der Elemente)

Elementsymbole und Elementnamen (Wasserstoff konnten wir, wie erwähnt, bisher noch keiner Elementfamilie zuordnen):

Tabelle 3.4: Symbole und Namen der Hauptgruppenelemente

He	Helium	Al	Aluminium	Se	Selen	Cs	Cäsium
Li	Lithium	Si	Silizium	Br	Brom	Ba	Barium
Be	Beryllium	P	Phosphor	Kr	Krypton	Tl	Thallium
B	Bor	S	Schwefel	Rb	Rubidium	Pb	Blei
C	Kohlenstoff	Cl	Chlor	Sr	Strontium	Bi	Bismut
N	Stickstoff	Ar	Argon	In	Indium	Po	Polonium
O	Sauerstoff	K	Kalium	Sn	Zinn	At	Astat
F	Fluor	Ca	Calcium	Sb	Antimon	Rn	Radon
Ne	Neon	Ga	Gallium	Te	Tellur	Fr	Francium
Na	Natrium	Ge	Germanium	I	Iod	Ra	Radium
Mg	Magnesium	As	Arsen	Xe	Xenon	H	Wasserstoff

Du vermisst Eisen, Kobalt, Nickel, Kupfer, Silber, Gold? Diese Elemente finden wir in so genannten »Nebengruppen«. Einzelne Familien sind auch hier erkennbar.

! Alle Nebengruppenelemente sind Metalle.

Tabelle 3.5: Übersicht der Nebengruppenelemente

Sc	Ti	V	Cr	Mn	Fe	Co	Ni	Cu	Zn
Y	Zr	Nb	Mo	Tc	Ru	Rh	Pd	Ag	Cd
Lu	Hf	Ta	W	Re	Os	Ir	Pt	Au	Hg

Auch hier die Zuordnung der Elementsymbole und Elementnamen:

Tabelle 3.6: Symbole und Namen der Nebengruppenelemente

Sc	Scandium	Mo	Molybdän	Ir	Iridium
Y	Yttrium	W	Wolfram	Ni	Nickel
Lu	Lutetium	Mn	Mangan	Pd	Palladium
Ti	Titan	Tc	Technetium	Pt	Platin
Zr	Zirconium	Re	Rhenium	Cu	Kupfer
Hf	Hafnium	Fe	Eisen	Ag	Silber

V	Vanadium	Ru	Ruthenium	Au	Gold
Nb	Niob	Os	Osmium	Zn	Zink
Ta	Tantal	Co	Cobalt	Cd	Cadmium
Cr	Chrom	Rh	Rhodium	Hg	Quecksilber

Zum Teil sehr fremdartige Elementnamen finden wir in den Nebengruppen. Asterix-Leser sind zunächst leicht im Vorteil, denn sie erkennen zumindest Lutetium als Hinweis auf die damals Lutetia genannte französische Hauptstadt. Die Elementnamen Cobalt (»Kobold«) und Nickel (»Nickel« als Partner der weiblichen »Nixe«) leiten sich von Berggeistern ab.

Aber das ergibt immer noch nicht die Zahl der 115 bekannten Elemente!

Die jetzt noch fehlenden Elemente – auch sie samt und sonders Metalle – gehören zu den so genannten *Lanthanoiden* (Lanthan-ähnlichen, auch Seltenerdmetalle genannt) und *Actinoiden* (Actinium-ähnlichen).

Hier finden wir Elemente mit so interessanten Namen wie Samarium, Europium, Americium, Californium, Berkelium (nach der University of Berkeley bei Los Angeles) und Thulium (nach Thule). Weitere Elemente wurden zu Ehren von Naturforschern benannt wie Curium (nach Madame Curie), Einsteinium, Fermium (nach Enrico Fermi), Mendelevium (nach Mendelejew) und Rutherfordium. Die Letzteren gehören zu den so genannten *Transuranen*, das sind (überwiegend künstlich hergestellte) radioaktive Elemente, deren kleinste Teilchen, die Atome, schwerer sind als die Atome des Urans. Und obwohl ich die Lanthanoiden und Actinoiden hier nicht näher beschreiben will, nutze ich doch den Anlass für eine etwas genauere Betrachtung dieser kleinsten Teilchen.

Die Atomvorstellung von Dalton

Von der daltonschen Atomhypothese (1809) hast du bereits in Kapitel 1 im kurzen Überblick zur Geschichte der Chemie gehört. Beim Thema Wasserstoff war dann erstmals von unterschiedlichen Eigenschaften der Atome die Rede – das Wasserstoff-Atom als leichtestes Atom, aus dem alle anderen entstanden sind. Und jetzt die Transurane – wieder ein Hinweis auf die Verschiedenheit der Atome.

Die daltonsche Atomhypothese war nach den langen, wissenschaftlich dunklen Jahren des Mittelalters ein Meilenstein für das Verständnis chemischer Vorgänge.

Die ersten beiden Aussagen der daltonschen Atomhypothese: Die Atome sind die kleinsten Teilchen der chemischen Elemente, und alle Atome eines Elements sind untereinander gleich.

Wir wissen heute, dass sich auch die Atome ein und desselben Elements in ihrer Masse unterscheiden können (was übrigens nichts mit den Modifikationen der Elemente zu tun hat – diese werden durch unterschiedliche *Verknüpfungen* der Atome erzeugt). Die schwerste Wasserstoff-Atomart ist sogar dreimal so schwer wie die leichteste! Deshalb sind auch die beiden weiteren Aussagen von Dalton die (wohlgemerkt, aus heutiger Sicht!) problematischsten:

Die Atome unterschiedlicher Elemente sind unterschiedlich groß und besitzen unterschiedliche Massen; Atome sind kugelförmig.

Dalton verfügte natürlich noch nicht über die experimentelle Fähigkeit der modernen Naturforscher, einzelne Atome sichtbar zu machen oder gar in das *Atominnere* zu blicken. Für ihn war das Atom ein vollkommen homogenes Teilchen mit Haftstellen zur Verknüpfung mit anderen Atomen. Aus der heute verfügbaren Kenntnis des Atom-Feinbaus wissen wir, dass sich die Atome der einzelnen Elemente nicht zwingend in ihrer Masse und Größe, sondern vielmehr in der Anzahl ganz bestimmter *Bestandteile* der Atome – also *subatomarer Teilchen* – unterscheiden. Und wir wissen auch, dass die Atome im Grunde gar keine feste Form haben.

Kugelmodell, chemische Reaktion und Aggregatzustand

Aber genug herumgemäkelt! Die wissenschaftliche Leistung von John Dalton ist unbestritten und für seine Zeit gar nicht hoch genug einzuschätzen. Sogar heute noch kann seine Atomvorstellung (»Kugelmodell«) gute Dienste leisten, um manche Vorgänge besser zu verstehen. Dies gilt zunächst für die grundlegenden Zusammenhänge bei chemischen Reakti-

onen, die ich in Kapitel 4 beschreiben werde. Dabei nehme ich vereinfachend – wie Dalton – an, dass die Atome eines Elements untereinander völlig gleich sind.

Elemente bestehen danach nur aus einer einzigen Art kleinster Teilchen, die sich von den Teilchen anderer Elemente unterscheiden. Die Atome eines Elements können sich dabei auch zu Atomgruppen vereinigen (Beispiel: Sauerstoffmodifikationen, Kapitel 3).

Abb. 3.19: Kugelmodell nach Dalton: Sauerstoff bildet Atomgruppen.

Ausreichend ist die daltonsche Atomhypothese auch für das Verständnis mancher physikalischer Vorgänge. Betrachte beispielsweise den Übergang zwischen den »Aggregatzuständen« fest, flüssig und gasförmig:

Abb. 3.20: Fester, flüssiger und gasförmiger Aggregatzustand

Im festen Zustand sind die kugelförmigen Atome (oder Atomverbände) wohlgeordnet in einem dreidimensionalen »Gitter«. Zwischen ihnen wirken Kräfte, die sie trotz der ständigen Bewegung der einzelnen Teilchen zusammenhalten. Diese ständige Bewegung – hier eine Zitterbewegung um die feste Stelle – ist ein Maß für die Temperatur der Teilchen.

Erst am (unerreichbaren) absoluten Nullpunkt bei –273,15 °C hört sie ganz auf, deshalb ist auch keine tiefere Temperatur möglich. Mit steigender Temperatur wird die Bewegung stärker, so dass sich die Teilchen zwar von ihrem festen Platz lösen können, aber immer noch zusammenbleiben. Der Stoff schmilzt. Bei weiterem Temperaturanstieg schließlich bewegen sich die Teilchen so stark, dass sie die gegenseitigen Anziehungskräfte vollständig überwinden können und sich voneinander entfernen. Der Stoff

geht vom flüssigen in den gasförmigen Zustand über, er siedet. Manche Stoffe können den flüssigen Zustand auch überspringen, sie gehen mit steigender Temperatur direkt vom festen in den gasförmigen Zustand über. Man nennt dies Sublimation. Beispiele dafür sind Kohlenstoffdioxid und Graphit.

Die Nanowelt der Atome

Wie groß ist denn nun so ein Atom? Ein Kupferatom beispielsweise hat einen Durchmesser von 0,0000003 Millimeter (mm) oder $3*10^{-7}$ mm. Das entspricht $0{,}3*10^{-9}$ m oder 0,3 Nanometer. Das heißt:

Man müsste drei Millionen Kupferatome in eine Reihe legen, um eine Strecke von nur einem Millimeter zu erhalten!

Kein Wunder, dass man zu Daltons Zeiten so kleine Strukturen noch nicht sichtbar machen konnte.

Die Massen der Atome sind genauso winzig. Ein Wasserstoff-Atom hat etwa die Masse 0,0000000000000000000000016 Gramm, ein Kohlenstoff-Atom etwa 12 Mal so viel. Das sind fast unvorstellbar kleine Massen.

In einem Gramm Wasserstoffgas, das sind etwa
elf Liter gasförmiger Wasserstoff, finden wir damit (gerundet)
602.200.000.000.000.000.000.000 Wasserstoff-Atome!

Um sie zu zählen, bräuchtest du – wenn du in jeder Sekunde ein Atom schaffst – eine ungeheuer lange Zeit, nämlich 19.025.800.000.000.000 Jahre, also 19 Billiarden Jahre! Bedenke dabei, dass unser Weltall »erst« seit 20 Milliarden Jahren existiert, also seit 20.000.000.000 Jahren.

Mit diesem chemischen Grundlagenwissen können wir im nächsten Kapitel die vielfältigen chemischen Reaktionen genauer untersuchen. Du wirst dabei auch lernen, wie die Chemiker solche Abläufe beschreiben: kurz und knapp mit Formeln und Reaktionsgleichungen. Keine Angst, das ist nicht so schwierig, wie es scheint!

Zusammenfassung

In diesem Kapitel hast du gelernt

- dass Elemente in keine einfacheren Stoffe zerlegt werden können
- dass Elemente mit Symbolen bezeichnet werden und sehr unterschiedliche Eigenschaften haben
- welche Eigenschaften für Metalle und Nichtmetalle typisch sind
- dass Elemente in mehreren Erscheinungsformen (Modifikationen) vorkommen können
- warum Naturwissenschaftler lieber die Kelvin-Temperaturskala anstelle der Celsius-Skala verwenden
- dass die Einordnung der Elemente in Elementfamilien zu einem übersichtlichen System führt (Periodensystem)
- dass nach John Dalton Atome die kleinsten, kugelförmigen Teilchen der Elemente sind und sich Atome unterschiedlicher Elemente in ihrer Größe und Masse unterscheiden
- dass die Atomvorstellung von Dalton zwar ihre Grenzen hat, wir damit aber die grundlegenden Zusammenhänge bei chemischen Reaktionen und die Aggregatzustände erklären können
- welche Größen und Massen Atome tatsächlich besitzen

Aufgaben

1. Überprüfe deine Umgebung (Haushalt, Schule, Straße usw.) auf das Vorkommen metallischer Elemente!
2. Informiere dich in Fachbüchern oder im Internet (z.B. www.seilnacht.com) über die Bedeutung der Elementsymbole Ar (Argon), Kr (Krypton), Ho (Holmium), La (Lanthan), Ru (Ruthenium) und Cs (Cäsium).
3. Es gibt nur zwei Elemente, die bei Zimmertemperatur flüssig sind, und zehn Elemente, die bei Zimmertemperatur gasförmig sind. Ich habe diese insgesamt zwölf Elemente in diesem Kapitel genannt. Um welche Elemente handelt es sich?
4. Wie kommt es, dass viele Metalle an der Luft nur kurze Zeit den typischen metallischen Glanz zeigen, dann aber ein stumpfes Aussehen bekommen?

5. Überlege: Mit welchen Untersuchungen könnte man einen echten Diamanten von einer Fälschung aus Kristallglas unterscheiden?
6. Viele Menschen glauben, dass sich bei einer Erwärmung von 20 °C auf 40 °C die Temperatur verdoppelt. Warum ist das nicht richtig?
7. Warum ist keine tiefere Temperatur als –273,15 °C möglich?
8. Suche in einer Internet-Recherche (z. B. unter www.periodensystem.net) das Element mit der besten Wärmeleitfähigkeit. In welcher Hinsicht ist das Ergebnis überraschend?
9. Nenne die drei »typischsten« Metalle und die drei »typischsten« Nichtmetalle.

4

Reaktionen, Formeln und Gleichungen

Du weißt bereits, dass bei chemischen Reaktionen die Ausgangsstoffe verschwinden und durch andere Stoffe – die Reaktionsprodukte – ersetzt werden. Der Benzintank wird leer, die Abgase verpesten die Luft. Über sechs Millionen unterschiedliche chemische Reaktionen sind mittlerweile bekannt. Zeit also, uns einen Überblick zu verschaffen und chemische Reaktionen nach bestimmten Kriterien einzuordnen.

In diesem Kapitel erfährst du

- woran man chemische Reaktionen erkennt
- welche Voraussetzungen sie haben
- warum manche Reaktionen Wärme liefern und andere Wärme verbrauchen
- wie sich die Chemiker den Ablauf chemischer Reaktionen vorstellen
- welche Rolle die Energie dabei spielt
- wovon die Geschwindigkeit chemischer Reaktionen abhängig ist
- in welchen Verhältnissen Stoffe reagieren
- wie der Chemiker chemische Reaktionen beschreibt
- wie man den Ablauf chemischer Reaktionen beeinflussen kann

Woran erkennt man chemische Reaktionen?

Ist dir schon mal passiert, dass du eine Pizza im heißen Backofen vergessen hast? So etwas merkt man spätestens dann, wenn sich ein scharfer Geruch in der Küche verbreitet. Aus dem Backofen quillt dunkler Qualm (Rauch = heterogenes Gemisch), die Pizza ist nur noch ein schwarzer Klumpen. Das sind die Überreste der leckeren Pilze, Salamischeiben und Käsestücke. Eindeutig eine chemische Reaktion – und deshalb wollen wir sie uns genauer ansehen.

Voraussetzung war eine längere Zeit anhaltende Wärmezufuhr. Erkennbar war die Reaktion am Verschwinden der Ausgangsstoffe (Pilze, Salamischeiben, Käsestücke, Teig beziehungsweise der chemischen Verbindungen, die diese Stoffe gebildet haben) und am Entstehen von Reaktionsprodukten, die es vorher in der Küche noch nicht gab (schwarze Masse, Rauchpartikel, Geruchsstoffe beziehungsweise die chemischen Verbindungen, die diese Stoffe bilden).

Du wirst einwenden, dass auch beim »normalen« Pizza-Aufwärmen ein neuer Geruch entsteht. Ist das auch eine chemische Reaktion? So überraschend es klingt – ja, auch hier laufen chemische Reaktionen ab. Sie sind recht kompliziert und werden »Maillard-Reaktionen« genannt. Aus Zuckerarten (Kohlenhydraten) und Eiweißstoffen entstehen neue Verbindungen – man riecht sie mit Genuss! In der Mikrowelle entstehen sie übrigens kaum, weil die Temperatur dort zu niedrig ist. Deshalb machen manche Feinschmecker und Profi-Köche auch einen großen Bogen um die Mikrowelle.

Daraus hast du schon gelernt:

Unterschiedliche chemische Reaktionen benötigen unterschiedlich viel Wärme.

Wärmezufuhr oder Wärmeabgabe?

Aber es gibt noch einen wichtigeren Unterschied: Wenn wir die schon leicht dunkel werdende Pizza gerade rechtzeitig aus dem Backofen holen, können wir sie noch essen – die chemischen Zersetzungsreaktionen hören

sofort auf. Sie benötigen zu ihrem Ablauf *ständige Wärmezufuhr.* Auch deine Haut zeigt ganz verschiedene Reaktionen, je nachdem wie lange du unter dem Solarium liegst. Die weiße Hautfarbe verschwindet und wird durch rötliche oder schwärzliche Farbstoffe ersetzt. Nach dem Abschalten der UV-Bestrahlung wird aber keine *zusätzliche* Rötung oder Bräunung verursacht. Diese Hautreaktionen benötigen damit zu ihrem fortschreitenden Ablauf die *ständige »Zufuhr« von UV-Licht.* Wärmezufuhr wird hier durch die Einwirkung *energiereicher Strahlung* ersetzt.

Manche Reaktionen benötigen ständige Energiezufuhr.

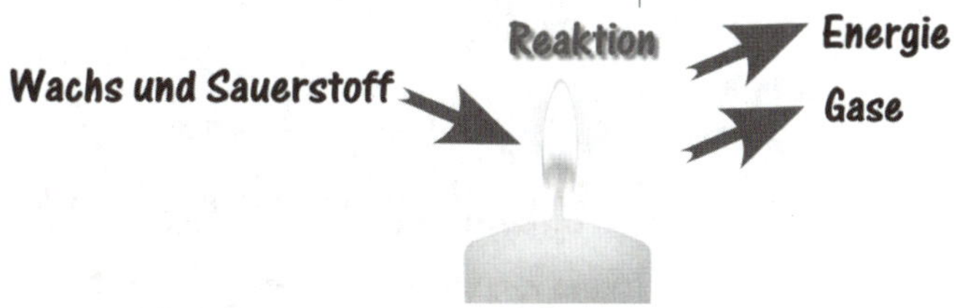

Abb. 4.1: Chemische Reaktion mit Energieabgabe

Wer andererseits einen Holzofen anheizt, kann nach dem Start der Verbrennungsreaktion die Streichhölzer weglegen – die Reaktion läuft *von selbst und liefert Wärme.* Wir müssen nur hin und wieder Holz nachlegen, den Kaminschieber zum Abzug der Verbrennungsgase offen halten und gelegentlich die Asche entfernen. Einen ähnlichen Vorgang können wir bei so genannten »Leuchtstäben« beobachten. Ein Knick startet eine Reaktion, die *von selbst* läuft und *ständig Licht erzeugt*, also *Strahlungsenergie.* Wärmeabgabe wird hier durch die Abgabe von Strahlung ersetzt. Nach einiger Zeit hört das Leuchten auf, die Ausgangsstoffe sind verbraucht, der Leuchtstab ist dann nicht mehr zu gebrauchen.

Andere Reaktionen setzen Energie frei.

Bei chemischen Reaktionen muss also nicht unbedingt Wärme die Hauptrolle spielen, es können auch andere Energieformen sein. Wir wollen des-

halb ganz allgemein von *Energie* sprechen und unsere bisherigen Erkenntnisse so zusammenfassen:

> Wir erkennen chemische Reaktionen am Stoffumsatz und am Energieumsatz. Ausgangsstoffe verschwinden und werden durch Reaktionsprodukte ersetzt. Energie muss entweder zugeführt werden oder Energie wird frei.

Nach dieser grundsätzlichen Klärung untersuchen wir die nächsten Fragen: Welche Voraussetzungen müssen gegeben sein, damit Stoffe überhaupt miteinander reagieren können? In welchen Fällen beginnen chemische Reaktionen praktisch von selbst, wenn wir nur die Ausgangsstoffe zusammenbringen; in welchen Fällen muss man diesen Reaktionsstart erzwingen?

Zusammenstoß mit Folgen – wann reagiert was?

Welche Voraussetzungen müssen für eine Freundschaft oder gar für eine Liebesbeziehung zwischen zwei Menschen gegeben sein? Dazu müssen sie sich erst mal begegnen. Dann müssen sie miteinander Kontakt aufnehmen – und zwar etwas intensiver als nur mit einer oberflächlichen Begrüßung. Nur so können unsere zwei Menschen beurteilen, ob sie auch zusammenpassen. Manchmal (»Liebe auf den zweiten Blick«) muss dazu der Kontakt schon sehr hartnäckig aufrechterhalten werden. Läuft bei dieser Kontaktaufnahme etwas schief, kommen aber auch die theoretisch »idealen Partner« nicht zusammen! Ist nach der besonderen Anspannung der Phase des Kennenlernens schließlich eine normale Beziehung zustande gekommen, kann sie auch wieder auseinander gehen. Eine feste Beziehung hält größere Belastungen aus als eine labile. Belastend können beispielsweise von außen kommende Schikanen sein (dem Paar wird »die Hölle heiß gemacht«). Belastend kann aber auch der Kontakt mit einem attraktiven Dritten sein: Ist er der einen Hälfte unseres Paares noch sympathischer als der bisherige Partner, wird möglicherweise die Beziehung zerfallen und eine neue begründet.

Atome sind auch nur Menschen

Übertragen wir das auf chemische Reaktionen. Die unterschiedlichen Atome (oder Atomverbände) müssen sich erst mal begegnen, das heißt, die Ausgangsstoffe müssen zusammengebracht werden.

Es sollte dabei zu möglichst häufigen Teilchenbegegnungen kommen.

Dann müssen diese Teilchen intensiveren Kontakt aufnehmen.

Das geht nur durch Zusammenstöße mit einer gewissen Energie. Wie groß diese Mindestenergie sein muss und wie gut die Chancen sind, dass ein Zusammenstoß erfolgreich verläuft, ist äußerst unterschiedlich.

Es kommt dabei – wie im Menschen-Beispiel – nicht nur auf die *Wucht*, sondern auch auf die *Art* des Zusammenstoßes an. Die Teilchen müssen sich sozusagen mit der *richtigen Seite* treffen. Und: Auch bei Atomen gibt es »Sympathie«, »Abneigung« und »Liebe auf den zweiten Blick«. Bei diesen Zusammenstößen entsteht im Erfolgsfall zunächst kurzzeitig ein besonders energiereicher, so genannter *aktivierter Zustand* (»Phase des Kennenlernens«). Die Teilchen werden bildlich gesprochen kurzzeitig »zusammengequetscht«.

Aus diesem aktivierten Zustand bilden die Teilchen anschließend beständige neue Atomverbände; dabei wird unterschiedlich viel Energie frei. Diese frei werdende Energie kann *höher* oder *niedriger* sein als die anfangs zugeführte so genannte Aktivierungsenergie (siehe unten).

Die neu entstandene chemische Verbindung kann bei Belastung auch wieder zerfallen, z.B. durch Erhitzen (»die Hölle heiß machen«) oder durch Reaktion mit anderen Stoffen (»attraktiver Dritter«).

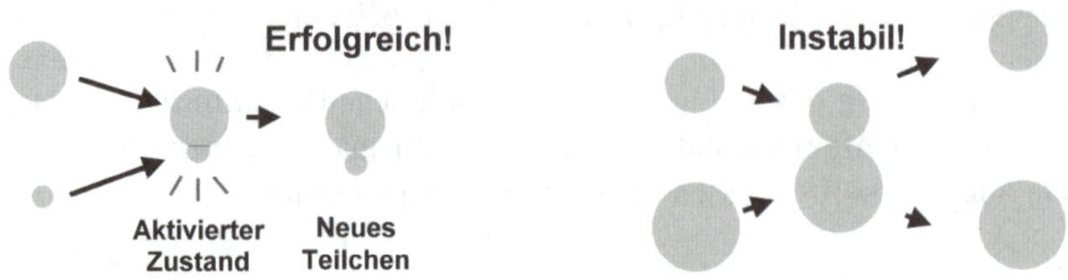

Abb. 4.2: Teilchenzusammenstöße mit und ohne Folgen

> Chemische Reaktionen können nur ablaufen, wenn die Teilchen mit einer bestimmten Energie und mit einer bestimmten räumlichen Orientierung zusammenstoßen. Bei diesen Teilchen kann es sich um Atome oder um Atomverbände handeln. Bei erfolgreichen Zusammenstößen entstehen aus einem aktivierten Zustand stabile neue Atomverbände. Dabei wird Energie frei. Wenn beim Zusammenstoß instabile Teilchen entstehen, zerfallen diese wieder in die Ausgangsteilchen.

Zerkleinerung und Oberfläche

Aber jetzt mal ganz systematisch: Erste Voraussetzung chemischer Reaktionen waren möglichst häufige Teilchenbegegnungen. Was das praktisch bedeutet, zeigt ein kleines (Gedanken-)Experiment: Versuche mit einem Streichholz einen Holzklotz anzuzünden. Zerkleinere dann den Holzklotz zu Sägemehl und wiederhole den Versuch. In welchem Fall wird es wohl eher gelingen? Natürlich mit dem Sägemehl – hier ist die Oberfläche gegenüber dem Sauerstoff der Luft viel größer, die Teilchen des Holzes und des Sauerstoffs können sich viel häufiger begegnen! Ein weiteres Gedankenexperiment zeigt die Oberflächenvergrößerung einleuchtend: Zerlege einen Holzwürfel von zehn Zentimeter Kantenlänge in acht gleichgroße kleinere Würfel (fünf Zentimeter Kantenlänge) und vergleiche die Oberflächen. Großer Würfel: 600 cm^2. Jeder kleine Würfel hat bereits 150 cm^2 Oberfläche, zusammen haben sie 1200 cm^2 – eine Verdoppelung der Oberfläche durch diese Teilung!

Abb. 4.3: Oberflächenvergrößerung

Bleiben wir beim Sägemehl: Die Oberfläche *gegenüber Sauerstoff* kann noch erhöht werden, wenn wir das Sägemehl in die Luft blasen. Die Reaktion beim Anzünden kann dann noch heftiger ablaufen. Du kennst das vielleicht von den Nachrichten über Kohlenstaubexplosionen in Bergwerken. Der fein verteilte Kohlenstaub ist so gut mit dem Luftsauerstoff vermischt, hat damit eine so große Oberfläche gegenüber dem Reaktionspartner, dass die normalerweise eher gemütliche Kohleverbrennung explosionsartig abläuft.

Es kommt auf die Oberfläche gegenüber dem Reaktionspartner an. Dafür entscheidend sind der Zerteilungsgrad und die Durchmischung.

So, diese Voraussetzung sei gegeben – die Stoffe sind fein zerteilt und gut durchmischt. Fehlt noch was? Aber ja – Kohlenstaubexplosionen zum Beispiel finden glücklicherweise nicht schon beim Auftreten von Kohlenstaub statt, sondern erst nach Zündung durch einen Funken. Du kannst dir nach unserer Stoßtheorie bereits vorstellen, was dieser Funke bewirkt: Er gibt einigen Teilchen die notwendige Energie zu einem »erfolgreichen« Zusammenstoß. Und offenbar setzen diese anfänglichen Zusammenstöße so viel Energie frei, dass auch die übrigen Teilchen reagieren können. Du kennst das: Sogar fein verteiltes Benzin im Automotor braucht den Funken der Zündkerze, um dann explosionsartig zu verbrennen und den Kolben nach unten zu treiben.

Anfänglich muss bei *allen* chemischen Reaktionen Energie zugeführt werden, damit es zu ersten erfolgreichen Teilchenzusammenstößen kommt. Man nennt diese Energie Aktivierungsenergie.

Reaktionen ohne Energiezufuhr?

Aber es scheint auch Reaktionen zu geben, bei denen diese anfängliche Energiezufuhr gar nicht nötig ist: Autos rosten auch bei Minusgraden, wenn man die Streusalzreste nicht entfernt. Joghurt verdirbt auch im Kühlschrank, wenn das Haltbarkeitsdatum überschritten wird. Säureflecken (z.B. aus Erbrochenem; es handelt sich um Salzsäure) zerfressen sofort Textilien, ohne dass dafür Energiezufuhr nötig wäre. Sind das Gegenbeweise? Zur Klärung erinnern wir uns an den Zusammenhang zwischen Temperatur und Teilchenbewegung. Die tiefste theoretisch mögli-

che, praktisch aber unerreichbare Temperatur ist –273,15 °C oder 0 K. Hier gibt es keine Teilchenbewegung mehr. Bei jeder anderen Temperatur aber bewegen sich die Teilchen mehr oder weniger stark!

Je höher die Temperatur steigt, desto stärker wird die Teilchenbewegung. In manchen Fällen ist die Energie dieser Bewegung bereits bei tieferen Temperaturen ausreichend zur Reaktionsauslösung ohne *zusätzliche* Wärmezufuhr. Die Aktivierungsenergie wurde aber auch in diesen Fällen letztlich von außen zugeführt (durch Wärmeaustausch mit der Umgebung erreichte der Stoff seine gegenwärtige Temperatur).

Alles stimmt: Die Teilchen treffen mit der nötigen Energie und in der richtigen räumlichen Orientierung aufeinander. Und trotzdem klappt es nicht immer – die nach dem Zusammenstoß entstehenden Teilchen sind so instabil, dass sie sofort wieder in die Ausgangsteilchen zerfallen. Edelgase sind solche Kandidaten, die einfach nicht reagieren wollen. Auch der Stickstoff der Luft weigert sich trotz ständiger Anwesenheit (fast immer) hartnäckig, an den vielfältigen Reaktionen des Sauerstoffs der Luft teilzunehmen. Das ist nicht selbstverständlich: Vor den ersten Testexplosionen der Atombomben und Wasserstoffbomben gab es ernsthafte Befürchtungen unter den Wissenschaftlern, der Stickstoff könnte bei dieser großen Aktivierungsenergie mit dem Luftsauerstoff reagieren und in einem »Atmosphärenbrand« die Menschheit auslöschen – glücklicherweise ist es nicht dazu gekommen. Woran liegt diese Reaktionsträgheit mancher Stoffe?

Tabelle 4.1: Beispiele reaktionsfähiger und reaktionsträger Elemente

Sehr reaktionsfähige Elemente	Sehr reaktionsträge Elemente
Alkalimetalle, Calcium, Strontium, Barium (typische Metalle), Halogene, Sauerstoff (typische Nichtmetalle)	Edelgase, Stickstoff, Gold, Silber, Platin

Sympathie ist Stabilitätssache

Offenbar sind die kleinsten Teilchen reaktionsträger Stoffe so stabil, dass sie den Versuchen widerstehen, ihren Zustand zu ändern.

Stabilität aber heißt in der Naturwissenschaft »Zustand mit niedriger Energie«.

Zusammenstoß mit Folgen – wann reagiert was?

Was ist die stabilere Lage, auf einem Hochseil balancieren oder darunter gemütlich auf einer Bank sitzen? Natürlich auf der Bank – aber was hat das mit Energie zu tun? Das wird klar, wenn wir uns vorstellen, wie der Artist auf das Hochseil kam – dafür musste er arbeiten, und damit hat er da oben mehr Energie. Wenn er herunterfällt (was wir uns natürlich nicht wünschen), verliert er diese Energie wieder. Sie wird an die Umgebung abgegeben, was wir an den Wirkungen des Aufpralls erkennen könnten. Außerdem geht das Runterfallen sozusagen von allein, während das Hochsteigen viel Mühe kostete. Es ist jedenfalls noch nie beobachtet worden, dass ein Artist von selbst nach *oben* fällt ... Die stabilere Lage auf der Bank beruht also auf ihrer niedrigeren Energie. Dieser stabilere Zustand niedrigerer Energie wird von selbst erreicht, Abweichungen davon bedürfen der Energiezufuhr. Wir können diese Beobachtungen verallgemeinern und auf die Atome und Atomverbände anwenden.

> Die kleinsten Teilchen reaktionsträger Stoffe befinden sich in einem besonders energiearmen und damit besonders stabilen Zustand. Sie können diesen Zustand nur verlassen, wenn ihnen von außen sehr viel Energie zugeführt wird.

Die besonders reaktions*fähigen* Stoffe müssen sich demnach in einem besonders energie*reichen*, instabilen Zustand befinden. Wir können diese Stabilitätsunterschiede der Teilchen vorerst nur zur Kenntnis nehmen – das daltonsche Atommodell gestattet uns noch keinen Blick in das *Innere* der Atome. Aber nur dort kann die Erklärung liegen. In Kapitel 5 werden wir deshalb ein anderes Atommodell verwenden. Vorerst genügt uns jedoch die daltonsche Atomvorstellung!

Abb. 4.4: Energie und Stabilität

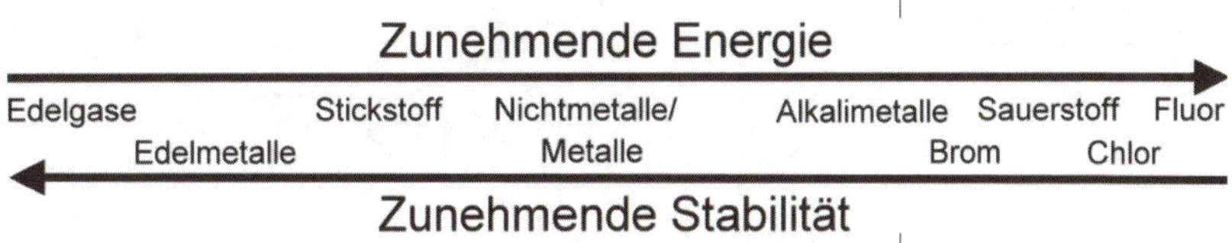

Fassen wir noch mal zusammen:

> Voraussetzungen für den Start chemischer Reaktionen:
>
> - Reaktionsfähigkeit der Ausgangsstoffe
> - Möglichst große Oberfläche durch hohen Zerteilungsgrad
> - Gute Durchmischung, Aktivierungsenergie

Exotherm und endotherm – Wärme kommt, Wärme geht

Erinnere dich an den Unterschied zwischen der Pizza-Verkohlung und der Holzverbrennung im Ofen. Die erste Reaktion braucht ständige Wärmezufuhr, die zweite dagegen liefert Wärme. Der Unterschied besteht offenbar in der Situation nach den erfolgreichen Zusammenstößen der Teilchen aufgrund der zugeführten Aktivierungsenergie. Geben sie *mehr* Energie ab, als vorher zur Aktivierung zugeführt wurde, oder *weniger*? Im Schaubild werden die Energieverhältnisse deutlich:

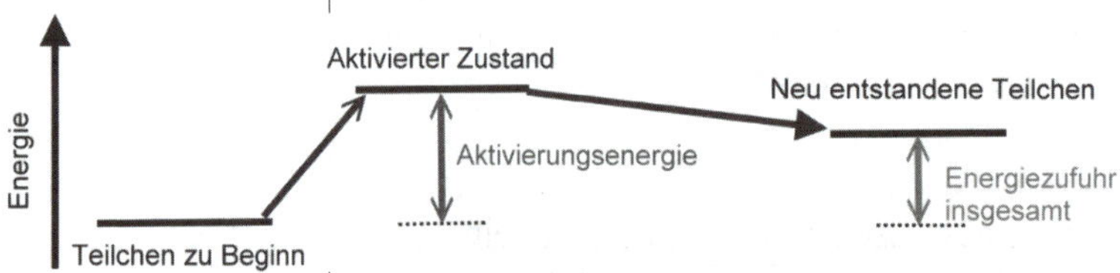

Abb. 4.5: Endotherme (Wärme verbrauchende) Reaktion

Die hier dargestellte Reaktion benötigt ständige Energiezufuhr. Wir nennen solche Reaktionen *endotherm*. Durch die Energieabgabe nach den erfolgreichen Teilchenzusammenstößen wird nur ein Teil der Aktivierungsenergie zurückgewonnen.

Ganz anders die folgende Reaktion:

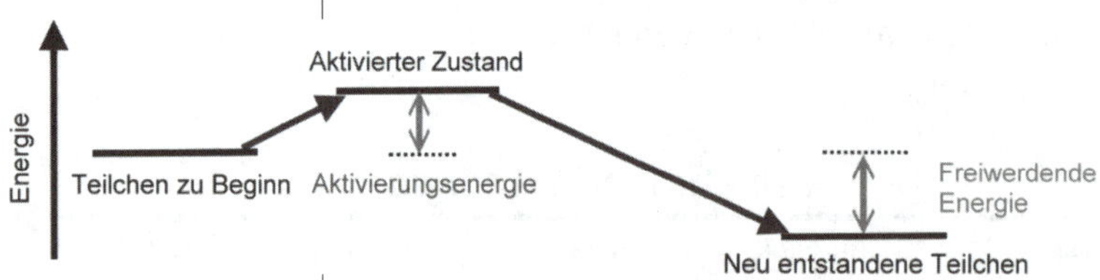

Abb. 4.6: Exotherme (Wärme liefernde) Reaktion

Die hier dargestellte Reaktion setzt Energie frei. Wir nennen solche Reaktionen *exotherm*. Es wird nicht nur die Aktivierungsenergie zurückgewonnen, sondern auch ein darüber hinausgehender Energiebetrag.

Hin und zurück

Ein bedeutendes Beispiel einer endothermen Reaktion hast du bereits kennen gelernt: die Fotosynthese, bei der grüne Pflanzen aus Kohlenstoff-

dioxid und Wasser die wertvollen Stoffe Zucker und Sauerstoff erzeugen. Dazu ist ständige Zufuhr von Sonnenlicht (UV-Strahlung) notwendig. Die Produkte dieser Reaktion besitzen also nach unserem Schaubild einen höheren Energie-Inhalt als die Ausgangsstoffe. Wir können diese Reaktion (nennen wir sie gleich die *Hinreaktion*, siehe unten) auch in der folgenden Form darstellen:

Kohlenstoffdioxid + Wasser + Energie → Zucker + Sauerstoff

Der höhere Energie-Inhalt wird einsichtig, wenn du dir diese Reaktion einmal andersherum – als *Rückreaktion* – vorstellst: Zucker wird angezündet und verbrennt zu Kohlenstoffdioxid und Wasser (es ist nicht ganz einfach, Zucker anzuzünden, aber mit einem »Trick« gelingt es. Du wirst diesen »Trick« gleich kennen lernen!). Der Weg in unserem Diagramm – der »Reaktionspfad«, wie er auch genannt wird – wird in der Gegenrichtung zurückgelegt, es wird Wärme frei. Verbrennungen sind exotherme Reaktionen!

Zucker + Sauerstoff → Kohlenstoffdioxid + Wasser + Energie

Ein anderes, technisches Beispiel einer endothermen Reaktion: Aus Kalkstein wird durch hohe Energiezufuhr »gebrannter Kalk« hergestellt. Auch hier müssen die Reaktionsprodukte einen höheren Energie-Inhalt als der Ausgangsstoff besitzen, auch hier ist (auf dem Umweg über eine Reaktion mit Wasser) die Rückreaktion möglich, und selbstverständlich ist sie exotherm.

Hinreaktion: Kalkstein + Energie → gebrannter Kalk + Kohlenstoffdioxid

Rückreaktion (in zwei Schritten):
Gebrannter Kalk + Wasser → Gelöschter Kalk + Energie
Gelöschter Kalk + Kohlenstoffdioxid → Kalkstein + Wasser + Energie

Die freigesetzte Energie bei den Rückreaktionen ist insgesamt genauso groß wie der Energiebedarf bei der Hinreaktion; das »Hilfsmittel« Wasser wird zurückgewonnen.

> Die Begriffe exotherm und endotherm werden auch auf physikalische Vorgänge wie beispielsweise das Lösen eines Stoffes in Wasser angewendet.

Die Verbindung Natriumchlorid, die wir als Kochsalz kennen, löst sich unter Abkühlung in Wasser – ein endothermer Lösungsvorgang. Die Verbindung Natriumhydroxid, aus den Elementen Natrium, Sauerstoff und Wasserstoff gebildet und wesentlicher Bestandteil von Abflussreinigern, dagegen löst sich unter deutlicher Erwärmung – ein exothermer Lösungsvorgang. Auch hier gelten die Energiebetrachtungen: Die Kochsalz*lösung* hat offenbar einen *höheren* Energie-Inhalt als die getrennten Bestandteile festes Kochsalz/reines Wasser, während die Abflussreiniger-*Lösung* einen *niedrigeren* Energie-Inhalt hat als fester Abflussreiniger/reines Wasser.

Die Maßeinheit der Energie

Energie ist eigentlich die Spezialität der Physiker, aber in Kapitel 1 wurde es schon erwähnt: Jeder gute Chemiker muss auch etwas von Physik verstehen (und umgekehrt). Werden wir also ein bisschen genauer mit der Energie! Sie hat, wie der Weg (ein Meter – 1 m), die Masse (ein Kilogramm – 1 kg) und die Zeit (eine Sekunde – 1 s), eine Einheit: das *Joule*. Benannt ist diese Einheit nach dem englischen Physiker J. P. Joule (1818–1889). Du kannst sie dir leicht vorstellen:

> Eine 100-Gramm-Tafel Schokolade wird einen Meter hoch angehoben und bekommt dadurch die Energie 1 Joule (1 J). Wenn die Tafel Schokolade runterfällt, wird diese Energie wieder frei (sie bewirkt dadurch meistens das Zerbrechen der Tafel).

Da dies ein »mechanisches« Beispiel ist und wir gerade mit Wärmemengen umgehen, hier noch ein anderer Vergleich: Um ein Gramm Wasser um ein Grad zu erwärmen, benötigt man die Energiemenge 4,2 J. Diese Energiemenge nannte man früher »eine Kalorie«. Da ein Liter Wasser die Masse

1000 g (1 kg) hat, muss man hier die Energiemenge 4200 J (4,2 kJ – 4,2 Kilojoule) zuführen, das nannte man früher »eine Kilokalorie«.

Die bei chemischen Reaktionen umgesetzte Energie wird in der Einheit 1 kJ (gleich 1000 J) angegeben.

Um dir eine Vorstellung der mit chemischen Reaktionen üblicherweise verbundenen Energiemengen zu geben: Dein Energieumsatz pro Tag liegt bei etwa 7000 bis 9000 kJ. »Nur« etwa 60% davon werden als Wärme umgesetzt, der Rest von 40% als verrichtete Arbeit (Muskeln, Herz usw.). Diese 40% der Energie werden zuerst weitgehend in den »wiederaufladbaren Körperakkus« gespeichert, von denen in Kapitel 3 (Vorstellung des Elements Wasserstoff) bereits die Rede war. Es handelt sich dabei um eine komplizierte Verbindung namens Adenosintriphosphat (ATP). Weil die Einbeziehung solcher »höheren« Energieformen recht schwierig ist, wollen wir uns hier – wie auch im Chemieunterricht der ersten Schuljahre üblich – auf die Betrachtung der Energieform *Wärme* beschränken.

Die Energieabgabe oder -zufuhr bewirkt einen unterschiedlichen Energieinhalt der Ausgangsstoffe und der Produkte. Diese Energiebeträge sind natürlich auch von der Zahl der umgesetzten Teilchen abhängig.

Energie und Enthalpie

Bei der Angabe der umgesetzten Energie gilt die folgende Regel:

Die umgesetzte Energie wird auf eine bestimmte Zahl umgesetzter Teilchen bezogen und als *Energiedifferenz* mit dem vorgesetzten griechischen Zeichen Δ (delta; bedeutet *Differenz*) angegeben nach der Rechenvorschrift
Energie der *Produkte* minus Energie der *Ausgangsstoffe* = Reaktionsenergie

Bei *endothermen* Reaktionen hat die Reaktionsenergie ein *positives* Vorzeichen
(Energie der Produkte > Energie der Ausgangsstoffe).

–Fortsetzung

Bei *exothermen* Reaktionen hat die Reaktionsenergie ein *negatives* Vorzeichen
(Energie der Produkte < Energie der Ausgangsstoffe).

Wenn wir uns auf die *Energieform Wärme* beschränken, gilt:
Bei der Reaktion umgesetzte *Wärme*mengen werden als *Reaktionsenthalpie* ΔH bezeichnet (H für *Enthalpie = Wärmeinhalt*).

Die erwähnte »bestimmte Zahl umgesetzter Teilchen« ist natürlich riesengroß, weil man bei der Winzigkeit einzelner Teilchen den entsprechenden Einzel-Energieumsatz gar nicht bestimmen könnte. In der Regel misst man die Energie bei der Reaktion von 602 Trilliarden Teilchen – eine gigantische Anzahl! Wie man gerade darauf kommt? In Kapitel 8 (chemisches Rechnen) wird es erklärt. In der folgenden Tabelle mit Beispielen wird jeweils die Masse der Stoffe angegeben, die bei solchen Teilchenzahlen zustande kommt.

Tabelle 4.2: Beispiele von Reaktionsenthalpien

Reaktion	ΔH	Art
2 g Wasserstoff + 16 g Sauerstoff → 18 g Wasser	– 286 kJ	exotherm
12 g Kohlenstoff + 32 g Sauerstoff → 44 g Kohlenstoffdioxid	– 393,1 kJ	exotherm
24 g Kohlenstoff + 32 g Sauerstoff → 56 g Kohlenstoffmonoxid	+ 222 kJ	endotherm
180 g Zucker + 192 g Sauerstoff → 264 g Kohlenstoffdioxid + 108 g Wasser	– 2870 kJ	exotherm
100 g Kalkstein → 56 g gebrannter Kalk + 44 g Kohlenstoffdioxid	+ 178 kJ	endotherm

Wie erwähnt, die in der Tabelle genannten Massen der reagierenden und entstehenden Stoffe ergeben sich aus der Zahl von 602 Trilliarden Teilchen oder dem ganzzahligen Vielfachen dieser Zahl. Genauere Betrachtung in Kapitel 8!

Geschwindigkeit ist keine Zauberei

Chemische Reaktionen verlaufen mit äußerst unterschiedlichen Geschwindigkeiten: Während eine Knallgasreaktion (Wasserstoff mit Sauerstoff) in Bruchteilen einer Sekunde beendet ist, kann beispielsweise das Entstehen von grünlichen Verbindungen auf Kupferdächern (Kupfer mit sauren Luftverunreinigungen) Jahre dauern. Worauf beruhen derartige Unterschiede? Zunächst natürlich auf der *Art* der reagierenden Stoffe!

Die Voraussetzungen chemischer Reaktionen, die ich in diesem Kapitel beschrieben habe, geben bereits eine zweite Antwort. Im homogenen Knallgasgemisch ist die gegenseitige Oberfläche der Gase sehr viel größer als auf dem Kupferdach. Es können also pro Zeiteinheit sehr viel mehr Teilchen zusammenstoßen. Aber das ist noch nicht die ganze Erklärung. Einen Hinweis gibt uns die Aufschrift auf Joghurtbechern: »Bei +2 °C haltbar bis ... «. Wer den Becher nicht in den Kühlschrank stellt, muss mit einem sehr viel schnelleren Verderb rechnen!

Hoher Zerteilungsgrad, gute Durchmischung und erhöhte Temperatur beschleunigen im Allgemeinen den Ablauf chemischer Reaktionen. Als Faustregel geht man davon aus, dass sich bei einer Temperaturerhöhung um 10 °C die Geschwindigkeit einer Reaktion verdoppelt (»Reaktionsgeschwindigkeit-Temperatur-Regel«, kurz RGT-Regel).

Woran liegt diese Abhängigkeit der Reaktionsgeschwindigkeit von der Temperatur? Geht es nicht einfach um die Überwindung des Energiebergs durch Zufuhr von Aktivierungsenergie? Man könnte meinen, hier gäbe es nur ein »Entweder-Oder«: Wenn die notwendige Aktivierungsenergie zugeführt wird, geht alles – wenn nicht, geht gar nichts. So einfach ist es allerdings nicht. Die Teilchen eines Stoffes bewegen sich nämlich bei einer gegebenen Temperatur sehr *unterschiedlich* schnell. Es gibt bei *jeder* Temperatur (über dem absoluten Nullpunkt!) langsame *und* schnelle Teilchen. Damit erklärt sich auch das *allmähliche* Verdunsten von Wasser: Wenn du ein Glas voll Wasser einige Tage stehen lässt, wird die Flüssigkeit auch an einem kühlen Ort immer weniger und ist schließlich ganz verdunstet. Die schnelleren Wasserteilchen – die es auch in kühlem Wasser gibt – können die Flüssigkeit verlassen, der Anteil dieser schnelleren Teilchen bildet sich neu und so geht das weiter, bis das gesamte Wasser gasförmig geworden ist.

Ein paar sind immer schnell ...

Auf chemische Reaktionen übertragen heißt das:

> Reagieren kann immer nur der *Anteil* der Teilchen mit der notwendigen Bewegungsenergie. Wenn dieser Anteil klein ist (bei niedrigeren Temperaturen), dann verläuft auch die Reaktion langsam. Ist er aber – durch Temperaturerhöhung – größer, dann verläuft auch die Reaktion schneller. Die Anteile der Teilchen mit den verschiedenen Geschwindigkeiten stellen sich – wie beim verdunstenden Wasser – immer wieder neu ein, so dass die Reaktion weitergehen kann.

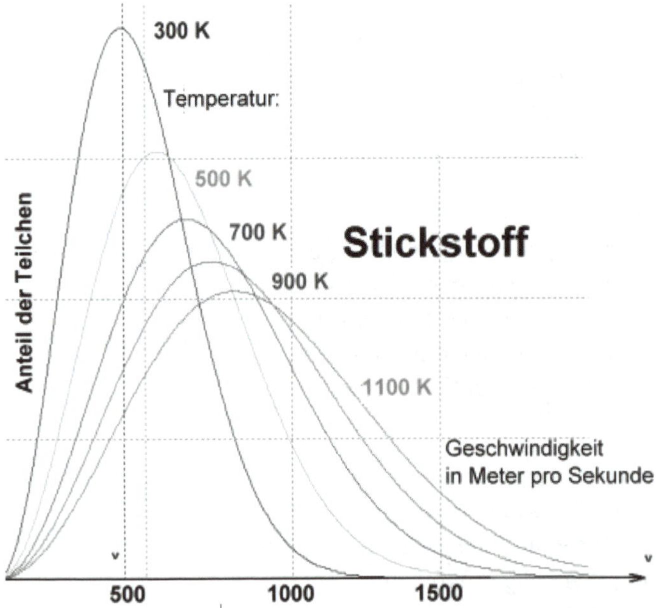

Abb. 4.7: Geschwindigkeitsverteilung bei Stickstoff-Teilchen

Nehmen wir an, für eine bestimmte Reaktion des Stickstoffs müssten die Teilchen eine Geschwindigkeit von mindestens 1500 Meter pro Sekunde haben, um den aktivierten Zustand beim Zusammenstoß mit anderen Teilchen zu erreichen. Bei 300 K (+27 °C) und auch noch bei 500 K (+227 °C) ist dieser Anteil fast null. Erst bei 700 K (+423 °C) hat eine gewisse Zahl von Teilchen die Mindestgeschwindigkeit erreicht, um die Reaktion mit messbarer Geschwindigkeit ablaufen zu lassen. Bei 1100 K aber ist dieser Anteil dreimal höher, die Geschwindigkeit der Reaktion noch bedeutend größer.

Die hilfreichen Geister: Katalysatoren

Zucker ist brennbar, aber es will einfach nicht gelingen, einen Zuckerwürfel mit dem Streichholz oder Feuerzeug in Brand zu setzen! In unseren Körperzellen dagegen macht die Zuckerverbrennung, noch dazu auf eine sehr raffinierte Art und Weise, offenbar überhaupt keine Probleme. Wie schaffen die Zellen das bloß? Der Biologielehrer weiß die Antwort: Sie setzen Enzyme ein!

Diese Enzyme schaffen etwas, wovon jeder Chemiker träumt: Sie verändern den Reaktionspfad und verringern damit die Aktivierungsenergie. Und noch besser: Sie werden bei der Reaktion nicht verbraucht! Es genügen also kleine Mengen dieser Stoffe, da sie – einmal zugefügt – ständig wirksam sein können. Der Chemiker nennt solche Stoffe *Katalysatoren*. Enzyme haben wir gerade nicht zur Hand, aber ein bisschen Zigarettenasche tut es in unserem Fall auch. Auf den Zuckerwürfel gestreut, gelingt die Entzündung (aber bitte für diesen Versuch nicht das Rauchen anfangen)!

> Katalysatoren beschleunigen (katalysieren) eine Reaktion, indem sie einen anderen Reaktionsverlauf mit einer geringeren Aktivierungsenergie bewirken. Die Katalysatoren nehmen zwar vorübergehend an der Reaktion teil, stehen aber am Ende wieder unverändert zur Verfügung. Die Absenkung der Aktivierungsenergie ermöglicht auch Reaktionen, die ohne sie praktisch undurchführbar wären.

Betrachten wir unser Schaubild:

Abb. 4.8: Exotherme Reaktion mit Katalysator

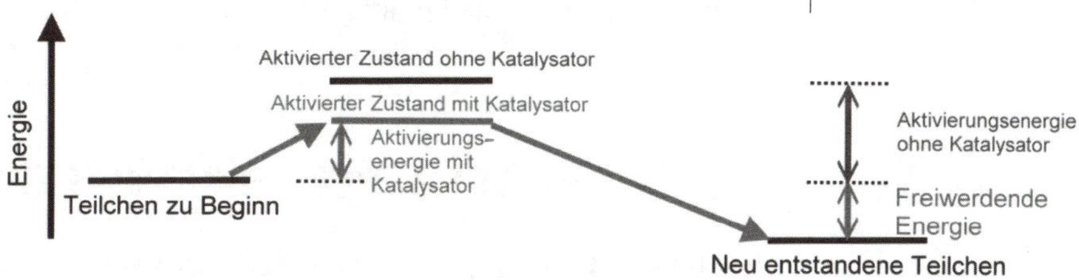

> Man sieht sehr deutlich, dass sich die insgesamt freiwerdende Energie (bei endothermen Reaktionen: die insgesamt notwendige Energiezufuhr) durch den Einsatz der Katalysatoren gar nicht verändert.

Was aber abgetragen wird, ist der hohe »Energieberg«, dessen Überwindung manchmal kaum gelingen will.

Ein technisch wichtiges Beispiel verdeutlicht das. Von der Reaktionsträgheit des Stickstoffs war bereits die Rede. Andererseits benötigen Lebewesen (Menschen, Tiere und Pflanzen) Stickstoff zum Eiweißaufbau. Wäre es da nicht am einfachsten, den benötigten Stickstoff einfach aus der Luft zu entnehmen und in geeignete Verbindungen umzuwandeln? Das dachten sich zu Beginn des 20. Jahrhunderts auch die deutschen Chemiker Fritz Haber und Carl Bosch. Die Reaktion

28 g Stickstoff + 6 g Wasserstoff → 34 g Ammoniak $\Delta H = -184$ kJ

ist schließlich deutlich exotherm, also Wärme liefernd! Die Aktivierungsenergie erwies sich aber als so hoch, dass kaum Ammoniak entstand. Die von den beiden Chemikern entwickelte und nach ihnen Haber-Bosch-Verfahren genannte Lösung des Problems lag – neben der Anwendung besonderer Reaktionsbedingungen wie hoher Druck und erhöhte Temperatur – im Einsatz spezieller Katalysatoren aus Metalloxiden. Seit 1916 wurde das Verfahren großtechnisch durchgeführt. Auch heute noch zählt Ammoniak zu den bedeutenden chemischen Grundprodukten (siehe Kapitel 1 und am Ende von Kapitel 4 den Abschnitt *Ammoniak-Synthese*).

Fassen wir die Wirkungsweise der Katalysatoren zusammen:

Durch die Absenkung der Aktivierungsenergie mit Hilfe eines Katalysators wird der Anteil der Teilchen mit der notwendigen Bewegungsenergie größer. Damit kann die Reaktion auch bei niedrigeren Temperaturen schneller ablaufen.

Auch Stoffe haben Verhältnisse

Bei Tabelle 4.2 fällt dir sicher ein Satz aus Kapitel 2 zur Unterscheidung von Gemischen und Verbindungen wieder ein: »Diese (die Verbindungen) enthalten die Grundbausteine (Elemente), aus denen sie zusammengesetzt sind, immer in einem ganz bestimmten Verhältnis, von dem niemals abgewichen wird (sonst wäre es eben eine andere chemische Verbindung).« Genauso ist es: Wasser enthält die Elemente Wasserstoff und Sauerstoff *immer* im Massenverhältnis 1:8 – sonst wäre es eben nicht Wasser. Es gibt nämlich auch eine Verbindung, die Wasserstoff und Sauerstoff im Massenverhältnis 1:16 enthält. Das ist aber nicht Wasser, sondern Wasserstoffperoxid, mit dem gelegentlich Haare blondiert werden!

Kohlenstoffdioxid enthält die Elemente Kohlenstoff und Sauerstoff *immer* im Massenverhältnis 1:2,66, Kohlenstoffmonoxid dagegen diese Elemente *immer* im Massenverhältnis 1:1,33 (siehe Tabelle 4.2). Und so könnte man endlos weitermachen mit den Beispielen. Einsichtig werden diese Verhältnisse, wenn wir mit dem Dalton-Modell die kleinsten Teilchen – die *Atome* – betrachten, die miteinander in *Atomverbänden* verknüpft sind:

Abb. 4.9: Wasser und Wasserstoffperoxid – Kohlenstoffmonoxid und Kohlenstoffdioxid

Entweder es sind jeweils zwei Atome Wasserstoff mit einem Atom Sauerstoff verbunden – dann handelt es sich um die Verbindung *Wasser*. Nach Dalton haben diese Atome unterschiedliche Masse; ein Sauerstoff-Atom ist 16 Mal so schwer wie ein Wasserstoff-Atom oder eben achtmal so schwer wie zwei Wasserstoff-Atome. Aus dem Atomzahlverhältnis 2:1 folgt damit das Massenverhältnis 1:8. Oder die Atome sind im Verhältnis 2:2 (das kürzen wir zu 1:1) zu *Wasserstoffperoxid* verbunden. Hier folgt aus dem Atomzahl-Verhältnis 1:1 das Massenverhältnis 1:16.

Bei den Kohlenstoff-Oxiden können wir entsprechende Betrachtungen anstellen: Entweder es ist jeweils ein Atom Kohlenstoff mit einem Atom Sauerstoff verbunden – dann liegt *Kohlenstoffmonoxid* vor. Nach Dalton haben die C- und O-Atome unterschiedliche Masse; ein Sauerstoff-Atom ist 1,33 Mal so schwer wie ein Kohlenstoff-Atom. Aus dem Atomzahlverhältnis 1:1 folgt damit das Massenverhältnis 1:1,33. Oder die Atome sind im Verhältnis 1:2 zu *Kohlenstoffdioxid* verbunden. Hier folgt aus dem Atomzahl-Verhältnis 1:2 das Massenverhältnis 1:2,66.

Die Gesetze der Proportionen

Diese Erkenntnisse sind in zwei Gesetzen festgehalten. Das erste wurde von dem französischen Chemiker J. L. Proust zu Anfang des 19. Jahrhunderts formuliert (in Kapitel 3 habe ich ihn bereits erwähnt).

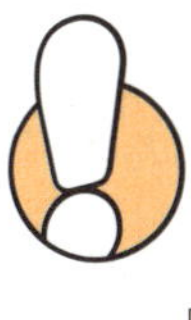

Gesetz der konstanten Proportionen:

In einer chemischen Verbindung sind die Elemente immer in bestimmten Massenverhältnissen (konstanten Proportionen) enthalten.

Zur Deutung dieses Gesetzes stellte John Dalton 1807 seine »Atomhypothese« auf. Er leitete daraus auch das zweite Verhältnis-Gesetz ab, das der *mehrfachen* Verhältnisse.

> Gesetz der multiplen Proportionen (mehrfachen Massenverhältnisse):
>
> Wenn zwei Elemente mehrere Verbindungen miteinander bilden, dann stehen die Massenanteile von Element I, die jeweils mit dem *gleichen* Massenanteil von Element II verbunden sind, zueinander im *Verhältnis kleiner ganzer Zahlen.*

Das klingt nur auf den ersten Blick etwas kompliziert, ist aber auf den zweiten Blick genau das, was wir eben für die Wasserstoff-Sauerstoff-Verbindung und für die Kohlenstoff-Sauerstoff-Verbindungen festgestellt haben.

- Sauerstoff kommt in den *Verbindungen mit Wasserstoff* in den Massenverhältnissen *8:1* und *16:1* vor. In Wasser kommen acht Massenteile Sauerstoff auf einen Massenteil Wasserstoff, in Wasserstoffperoxid kommen sechzehn Massenteile Sauerstoff auf einen Massenteil Wasserstoff. Acht und sechzehn stehen zueinander im *Verhältnis kleiner ganzer Zahlen*, nämlich im *Verhältnis 1:2. Wasserstoff* kommt in diesen Verbindungen in den Massenverhältnissen *1:8* und *0,5:8* vor (der Wasserstoffanteil also immer bezogen auf die gleichen acht Massenanteile Sauerstoff). Eins und 0,5 stehen zueinander im *Verhältnis kleiner ganzer Zahlen*, nämlich im *Verhältnis 2:1.*
- Sauerstoff kommt in den *Verbindungen mit Kohlenstoff* in den Massenverhältnissen *1:1,33* und *1:2,66* vor. In Kohlenstoffmonoxid kommen 1,33 Massenteile Sauerstoff auf einen Massenteil Kohlenstoff, in Kohlenstoffdioxid kommen 2,66 Massenteile Sauerstoff auf einen Massenteil Kohlenstoff. 1,33 und 2,66 stehen zueinander wieder im *Verhältnis kleiner ganzer Zahlen*, nämlich im *Verhältnis 1:2. Kohlenstoff* kommt in diesen Verbindungen in den Massenverhältnissen *0,75:1* und *0,375:1* vor (der Kohlenstoffanteil also immer bezogen auf den gleichen Massenanteil Sauerstoff). 0,75 und 0,375 stehen zueinander im *Verhältnis kleiner ganzer Zahlen*, nämlich im *Verhältnis 2:1.*

Dalton und die Proportionen

Die daltonsche Atomvorstellung macht diese Massenverhältnisse einsichtig. Daneben zeigt Tabelle 4.2 aber noch etwas sehr Grundsätzliches, für uns schon allzu Selbstverständliches:

> Bei chemischen Reaktionen bleibt die *Masse* der beteiligten Stoffe erhalten. Die Ausgangsstoffe haben zusammengenommen die gleiche Masse wie nachher zusammengenommen die Produkte (Gesetz von der Erhaltung der Masse).

Die daltonsche Atomvorstellung macht auch das einsichtig. In chemischen Reaktionen suchen sich die Atomteilchen neue Partner, sie »arrangieren« sich neu. Die *Zahl* und die *Art* der Atome ändern sich dabei aber nicht! Es geht ja kein Teilchen verloren und es fällt keines vom Himmel – wie sollte sich da die Masse ändern? *Vor* Dalton war das aber gar nicht so klar. Und deshalb war dieses Gesetz, 1785 von dem französischen Chemiker Lavoisier aufgestellt, für die damalige Zeit eine bedeutende und überraschende Erkenntnis.

Formeln, nichts als Formeln ...

Aber jetzt bitte nicht erschrecken – im Grunde sind Formeln ja nur eine Folge der menschlichen Faulheit. Ist es auf Dauer nicht etwas umständlich, immerzu Sätze der folgenden Art zu schreiben:

> »Eisen und Schwefel reagieren im Atomverhältnis 1:1 zu Eisensulfid.«

Geht so was nicht kürzer und knapper? Aber sicher doch! Erinnern wir uns: Statt *Eisen* können wir das Symbol *Fe* verwenden, statt *Schwefel* das Symbol *S*. Atomzahlverhältnis 1:1 bedeutet, dass in der Verbindung auf jedes Fe-Atom genau *ein* S-Atom entfällt. 1:1 ist als Verhältnisangabe dasselbe wie 3:3 oder wie 10:10 – man benutzt aber die *kleinstmöglichen Zahlen*. Wir können die Verbindung deshalb »Eisen-Schwefel« oder eben Eisensulfid nennen – oder wir hängen einfach die Symbole aneinander:

FeS. Das nennt man eine *Summenformel*. In unserem Kürzungsbemühen stört jetzt noch der Ausdruck »reagieren (...) zu ...«. Das kriegen wir auch noch weg – wir ersetzen es durch einen Pfeil! Das Endergebnis:

> $Fe + S \rightarrow FeS$
>
> Diese Kurzform nennt man Reaktionsgleichung.

Gelesen wird diese Reaktionsgleichung genauso wie der Satz oben, im Unterschied zu ihm ist sie aber international verständlich. Alle Wissenschaftler dieser Erde, die die gleichen Schriftzeichen verwenden, werden den Vorgang genauso formulieren! Es handelt sich – das sei ausdrücklich gesagt – um die Beschreibung eines *Vorgangs*. Der Pfeil bedeutet »reagieren zu«. Also bitte den Pfeil nicht als »ist gleich« lesen – das wäre falsch! Fe + S ist *nicht* gleich FeS! Die Bezeichnung als *Gleichung* hat einen anderen Grund:

> Nach dem Gesetz der Erhaltung der Masse müssen links und rechts gleich viele Symbole jedes Elements stehen, weil wir diese Symbole als Stellvertreter für jeweils *ein Atom* dieses Elements verstehen.

Speziell bei chemischen Berechnungen kann man diese Symbole auch anders deuten, aber davon mehr in Kapitel 8.

Die Knallgasreaktion

Nehmen wir uns gleich ein etwas komplizierteres Beispiel vor: die Reaktion von Wasserstoff und Sauerstoff zu Wasser, die als Knallgasreaktion oder in Körperzellen auch als »stille« Verbrennung ablaufen kann. Wir können sie so formulieren:

> »Wasserstoff und Sauerstoff reagieren im Atomzahlverhältnis 2:1 zu Wasser.«

Das Atomzahlverhältnis drücken wir wieder durch das Aneinanderhängen der Symbole zu einer Summenformel aus – diesmal mit einem Zahlenzu-

satz, der *tiefgestellt* wird: H_2O. Die tiefgestellte Zahl in Summenformeln wird Index genannt (Mehrzahl Indizes) und bezieht sich immer auf das Atom, dessen Symbol *unmittelbar davor* steht. Sie wird nur angegeben, wenn sie größer als 1 ist. Jetzt *könnten* wir eigentlich schreiben

$2\ H + O \rightarrow H_2O$ – *aber das gibt Probleme!*

So findet man es zwar noch in einigen älteren Schulbüchern, und rein mathematisch ist es ja auch in Ordnung. Links und rechts stehen gleich viele Atome der Elemente Wasserstoff und Sauerstoff, nur eben anders »arrangiert«. Unglücklicherweise spielt aber die Natur nicht mit, wenn wir auf diese Weise die *reale* chemische Reaktion von Wasserstoff mit Sauerstoff beschreiben wollen. In Kapitel 3 habe ich beim Thema Sauerstoff bereits die beiden Modifikationen erwähnt, Normal-Sauerstoff und Ozon.

Der Unterschied: Im Normal-Sauerstoff sind zwei Atome *verknüpft*, im Ozon sogar drei. Im Element Sauerstoff kommen die Sauerstoff-Atome also gar nicht *einzeln* vor!

Zwei verknüpfte Sauerstoff-Atome müssen wir aber als O_2 schreiben. Es kommt noch dicker:

Auch Wasserstoff-Atome kommen (im Element Wasserstoff) in der Natur nur in diesem Doppelpack vor, also als H_2.

Da die Atome im Zahlenverhältnis 2:1 reagieren, müssen demnach *zwei Teilchen H_2 mit einem Teilchen O_2* reagieren. Damit hätten wir die linke Seite der Gleichung: $2\ H_2 + O_2$. *Insgesamt* sind das vier H-Atome und zwei O-Atome.

Beachte, dass sich in Reaktionsgleichungen die *vor*gestellte Zahl (der *Koeffizient*) auf das *ganze folgende Teilchen* bezieht:

$2\ H_2$ = zwei H_2-Teilchen

Dagegen bezieht sich in den Summenformeln die *tief*gestellte Zahl (der *Index*, Mehrzahl: die *Indizes*) auf das *unmittelbar davor stehende Atom:*

H_2 = zwei Atome H

Ein Wasserteilchen (wir nennen solche Atomverbände *Moleküle* und ich werde in Kapitel 5 auf diese Teilchenart zurückkommen) enthält aber tatsächlich nur zwei Atome Wasserstoff und ein Atom Sauerstoff, hat also die Summenformel H_2O. Wir dürfen nicht schreiben »H_4O_2«, nur damit die Gleichung »stimmt«! Ein solches Teilchen gibt es nicht! Also was tun? Probieren wir das gleiche Rezept wie auf der linken Seite der Gleichung, der Seite der Ausgangsstoffe. Dort haben wir, um das Zahlenverhältnis 2:1 zu erhalten, die *Zahl der H_2-Moleküle verdoppelt*. Das machen wir nun auch mit dem H_2O-Molekül:

$$2\,H_2 + O_2 \rightarrow 2\,H_2O$$

Das ist in der Tat die einzige Möglichkeit, die Reaktionsgleichung (mit den kleinstmöglichen Zahlen) zutreffend zu formulieren!

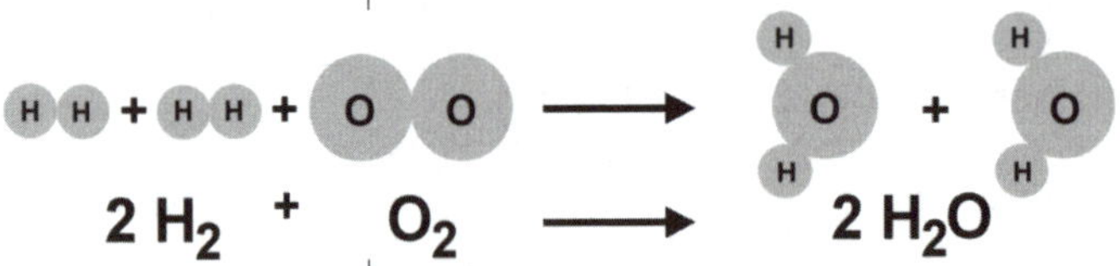

Abb. 4.10: Wasserstoff und Sauerstoff reagieren zu Wasser.

Für die weiteren Reaktionsgleichungen merke dir die Erscheinungsformen der kleinsten Teilchen:

> Wasserstoff (H_2), Stickstoff (N_2), Sauerstoff (O_2) und die Halogene (F_2, Cl_2, Br_2, I_2) kommen in der Natur in Form von Molekülen aus zwei Atomen vor.
>
> Die Metalle, Kohlenstoff (C) und Schwefel (S) reagieren in Form einzelner Atome.

Noch mehr Formeln und Gleichungen

Kohlenstoff und Sauerstoff können zu zwei verschiedenen Verbindungen reagieren. Du hast sie kennen gelernt: Kohlenstoffmonoxid und Kohlenstoffdioxid – letztere Verbindung ist dir schon mehrfach begegnet. Nach Abbildung 4.9 machen die Summenformeln keine Probleme mehr. Für Kohlenstoffmonoxid ergibt sich CO, für Kohlenstoffdioxid CO_2.

Inzwischen ist dir bekannt, dass Sauerstoff (in der Normalform) als zweiatomiges Molekül O_2 auftritt. Das kleinste CO-Teilchen ist ein Molekül aus einem C- und einem O-Atom. Die Verbindung CO enthält C und O im Verhältnis 1:1. Da Sauerstoff im Doppelpack auftritt, müssen jeweils *zwei* (einzelne) C-Atome mit den *zwei* (verbundenen) O-Atomen reagieren. Dann entsteht natürlich nicht nur *ein* CO-Molekül, sondern es entstehen deren *zwei*!

$$2\,C + O_2 \longrightarrow 2\,CO$$

Abb. 4.11: Kohlenstoff und Sauerstoff reagieren zu Kohlenstoffmonoxid.

Das kleinste CO_2-Teilchen ist ein Molekül aus einem C- und zwei O-Atomen. Wenn ein C-Atom mit einem O_2-Molekül reagiert, entsteht genau dieses CO_2-Molekül:

$$C + O_2 \longrightarrow CO_2$$

Abb. 4.12: Kohlenstoff und Sauerstoff reagieren zu Kohlenstoffdioxid.

Die Gleichung der Fotosynthese

Nach so viel Vorübung wagen wir uns jetzt an die Reaktionsgleichung der Fotosynthese. Aus Kohlenstoffdioxid und Wasser entstehen (unter Energiezufuhr durch das Sonnenlicht) die Verbindungen Zucker und Sauerstoff. Du kennst bereits die Summenformeln von Kohlenstoffdioxid (CO_2), Wasser (H_2O) und Sauerstoff (O_2). Dagegen ist das entstehende Zucker-Molekül geradezu riesig: Es setzt sich aus sechs C-Atomen, zwölf H-Atomen und sechs O-Atomen zusammen. Mit diesen Indizes lautet die Summenformel des Zucker-Moleküls also $C_6H_{12}O_6$.

Du erinnerst dich:

> Links und rechts vom Reaktionspfeil müssen für jedes Element gleich viele Atome stehen, da ja kein Atom spurlos verschwindet und auch keines vom Himmel fällt. Dabei steht jedes Symbol für ein Atom; die Symbole multipliziert mit den Koeffizienten und ihren Indizes ergeben die Atom-Anzahlen.

Das Problem kann man zwar auch mathematisch lösen, die meisten Chemiker versuchen es aber erst mal (erfolgreich) mit »probieren«.

Dazu betrachtet man *der Reihe nach* die einzelnen Atom-Arten und gleicht jeweils ihre Anzahl links und rechts aus. Wenn sich dadurch rückwirkend – bei bereits schon einmal ausgeglichenen Atom-Arten – neuer Ausgleich-Bedarf ergibt, nimmt man diese Korrektur vor und wiederholt die Schritte so lange, bis für jedes Symbol der Ausgleich hergestellt ist (mit kleinstmöglichen Zahlen). Hat man die Auswahl zwischen mehreren Lösungsmöglichkeiten, wählt man die einfachste.

Der Ausgleich der Atomzahlen in einer Reaktionsgleichung erfolgt immer nur über die *Koeffizienten* (niemals über die Indizes!). Durch Änderungen der *Koeffizienten* passen wir die Zahl der selbstständigen Atome oder der Moleküle, die an einer Reaktion beteiligt sind, an die *tatsächlichen* Verhältnisse an (z.B. *vier* H_2O-Moleküle statt *zwei* H_2O-Moleküle – *4* H_2O statt *2* H_2O).

Die Änderung der Indizes zum Zweck des Atom-Ausgleich ist unzulässig! Wir würden dadurch die *Art* der Stoffe verändern und Teilchen »erschaffen«, die in dieser Reaktion gar nicht entstehen (z.B. ist es unzulässig, H_2O zu H_4O zu verändern – ein H_4O-Molekül gibt es gar nicht!).

Ein ganz wichtiger Satz, der leider oft vergessen wird:

Die Reaktionsgleichung hat sich nach der Realität zu richten – und nicht die Realität nach der Reaktionsgleichung!

Schreiben wir in einem ersten Schritt die Reaktionsgleichung *ohne* Koeffizienten:

$$\ldots\ CO_2 + \ldots\ H_2O \rightarrow \ldots\ C_6H_{12}O_6 + \ldots\ O_2$$

1. Beginnen wir mit Kohlenstoff (C). Links steht erst *ein* Atom (enthalten im Molekül CO_2), rechts stehen aber *sechs* C-Atome (enthalten im Zucker-Molekül). Der Ausgleich erfolgt, indem wir statt *einem* CO_2-Molekül sechs solche Moleküle, also den *Koeffizienten sechs*, einsetzen:

   $$6\ CO_2 + \ldots\ H_2O \rightarrow \ldots\ C_6H_{12}O_6 + \ldots\ O_2$$

2. Als Nächstes wenden wir uns dem O-Atom zu. Links stehen *13 O-Atome*:

   - In den CO_2-Molekülen: Koeffizient 6 mal Index 2 ergibt 12.
   - Im H_2O-Molekül: Koeffizient 1 mal Index 1 ergibt 1.

   Rechts stehen *acht O-Atome*:

   - Im Zucker-Molekül: Koeffizient 1 mal Index 6 ergibt 6.
   - Im O_2-Molekül: Koeffizient 1 mal Index 2 ergibt 2.

   Ein Ausgleich wäre nur möglich durch Änderungen auf *beiden* Seiten der Reaktionsgleichung. So etwas kann schon mal erforderlich sein – aber bevor man es tut, prüft man erst, ob es eine einfachere Möglichkeit gibt. Wir nehmen also zunächst keine Änderung bezüglich der O-Atome vor.

3. Prüfen wir die Verhältnisse beim H-Atom. Links stehen *zwei H-Atome* (im H_2O-Molekül), rechts stehen *12 H-Atome* (im Zucker-Molekül). Der Ausgleich erfolgt, indem wir auf der linken Seite statt *einem* H_2O-Molekül sechs solcher Moleküle, also den *Koeffizienten sechs*, einsetzen:

   $6\ CO_2 + 6\ H_2O \rightarrow ...\ C_6H_{12}O_6 + ...\ O_2$

4. Kehren wir jetzt zum O-Atom zurück. Links stehen *18 O-Atome*:

   - In den CO_2-Molekülen: Koeffizient 6 mal Index 2 ergibt 12.
   - In den H_2O-Molekülen: Koeffizient 6 mal Index 1 ergibt 6.

   Rechts stehen *acht O-Atome*:

   - Im Zucker-Molekül: Koeffizient 1 mal Index 6 ergibt 6.
   - Im O_2-Molekül: Koeffizient 1 mal Index 2 ergibt 2.

   Wie kann der Ausgleich erfolgen? Lieber nicht durch Vervielfachung des Zucker-Moleküls, weil sich dann auch die Verhältnisse bei C und H wieder ändern würden. Als ob wir nicht schon genug Probleme hätten! Aber die Zahl der selbstständigen O_2-Moleküle können wir ohne Rückwirkung auf andere Atom-Arten anpassen. Da zehn O-Atome fehlen, fügen wir einfach fünf O_2-Moleküle hinzu, ändern also den Koeffizienten von O_2 auf die Zahl 6.

$6\ CO_2 + 6\ H_2O \rightarrow C_6H_{12}O_6 + 6\ O_2$

Eine Überprüfung ergibt, dass alle Atomzahlen der Elemente ausgeglichen sind. Weitere Veränderungen sind also nicht mehr notwendig – es ist geschafft!

Im Aufgabenteil hast du Gelegenheit, deine Fähigkeiten an weiteren Reaktionsgleichungen zu erproben.

Die Jagd nach der Ausbeute

Hier ist Kreativität gefragt. Die Optimierung chemischer Reaktionen, insbesondere die kostengünstige Steigerung der »Ausbeute« bei der Herstellung chemischer Produkte, ist Teamarbeit von Chemikern und Ingenieuren. Aber was bedeutet das eigentlich? Ist es nicht so, dass eine Reaktion entweder vollständig oder gar nicht abläuft – *wenn* sie abläuft, dann eben so lange, bis keine Teilchen der Ausgangsstoffe mehr vorhanden sind? Das würde 100% Ausbeute bedeuten. Tatsächlich, das Wachs in einem Teelicht verbrennt an der Luft zu hundert Prozent. Du wirst das wahrscheinlich für eine pure Selbstverständlichkeit halten: Auch das Holz im Ofen verbrennt ja zu hundert Prozent.

Betrachten wir diese beiden Reaktionen genauer. In beiden Fällen steht der Reaktionspartner Sauerstoff in praktisch unbegrenzter Menge zur Verfügung. In beiden Fällen werden die gasförmigen Reaktionsprodukte ständig vom Ort der Reaktion entfernt. Und in beiden Fällen wird die freigesetzte Wärme beständig an die Umgebung abgeführt. Ganz offenbar sind diese Bedingungen sehr günstig für den vollständigen Ablauf chemischer Reaktionen – in der chemischen Industrie aber nicht so einfach zu erreichen wie in unseren Beispielen.

Was würde passieren, wenn wir an unserem Ofen die Luftzufuhr (also die Sauerstoffzufuhr) zu stark drosseln? Da Kohlenstoff ein Hauptbestandteil der im Holz enthaltenen Verbindungen ist, kennst du bereits eine wichtige Folge: Es würde sich statt CO_2 die Verbindung mit einem geringeren Sauerstoffanteil bilden – also das giftige CO! Neben den Kohlenstoffoxiden entstehen aber noch viele andere Stoffe bei der Verbrennung. Schließlich enthält Holz in seinen Verbindungen ja nicht nur C-Atome, sondern auch H- und O-Atome und viele weitere Atomarten. Sie alle reagieren munter untereinander, mit dem Luftsauerstoff und sogar mit den bereits entstandenen Reaktionsprodukten. Veränderungen der Reaktionsbedingungen (Verfügbarkeit der Reaktionspartner, Temperaturänderung) wirken sich auf all diese Reaktionen aus.

Bei chemisch-technischen Verfahren sind aber nur ganz bestimmte Produkte erwünscht. Diese Produkte sollen in einer »Hauptreaktion« gebildet werden, alle anderen möglichen Abläufe sind »Nebenreaktionen«, die zu unerwünschten Produkten führen.

So könnte es sein, dass die Hauptreaktion nicht die energetisch günstigste, bei Nebenreaktionen der Energieberg der Aktivierung geringer ist.

In solchen Fällen müssen Katalysatoren gefunden werden, die sich nur auf die Hauptreaktion auswirken. Es kann notwendig werden, bestimmte Reaktionsprodukte kontinuierlich aus dem Reaktionsgemisch zu entfernen, um Folgereaktionen zu verhindern.

Exotherm hin – endotherm zurück

Eine solche Folgereaktion kann interessanterweise auch die *Rückreaktion* zu den Ausgangsstoffen sein. Betrachten wir noch einmal eine exotherme Hinreaktion: Sie liefert Wärme.

Abb. 4.13: Die exotherme Hinreaktion liefert Energie.

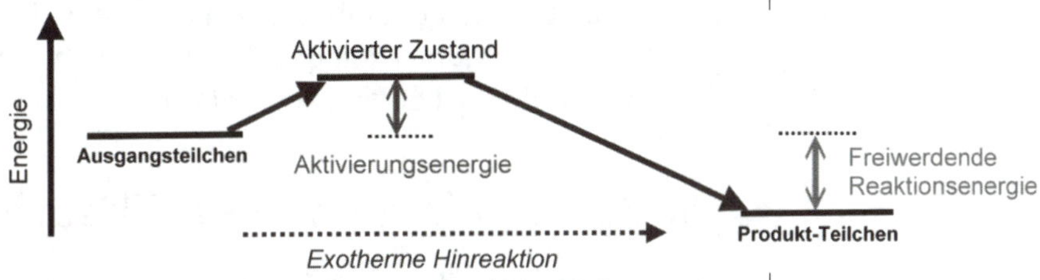

Die endotherme Rückreaktion kann diese Reaktionsenergie nutzen:

Abb. 4.14: Die endotherme Rückreaktion verbraucht Energie.

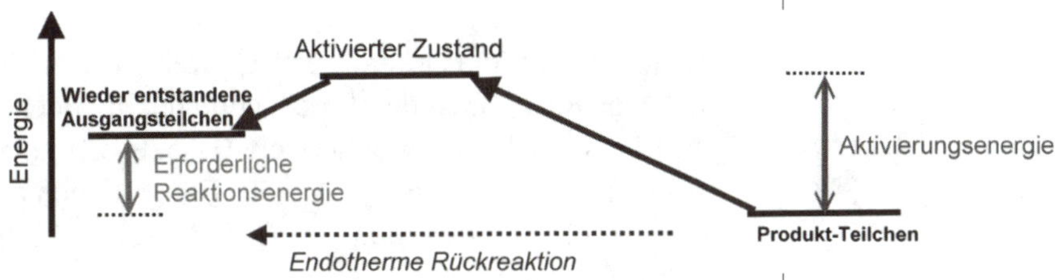

Dem Zwang ausweichen

Um diese – unerwünschte – Rückreaktion zu vermeiden, muss sowohl das Reaktionsprodukt als auch die freigesetzte Reaktionswärme (durch Kühlung) kontinuierlich *abgeführt* werden. Im umgekehrten Fall – erwünschte endotherme Hinreaktion, unerwünschte exotherme Rückreaktion – muss das Reaktionsprodukt natürlich ebenfalls fortlaufend entfernt, daneben aber kontinuierlich Reaktionswärme *zugeführt* werden.

Bereits 1885 formulierte der französische Chemiker Le Chatelier solche Gesetzmäßigkeiten, die man auch als »Prinzip des kleinsten Zwangs« bezeichnet. Zusammengefasst besagt es: Ein Reaktionssystem aus Hin- und Rückreaktion verhält sich so, dass *äußere Zwänge ausgeglichen* werden. Äußere Zwänge sind Temperatur- und Druckänderungen sowie Änderungen der Stoffzusammensetzung.

Es wird Wärme zugeführt, also die Temperatur erhöht? Folge: Die endotherme Teilreaktion wird gewichtiger und verbraucht diese Wärme wieder. Die Temperatur wird erniedrigt, also Wärme abgeführt? Folge: Die exotherme Teilreaktion wird angekurbelt und liefert diese Wärme wieder nach! Es werden ständig Ausgangsstoffe nachgeliefert? Folge: Die Hinreaktion bemüht sich, diese Stoffe verstärkt zu verbrauchen! Es wird ständig das Produkt entfernt? Kein Problem – auch hier bemüht sich die Hinreaktion, diese Stoffe verstärkt nachzuliefern! Und wenn bei einer chemischen Reaktion die Ausgangsstoffe und Produkte unterschiedliches Volumen haben (das ist besonders dann oft der Fall, wenn an einer Reaktion gasförmige Stoffe beteiligt sind): Was passiert, wenn der Druck erhöht wird? Dann wird verstärkt der Stoff mit dem geringeren Volumen gebildet! Was passiert, wenn der Druck erniedrigt wird? Dann bildet sich eben verstärkt der Stoff mit dem größeren Raumbedarf!

Die Ammoniaksynthese: Theorie und Praxis

Im Abschnitt *Die hilfreichen Geister: Katalysatoren* war bereits von der Ammoniaksynthese und ihren Reaktionsbedingungen die Rede.

Aus Stickstoff und Wasserstoff entsteht das Gas NH_3 in einer exothermen Reaktion und unter beachtlicher Volumenverminderung: Aus 100 Liter Stickstoff-/Wasserstoff-Gasgemisch entstehen – bei vollständiger Umsetzung! – nur 50 Liter Ammoniak-Gas. Die (unerwünschte) Rückreaktion verläuft also endotherm und unter Volumenzunahme.

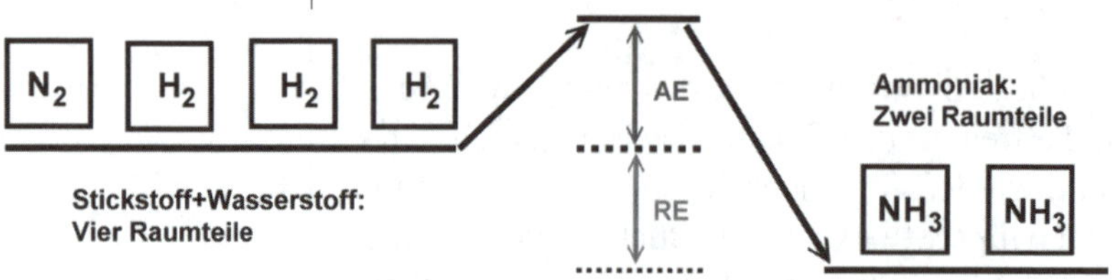

Abb. 4.15: Reaktionsschema der Ammoniak-Synthese. AE = Aktivierungsenergie, RE = Reaktionsenergie

Rein theoretisch ist damit alles klar: Die Reaktion sollte bei niedriger Temperatur (Begünstigung der exothermen Hinreaktion!), hohem Druck (Begünstigung der Volumen vermindernden Hinreaktion!), ständiger Zufuhr von frischem Stickstoff-/Wasserstoff-Gemisch und ständiger Entfernung des gebildeten Ammoniaks durchgeführt werden. Praktisch zeigt sich aber schnell, dass die Reaktion bei niedrigen Temperaturen überhaupt nicht abläuft – noch nicht einmal mit Unterstützung von Katalysatoren! Zu hoch ist der Berg der Aktivierungsenergie. Die Aktivierungsen-

ergie wird auch durch Druckerhöhung nicht kleiner. Man kommt also nicht um eine Kombination von erhöhter Temperatur und erhöhtem Druck herum, auch wenn das Erstere »eigentlich« ungünstig ist. Bei 400 °C schließlich lässt sich der Effekt studieren: Bei normalem Luftdruck bestehen erst 0,4 Prozent des Gasgemisches aus Ammoniak, beim tausendfachen Luftdruck aber bereits 80 Prozent. Eine Messung beim 200fachen Luftdruck zeigt dann auch den vorhergesagten Einfluss zunehmender Temperatur: bilden sich bei 300 °C noch 63 Prozent Ammoniak, sind es bei 600 °C nur noch acht Prozent.

Praktisch heißt das alles:

Durchführung der Ammoniak-Synthese bei ausreichender, aber möglichst niedriger Temperatur und bei so hohen Drücken, wie sie technisch realisierbar sind. Selbstverständlich werden Katalysatoren eingesetzt (ohne sie müsste die Temperatur so hoch sein, dass gar nichts ginge!), und selbstverständlich werden Ausgangsstoffe kontinuierlich zugeführt, Ammoniak kontinuierlich abgeführt. Die technische Durchführung erfolgt heute bei 500 °C, 250fachem Luftdruck und mit Eisen-Aluminium-Katalysatoren.

Zusammenfassung

In diesem Kapitel hast du gelernt

- dass chemische Reaktionen am Stoffumsatz und am Energieumsatz erkannt werden
- dass Teilchen durch Zusammenstöße energiereiche »aktivierte Zustände« bilden, aus denen dann stabile neue Atomverbände entstehen können
- dass ohne Zufuhr von Aktivierungsenergie chemische Reaktionen nicht beginnen können und dass Katalysatoren die Aktivierungsenergie senken
- dass Reaktionsfähigkeit der Ausgangsstoffe, hoher Zerteilungsgrad und gute Durchmischung den Ablauf chemischer Reaktionen begünstigen
- dass der Ablauf exothermer und endothermer Reaktionen aus Energiediagrammen verständlich wird

- was man unter Reaktionsenthalpie versteht und dass sie mit dem Zeichen ΔH angegeben wird
- dass nach der RGT-Regel die Reaktionsgeschwindigkeit bei einer Temperaturerhöhung um 10 °C verdoppelt wird
- welche Aussagen die Gesetze der konstanten und multiplen Proportionen machen
- wie Reaktionsgleichungen durch Ausgleichen der Atom-Zahlen aufgestellt werden
- dass bei der Optimierung chemisch-technischer Verfahren das »Prinzip des kleinsten Zwangs« angewendet wird
- wie bei der Ammoniak-Synthese die optimalen Reaktionsbedingungen ermittelt werden

Aufgaben

1. Nenne je zwei Beispiele besonders reaktionsfähiger und besonders reaktionsträger Elemente.
2. Warum ist die Reaktionswärme bei chemischen Reaktionen unabhängig von der Aktivierungsenergie?
3. Das Haltbarkeitsdatum auf einem Quarkbecher ist noch vier Tage entfernt. Nach welcher Zeit kann der Quark bereits verdorben sein, wenn er im Sommer aus dem Kühlschrank (2 °C) genommen und bei 32 °C in die Sonne gestellt wird?
4. Beim Abbau der Grundnährstoffe werden in deinen Körperzellen unterschiedliche Energiemengen frei: Ein Gramm Fett setzt 39 kJ frei, während sowohl Kohlenhydrate und Eiweiße jeweils 17 kJ pro Gramm freisetzen. Berechne nach den Angaben auf der Verpackung die Energiezufuhr durch eine Tafel Schokolade.
5. Warum erhält die Reaktionsenthalpie bei exothermen Vorgängen ein negatives, bei endothermen Vorgängen ein positives Vorzeichen?
6. Stickstoff und Sauerstoff bilden untereinander die Verbindungen NO, N_2O_3, NO_2 und N_2O_5. In der Verbindung NO sind Stickstoff und Sauerstoff im Massenverhältnis 7:8 enthalten. Berechne die Massenverhältnisse in den übrigen Stickstoffoxiden und zeige die Gültigkeit des Gesetzes der multiplen Proportionen.
7. Formuliere die Reaktionsgleichungen für die Bildung der genannten Stickstoffoxide.

8. Gebe bei den folgenden Angaben jeweils die Art der Teilchen sowie Art und Anzahl der enthaltenen Atome an:

   a) $2\ H_2O_2$ b) $3\ Ca$ c) C_3H_8 d) $2\ C_2H_6$

9. Die Knallgasreaktion zur Bildung von Wasser aus Wasserstoff und Sauerstoff verläuft stark exotherm und unter Volumenverminderung. Nenne für die *Rückreaktion* die Reaktionsgleichung und die günstigsten Reaktionsbedingungen.

5

Reise ins Innere der Atome

Das Dalton-Modell des Atoms hat uns gute Dienste geleistet – aber wir haben auch seine Grenzen kennen gelernt. Es kann uns nicht sagen, warum Edelgase wie Helium oder Neon überhaupt nicht reagieren, Elemente wie Natrium oder Chlor dagegen sehr heftig. Da wir in Kapitel 4 einen Zusammenhang zwischen der Reaktionsbereitschaft und der Stabilität (dem Energie-Zustand) der Atome hergestellt haben, können wir auch formulieren:

> Das Dalton-Modell macht keine Aussage über die Stabilität der Atome. Das ist nicht verwunderlich, denn zu Zeiten von John Dalton galten Atome als homogene Kugeln ohne jede Feinstruktur.

Das hat sich seither dramatisch geändert. Wir sind heute aufgrund unserer Kenntnis über das Innere der Atome in der Lage, ihre unterschiedliche Stabilität zu verstehen und begründete Aussagen über die Reaktionsfähigkeit der Elemente zu machen.

In diesem Kapitel erfährst du

- wie die Teilbarkeit der Atome entdeckt wurde
- aus welchen Teilchen Atome bestehen
- wie diese Teilchen im Atom angeordnet sind – und wie man darauf gekommen ist
- wie die Anzahlen der Atom-Teilchen bezeichnet werden und was Isotope sind
- was man unter Elektronenschalen versteht
- welcher Elektronenzustand bei den Atomen besonders beliebt ist
- welcher Zusammenhang zwischen dem Periodensystem und dem Bau der Atome besteht
- wie sich Metall- und Nichtmetallcharakter aus dem Atombau herleiten lassen
- dass sich Atome grundsätzlich auf drei verschiedene Arten verbinden können
- warum Wasser ein Dipol ist
- warum man Metalle verformen kann, Salze aber nicht

Atome sind teilbar!

In Kapitel 3 im Abschnitt *Die Atomvorstellung von Dalton* findest du bereits Angaben über die Größen und Massen der Atome: Drei Millionen Kupferatome in eine Reihe gelegt ergibt die Strecke von einem Millimeter; in einem Gramm Wasserstoffgas (elf Liter) sind etwa 602 Trilliarden H-Atome enthalten. Wie kann man da behaupten, Atome seien teilbar, und vor allem: Wie kann man es beweisen? Die Antwort:

> Die Atome haben selbst ihre Teilbarkeit bewiesen – indem sie sich ohne äußeren Zwang (»spontan«) geteilt haben!

Der französische Physiker Henri Becquerel (1852–1908) machte im Jahr 1896 an Uranerz eine Beobachtung, die anschließend von dem polnisch-französischen Forscherehepaar Marie (1867–1934) und Pierre (1859–1906) Curie als selbstständiger, von außen nicht beeinflusster Zerfall von Atomen erkannt wurde. Uranerz sandte ständig ohne Anregung von außen eine unsichtbare, sehr energiereiche Strahlung aus, die sogar Metallfolien mühelos durchdringen konnte.

Abb. 5.1: Uranerz (Menzenschwand / Schwarzwald)

Marie und Pierre Curie untersuchten in der Folgezeit diese so genannte »Becquerel-Strahlung« und nannten sie *Radioaktivität*. Bereits 1898 konnten sie aus Uranerz ein noch sehr viel stärker strahlendes Element abtrennen, das sie *Polonium* nannten (zur Elementfamilie der Chalkogene gehörend, zu Ehren von Polen benannt). Im Jahre 1902 schließlich isolierten sie aus einer Tonne Uranerz 0,1 Gramm eines weiteren, ungewöhnlich stark strahlenden Elements, das sie *Radium* (das »Strahlende«) nannten. Es gehört zur Elementfamilie des Berylliums und der Erdalkalimetalle.

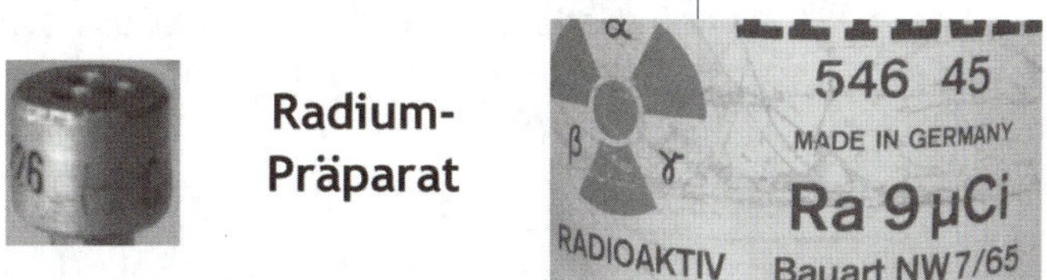

Abb. 5.2: Radiumpräparat mit Kennzeichnung

Sie stellten fest, dass sich Radium spontan – unter Abspaltung von Helium – über Zwischenstufen in Blei umwandelt. Wie konnte das geschehen?

Sollten sowohl Radium als auch Helium und Blei aus gleichartigen, noch kleineren Teilchen aufgebaut sein?

Radioaktive Elemente wandeln sich unter Aussendung von Strahlung spontan in andere Elemente um.

Tabelle 5.1: Beispiele radioaktiver Element-Umwandlungen (Zerfallsreihen)

Radium → Radon → Blei (radioaktiv) → Bismut → Polonium → Blei (stabil)
Uran → Thorium → Protaktinium → Radium

Strahlung aus Teilchen

Der aus Neuseeland stammende Physiker Ernest Rutherford (1871–1937), der uns gleich im Abschnitt *Das Kern-Hülle-Modell von Rutherford* wieder begegnen wird, fand 1897 in Cambridge in der (noch »Becquerel-Strahlung« genannten) radioaktiven Strahlung zwei Strahlenarten, die nicht »lichtähnlich« – also ohne Masse – waren, sondern tatsächlich aus *Teilchen* bestanden. Er nannte sie α- und β-Strahlen, gesprochen alpha und beta (später wurden noch die »lichtähnlichen«, viel energiereicheren γ-Strahlen – gamma – entdeckt). Woher sollten diese Teilchen stammen? Es konnten doch nur Bruchstücke von Atomen sein! Atome waren also teilbar – sie teilten sich sogar selbst! Die Physiker sprachen vom »radioaktiven Zerfall der Atome«.

Die als Teil der radioaktiven Strahlung auftretenden α- und β-Strahlen bestehen aus Teilchen, die aus dem Zerfall der Atome stammen. Bei diesem Zerfall wandeln sich Atome in andere Atomarten um. Damit ist bewiesen, dass Atome aus noch kleineren, untereinander gleichartigen Teilchen aufgebaut sind. Man nennt sie *Elementarteilchen*.

Bereits 1892 hatte der junge deutsche Physiker Philipp Lenard (1862–1947) an der Universität Bonn Entdeckungen gemacht, die in dieselbe Richtung gingen – und noch viel weiter führten. Er untersuchte so genannte *Kathodenstrahlen*, die bei hohen elektrischen Spannungen vom Minuspol der Ladung ausgehen können, und identifizierte sie als *Teilchenstrahlung*. Es stellte sich später heraus, dass sie in ihrer Art mit den radi-

oaktiven β-Strahlen identisch waren. Diese Teilchen durchdrangen eine Metallfolie völlig problemlos.

Lenard schloss aus seinen Beobachtungen bereits im Jahr 1903 – acht Jahre vor seinem berühmten Kollegen Ernest Rutherford –, dass Atome leeren Raum enthalten müssen.

John Dalton war noch von »homogenen Kugeln« ausgegangen – über die Entdeckung der Teilbarkeit der Atome hinaus wies Philipp Lenard damit den Weg zur Erforschung ihrer Feinstruktur.

Die Elementarteilchen

Im Vorgriff auf die historische Entwicklung will ich bereits an dieser Stelle die wesentlichen Elementarteilchen nennen, aus denen Atome bestehen.

Die winzigen Massen der Atome wurden bereits mehrfach erwähnt; Elementarteilchen – also Teile der Atome – haben natürlich noch kleinere Massen. Es ist äußerst unpraktisch, diese Massen in der Einheit Gramm anzugeben. Zum Vergleich: Wer käme schon auf die Idee, die Masse einer Bettfeder in der Einheit Tonne anzugeben? Eine Bettfeder hätte danach (ungefähr) die Masse 0,0000012 t. In Gramm dagegen lautet die Angabe der Masse 1,2 g. Bei den Atomen und Elementarteilchen haben wir allerdings das Problem, dass selbst eine Angabe in Milligramm (tausendstel Gramm) noch viel zu unhandlich wäre.

»unit« – die Atommasseneinheit

Gelöst wurde dieses Problem durch die Neu-Definition einer passenden, sehr kleinen Masseneinheit: Die Masse aller Atome und Elementarteilchen werden mit dem zwölften Teil der Masse eines Kohlenstoff-Atoms verglichen. Kohlenstoff enthält in seinem Atom zwölf der schwereren Elementarteilchen, die du gleich kennen lernen wirst, und Kohlenstoff ist das Element mit den meisten Verbindungen (»der Herrscher der organischen Chemie«). Diese neue Einheit wird *Atommasseneinheit* oder kurz »u« (für unit = Einheit) genannt; die entsprechende Masse in Gramm ausgedrückt ist natürlich winzig:

Atommasseneinheit 1 u = $1{,}66054 * 10^{-24}$ g

1 u ist die Masse des zwölften Teils eines Kohlenstoff-Atoms.

Die Angabe 1,66054 * 10^{-24} g kann leicht in eine Kommazahl umgewandelt werden: 10^{-24} steht für $1/10^{24}$ oder 0,000000000000000000000001. Die hochgestellte Zahl bezeichnet die Stellen hinter dem Komma.

Doch jetzt die Elementarteilchen:

Tabelle 5.2: Elementarteilchen mit Symbol, Ladung und Masse

Name	Symbol	Ladung	Masse
Neutron	n	Ohne Ladung	1,0087 u
Proton	p^+	Positiv	1,0073 u
Elektron	e^-	Negativ	1/1822 u

Neutronen wurden erst im Jahr 1932 entdeckt; sie können in Protonen und Elektronen zerfallen. Die fehlende Ladung erklärt sich aus dieser Zusammensetzung (Ladungsausgleich).

Elektronen sind damit im Vergleich zu den Protonen und Neutronen absolute Winzlinge, haben aber eine gleich große – entgegengesetzte – Ladung wie die Protonen. Sie tragen zur gesamten Masse der Atome nur in äußerst geringem Maße bei. Im Helium-Atom beispielsweise machen sie nur etwa den dreitausendsiebenhundertsten Teil davon aus.

Da Atome *als Ganzes* ungeladen sind (sonst wären alle Stoffe geladen!), müssen sie zum Ladungsausgleich gleich viele Protonen und Elektronen enthalten.

Das ist jedenfalls der Regelfall. In den nächsten Unterkapiteln wirst du erfahren, dass es von dieser Regel Ausnahmen gibt.

Der Vollständigkeit halber sei noch die Zusammensetzung der Teilchen in radioaktiver α- und β-Strahlung angegeben:

- α-Teilchen bestehen aus zwei Protonen und zwei Neutronen.
- β-Teilchen sind Elektronen.

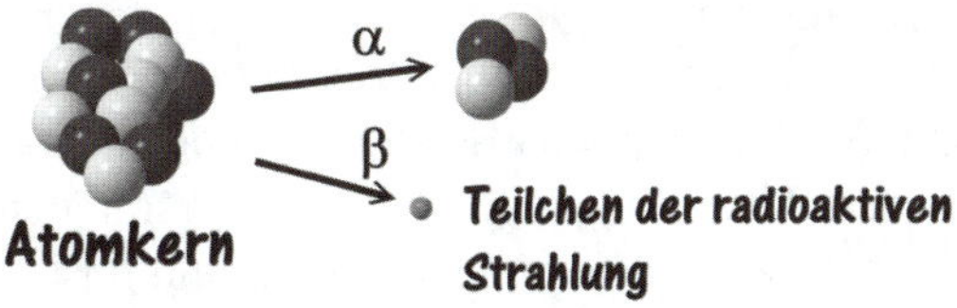

Abb. 5.3: Teilchen der α- und β-Strahlung

Aus welchem Teil des Atoms stammen diese Teilchen? Anders gefragt: Wie sind die Elementarteilchen dort angeordnet? Mit dieser *Feinstruktur* der Atome werden wir uns jetzt befassen.

Das Kern-Hülle-Modell von Rutherford

Es dürfte wohl das berühmteste Experiment der Chemiegeschichte sein: der 1911 durchgeführte »Streuversuch« von Ernest Rutherford. Nach der damals gängigen Atomvorstellung von Philipp Lenard ging Rutherford von einem weitgehend leeren Atom aus. Zur Überprüfung suchte er ein möglichst dünnes Material, um es mit α-Strahlen (bestehend aus zwei Protonen und zwei Neutronen) zu beschießen. Als Strahlenquelle sollte das Element Radium benutzt werden. Das dünnste Material, das er finden konnte, war Goldfolie. Gold ist das mit Abstand am besten verformbare Element. Die Folie, die er schließlich benutzte, war nur wenige tausend Goldatome dick. Die Erwartung von Rutherford, basierend auf dem Atommodell von Lenard: Eine so dünne Goldfolie müssten die α-Teilchen ungehindert durchdringen. Das taten sie auch – aber eben nur *fast* alle! Einige wenige Teilchen wurden abgelenkt, noch viel weniger Teilchen wurden sogar total reflektiert. Was konnte der Grund sein?

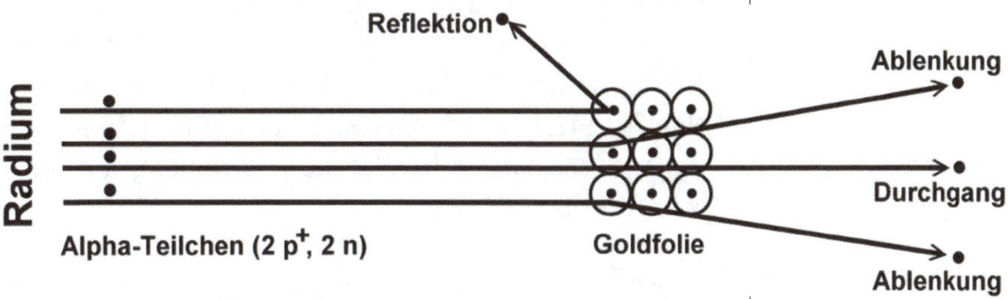

Abb. 5.4: Der Streuversuch von Rutherford (vereinfacht)

Die Abbildung gibt natürlich nur das Prinzip, nicht die tatsächlichen Verhältnisse wieder. Die Goldfolie war zwischen 2000 und 5000 Goldatome dick, es wurde nur etwa jedes zehn- bis zwanzigtausendste α-Teilchen reflektiert.

Winzige Kerne – leerer Raum

Einige wenige positiv geladene Teilchen wurden also abgelenkt oder sogar zurückgeworfen. Aufgrund der Abstoßung gleichnamiger Ladungen schloss Rutherford auf die Existenz winzig kleiner, kompakter und positiv geladener Teilchen im Atom. Diese Teilchen mussten von einem »riesigen«, fast leeren Raum umgeben sein. Elektronen als die mit Abstand kleinsten und negativ geladenen Atombestandteile konnten damit nur in diesem »riesigen« Raum um die kleinen, festen und positiven Teilchen zu finden sein. Das Kern-Hülle-Modell war geboren!

Kern-Hülle-Modell von Ernest Rutherford: Atome bestehen aus einem kleinen, festen und positiv geladenen Kern, der die Protonen und Neutronen (*Kernbausteine*) enthält und *Atomkern* genannt wird. Er enthält fast die gesamte Masse des Atoms.

Die Elektronen halten sich in einer sehr viel größeren und insgesamt fast leeren Hülle um die Atomkerne auf, die *Elektronenhülle* genannt wird.

Das gesamte Atom ist etwa 100.000 Mal so groß wie der Atomkern.

Es gibt viele Vergleiche, um diese Größenverhältnisse anschaulich zu machen. Zum Beispiel diesen: Wenn eine kleine Glasperle von 0,2 cm Durchmesser, in das Zentrum der Dortmunder Westfalenhalle gelegt, den Atomkern darstellen würde, dann müsste das Gesamtatom etwa so groß wie die ganze Halle sein.

Die bei radioaktiver Strahlung abgegebenen α-Teilchen können nach diesem Atommodell nur aus dem Atomkern stammen. Nur dort finden wir Protonen und Neutronen. Erstaunlicherweise stammen aber auch die β-Teilchen – Elektronen – von dort, nicht aus der Elektronenhülle! Bewiesen werden konnte das durch die Bestimmung der Zahl der Kernbausteine: Die Neutronenzahl verringert sich, die Protonenzahl erhöht sich um eins. Ganz offensichtlich beruht die β-Strahlung auf der Umwandlung eines Neutrons in ein Proton.

Sowohl die α-Teilchen als auch die β-Teilchen der radioaktiven Strahlung stammen aus dem Atomkern.

Die Kathodenstrahlen, mit denen Philipp Lenard experimentierte (Abschnitt *Strahlung aus Teilchen*) und mit denen er schon *vor* Rutherford Erkenntnisse über den Atombau gewann, bestanden zwar ebenfalls aus Elektronen, diese stammten aber aus der Elektronenhülle.

Neutronen – der Kitt im Kern

Neutronen als Kernbausteine haben – neben der Erzeugung von β-Strahlen – noch weitere Funktionen:

Da sich gleichnamige Ladungen abstoßen, müsste ein nur aus Protonen bestehender Atomkern sofort auseinander fliegen. Neutronen verhindern dies sehr wirksam wie eine Art »Kitt«. Die Kräfte, die dadurch den Atomkern zusammenhalten, sind so groß, dass er sich bei chemischen Reaktionen nicht verändert.

Damit muss die Ursache chemischer Eigenschaften in der *Elektronenhülle* zu finden sein, Veränderungen durch chemische Reaktionen müssen *dort* stattfinden. Auch durch diese Erkenntnis war das Kern-Hülle-Modell von Rutherford bahnbrechend für die weitere wissenschaftliche Entwicklung. Doch erinnern wir uns an dieser Stelle an Jahrtausende alte Sätze, zum Teil bereits in Kapitel 1 zitiert:

»Nach allgemeiner Übereinkunft gibt es Süßes und Bitteres, Heißes und Kaltes, und nach allgemeiner Übereinkunft gibt es Ordnung. In Wahrheit gibt es Atome und eine Leere.« (Demokrit, 460–371 v. Chr.)

Masse ist nicht alles – die Ordnungszahl

In Kapitel 3 habe ich die Atomvorstellung von John Dalton beschrieben und bereits auf einige – aus heutiger Sicht – veränderungsbedürftige Punkte hingewiesen. So sind nach Dalton die Atome eines Elements untereinander gleich und unterscheiden sich von den Atomen anderer Elemente z.B. in ihrer Masse. Das erwies sich aber als unzutreffend, wie du in Kapitel 3 erfahren hast. Wir kennen heute beispielsweise drei verschiedene Atomarten des Wasserstoffs, deren Massen zueinander im Verhältnis 1:2:3 stehen und die exakt die entsprechende Anzahl von Kern-

bausteinen enthalten, nämlich einen, zwei oder drei! Andererseits enthalten die Atome von Bismut (früher Wismut genannt) und Polonium gleich viele – nämlich 209 – Kernbausteine. Sie sind damit annähernd gleich schwer.

Trotzdem haben die Elemente Bismut und Polonium unterschiedliche chemische und physikalische Eigenschaften, sind also tatsächlich verschiedene Elemente. Und die drei Wasserstoff-Arten haben durchaus gleiche chemische Eigenschaften (sie unterscheiden sich durch den großen Massenunterschied ihrer Atome allerdings in physikalischer Hinsicht), gehören also tatsächlich zum gleichen Element.

In Kapitel 2 (*Trennen mit System*) war auch von unterschiedlichen »kleinsten Teilchen« des Urans die Rede. Die leichtere Atomart des Urans, die für Atomreaktoren und Atombomben gleichermaßen benutzt werden kann, besitzt 235 Kernbausteine und damit etwa 98,7% der Masse der schwereren und viel häufigeren Uran-Atomart mit 238 Kernbausteinen.

Atome und Isotope

Wir wissen heute, dass bei chemischen Reaktionen Veränderungen in der Elektronenhülle stattfinden. Die chemischen Eigenschaften der Elemente müssen also auf dem Zustand ihrer Elektronenhülle beruhen. Dieser Zustand wird maßgeblich von der Zahl der Elektronen bestimmt (siehe Abschnitt *Das Kern-Schale-Modell von Niels Bohr*). Prüfen wir also die Wasserstoff-, Bismut-, Polonium- und Uran-Atome daraufhin. Tatsächlich: Alle Wasserstoff-Atomarten haben genau ein Elektron in ihrer Hülle. Alle Uran-Atome haben 92 Elektronen. Aber Bismut-Atome haben 83 Elektronen, Polonium-Atome dagegen 84!

Alle Atome eines Elements haben (im Normalzustand) die gleiche Anzahl von Elektronen und damit auch die gleiche Anzahl von Protonen.

Da – wie erwähnt – die Protonenzahl zum Ladungsausgleich der Elektronenzahl entsprechen muss, können wir den Aufbau der Atomkerne der genannten Atom-Arten angeben:

Masse ist nicht alles – die Ordnungszahl

Element	Andere Bezeichnung	Protonenzahl	Neutronenzahl
Wasserstoff (leicht)	Wasserstoff	1	0
Wasserstoff (mittel)	Deuterium	1	1
Wasserstoff (schwer)	Tritium	1	2
Bismut	Bismut	83	126
Polonium	Polonium 209	84	125
Uran (leichter)	Uran 235	92	143
Uran (schwerer)	Uran 238	92	146

Tabelle 5.3: Atomkerne ausgewählter Atom-Arten

Atom-Arten (wissenschaftliche Bezeichnung: *Nuklide*), die zum *gleichen* Element gehören, nennt man *Isotope*. Isotope haben im Atomkern die gleiche Anzahl von Protonen, aber unterschiedlich viele Neutronen.

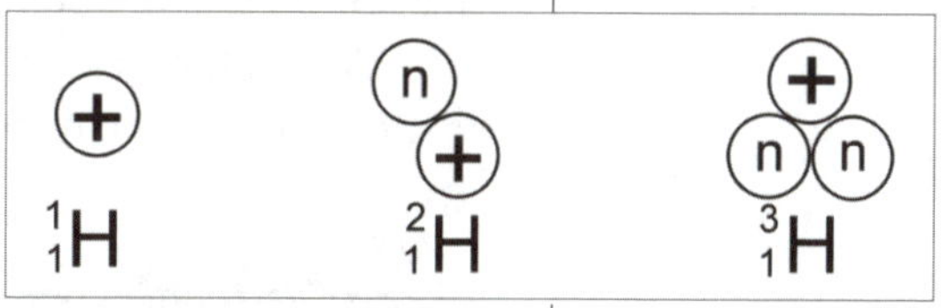

Abb. 5.5: Atomkerne der Wasserstoff-Isotope

Die Bezeichnung von Isotopen mit unterschiedlichen Namen ist nur bei Wasserstoff üblich, weil hier die Massenunterschiede so groß sind. Üblicherweise werden sie in Kurzform durch Zahlen-Zusätze zum Elementsymbol gekennzeichnet. Bismut gehört übrigens zur Minderheit der Elemente, die in der Natur nur mit einem einzigen (hier angegebenen) Nuklid auftreten. Man nennt solche Elemente, 21 an der Zahl, auch *Reinelemente*, alle anderen *Mischelemente*. Mischelemente können in ihrem natürlichen Vorkommen bis zu zehn Isotope enthalten (Zinn).

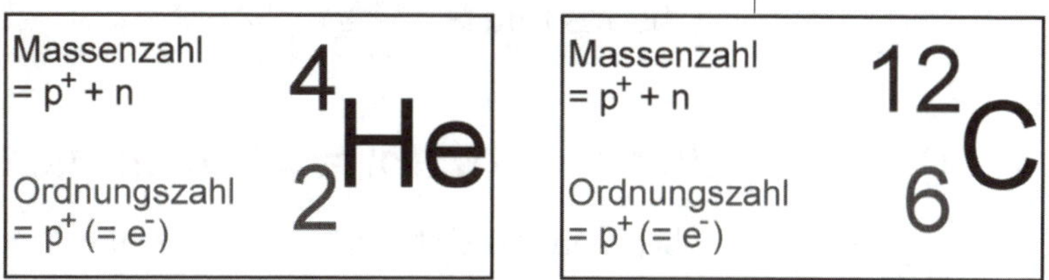

Abb. 5.6: Kennzeichnung der Nuklide

Bei gegenwärtig 115 bekannten Elementen gibt es damit die Ordnungszahlen eins bis 115 – von Wasserstoff (H) bis Ununpentium (Uup). Von Element zu Element kommt jeweils ein Proton und ein Elektron (und eine unterschiedliche Zahl von Neutronen) hinzu. Jede ursprünglich vorhan-

dene Lücke in diesem Ordnungszahlen-System konnte entweder durch die Entdeckung des entsprechenden Elements in der Natur oder durch die künstliche Herstellung der entsprechenden Atome geschlossen werden.

Noch einmal zusammengefasst:

- Massenzahl = Protonenzahl + Neutronenzahl
- Ordnungszahl = Protonenzahl
- Neutronenzahl = Massenzahl – Ordnungszahl
- Alle Atome eines Elements haben dieselbe Ordnungszahl.

Kinder des Weltalls

Eine kleine Abschweifung an dieser Stelle: In Kapitel 3 hast du erfahren, dass Wasserstoff und Helium die im Weltall bei weitem häufigsten Elemente sind – nicht jedoch auf der Erde. Und du hast gelernt, dass Wasserstoff das »erste Element« darstellt, aus dem alle anderen entstanden sind. Diese Feststellung ist nach Kenntnis der Atombausteine verständlich: Wasserstoff besteht (in der häufigsten Isotopenart) lediglich aus einem Proton und einem Elektron.

Durch Verschmelzung von Wasserstoff-Atomen (Kernfusion) entstehen schwerere Atom-Arten. Das geschieht ständig in den Sonnen des Weltalls – auch in unserer Sonne! Am Ende des Lebenszyklus der Sonnen steigen die Temperaturen so stark an, dass sogar die sehr schweren Elemente gebildet werden können. In einem letzten Aufbäumen – einer Supernova-Explosion – schleudern die sterbenden Sonnen diesen Elementstaub in das Weltall. Dort können sich daraus Planeten bilden – wir leben auf einem davon. Jedes einzelne Atom in unserem Körper, in unserer Umgebung wurde einst in einem Stern erzeugt. Wir sind tatsächlich »Kinder des Weltalls«, wie einmal der Titel eines Buches lautete.

Protonenzahl = Ordnungszahl

Aber warum heißt jetzt auf einmal die *Protonen*zahl »Ordnungszahl«? Wenn doch die chemischen Eigenschaften der Elemente von ihrer *Elektronen*zahl abhängen, wäre es da nicht gerechter, *dieser* den Ehrentitel »Ordnungszahl« zu verleihen?

Dazu ist erstens zu sagen, dass die Elektronenzahl (normalerweise) sowieso genauso groß ist wie die Protonenzahl. Zweitens nimmt der

Atomkern, wie du gerade gelesen hast, an chemischen Reaktionen nicht teil. Bei diesen Reaktionen kommt es aber zu Veränderungen der Elektronenhülle. Drittens muss man den historischen Hintergrund kennen: Im Jahr 1913 existierte bereits das von Dimitri Mendelejew entwickelte Periodensystem (in Kapitel 3 erstmals vorgestellt). Allerdings lagen diesem Periodensystem noch keine Kenntnisse des Atombaus zugrunde; es enthielt deshalb noch einige Ungereimtheiten in der Reihenfolge der Elemente. Dem Physiker Henry Moseley (1887–1915) gelang es jedoch 1913 und 1914, durch Untersuchungen an Röntgenstrahlen diese Ungereimtheiten zu beseitigen. Die von ihm ermittelten tatsächlichen *»(An)Ordnungs«*zahlen stimmten aber mit den Kernladungszahlen überein, die Ernest Rutherford aus seinen Streuversuchen ermittelt hatte. Und so wurde der Kernladungszahl, also der Protonenzahl, die Ehre zuteil, als Ordnungszahl bezeichnet zu werden ...

Krumme Zahlen: Atommassen und Isotopengemische

Bei allen Mischelementen, also der großen Mehrzahl aller Elemente, finden wir in Tabellen »krumme« (nicht ganzzahlige) Atommassen. Zum Beispiel: Bor 10,8; Chlor 35,45; Magnesium 24,3; Wasserstoff 1,008. Du weißt ja bereits, dass die Atommassen in der Einheit u (unit; 1 u = $1{,}66054 * 10^{-24}$ g) angegeben werden und dass diese Einheit dem zwölften Teil der Masse eines Kohlenstoff-Atoms entspricht. Abbildung 5.6 zeigt den Aufbau des C-Atoms (da C ein Mischelement ist, können wir inzwischen genauer formulieren: des C-Isotops 12). Es enthält zwölf Kernbausteine. Eine unit entspricht also ziemlich genau der Masse eines Kernbausteins (Mittelwert aus Protonen- und Neutronenmasse). Die Massenzahl gibt die Zahl dieser Kernbausteine an.

Natürlich enthalten die Atome der Mischelemente keine zehntel Protonen oder hundertstel Neutronen:

Die Atommassen in Tabellen sind bei Mischelementen *nach dem Isotopenanteil gewichtete Durchschnittszahlen.*

Beispiel Bor: ca. 80% der Bor-Atome haben die Massenzahl 11, ca. 20% die Massenzahl 10. Die *Anteile* betragen also 0,8 und 0,2; damit müssen die jeweiligen Atommassen gewichtet werden.

Berechnung: (0,8 * 11 u) + (0,2 * 10 u) = 8,8 u + 2,0 u = 10,8 u

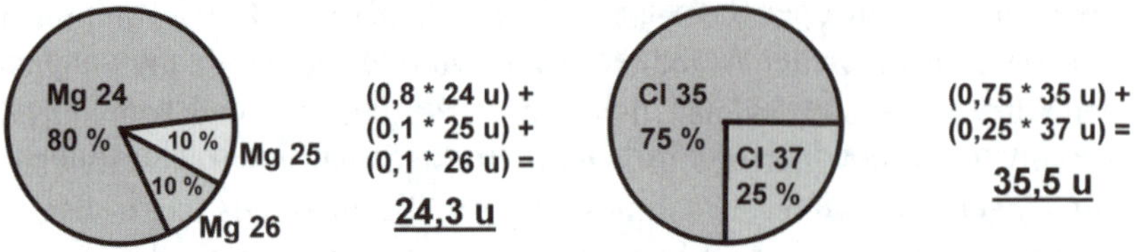

Abb. 5.7: Berechnungsbeispiele gewichteter Atommassen bei Isotopengemischen

Aber du weißt bereits, dass die Ursache chemischer Eigenschaften in der *Elektronenhülle* zu finden sein muss, Veränderungen durch chemische Reaktionen *dort* stattfinden müssen. Verlassen wir also den Atomkern; er ist eher das Arbeitsgebiet der Kernphysiker. Für uns stehen jetzt andere Fragen im Vordergrund: Hat die (verhältnismäßig) riesige Hülle der Atome eine je nach Atomart andere Struktur? Kann sie die chemischen Unterschiede zwischen den Elemente erklären?

Das Kern-Schalen-Modell von Niels Bohr

Ich weiß nicht, ob es in der dänischen Hauptstadt Kopenhagen im Jahr 1913 bereits üblich war, Fußgängerüberwege mit gelb leuchtenden Natriumdampflampen zu kennzeichnen (gab es diese Lampen damals überhaupt schon?). Es wäre jedenfalls eine schöne Geschichte. Denn in diesem Jahr entwickelte in Kopenhagen der Physiker Niels Bohr (1885–1962) sein Atommodell, mit dessen Hilfe viele Rätsel rund um das Atom gelöst werden konnten. Und die Anregung dazu erhielt er durch das Licht, das Atome unter Energiezufuhr ausstrahlen – zum Beispiel das gelbe Licht des Natriums. Auch andere Alkali- und Erdalkalimetalle zeigen z.B. in einer heißen Flamme (»Flammenfärbung«) diese wunderschönen Farben: Lithium ein kräftiges Rot, Kalium eher Violett, Calcium und Strontium unterschiedliche Rot-Töne, Barium eine grünliche Farbe. Rot kommt also mehrfach vor, und das zeigt schon die Notwendigkeit, sich bei der Untersuchung dieser Farb-Abstrahlungen nicht nur auf das Auge zu verlassen. Der Physiker spricht übrigens von »Emission« – die Atome der farbenfrohen Elemente sind selbst die Quelle des Lichts, sie reflektieren oder absorbieren nicht nur die Strahlung anderer Lichtquellen.

»Lichttrennung« und Energiestufen

Licht ist oft nichts anderes als eine Farbmischung. Im Regenbogen wird das weiße Licht der Sonne »getrennt« – und was sehen wir? Ein buntes

Spektrum von Rot über Orange bis Gelb, Grün, Blau und Violett. Zusammen ergeben sie wieder Weiß (additive Farbmischung). Hätten wir anders gebaute Augen, könnten wir neben Rot (»Infrarot«) und neben Violett (»Ultraviolett«) noch weitere Farben sehen; technisch sind solche »Augen« durchaus realisierbar.

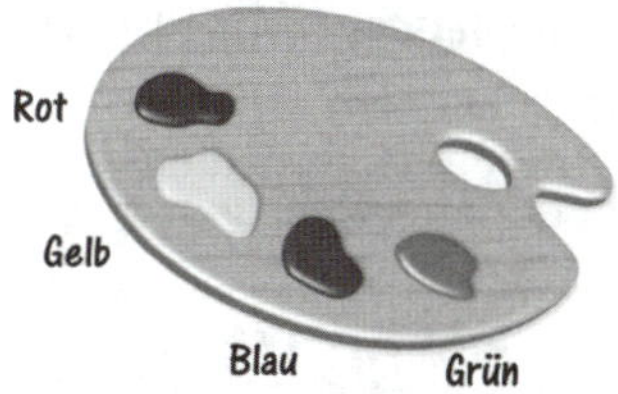

Abb. 5.8: Eine andere Art der Farbmischung!

Auch der Maler mischt Farben - aber nach einem anderen Prinzip: Alle Farben zusammen ergeben bei ihm Schwarz! (Subtraktive Farbmischung)

Glasprismen können Licht noch weitaus besser in Farben zerlegen als die Wassertröpfchen im Regenbogen.

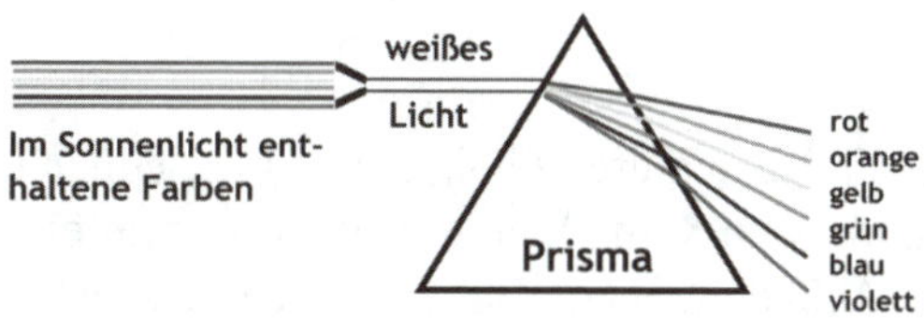

Abb. 5.9: Zerlegung der Farben des weißen Sonnenlichts durch ein Prisma (ergibt das sichtbare Spektrum des Sonnenlichts)

Aufspaltung in die Spektralfarben durch unterschiedlich starke Brechung

Das Interessante an dieser Aufspaltung (Spektralanalyse) ist der Zusammenhang mit der Energie des Lichts: Jedes einzelne farbige Licht, ja jeder Farbton steht für eine andere Energie. Sie nimmt im sichtbaren Bereich von Rot nach Violett zu.

Bei der Untersuchung des farbigen Lichts aus energetisch angeregten Atomen zeigten sich ganz bestimmte »Farblinien«, die entsprechend für ganz bestimmte Energiebeträge standen.

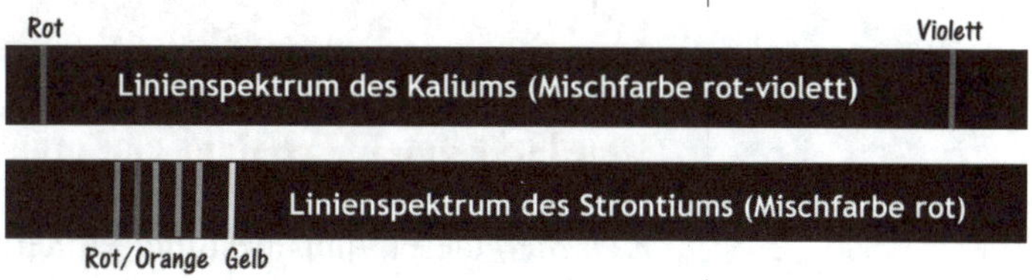

Abb. 5.10: Die Linienspektren des Lichts, das von angeregten Alkali- und Erdalkalimetallen ausgeht, zeigen die Energiestufen.

Energiestufen und Elektronensprünge

Niels Bohr hatte die geniale Idee, diesen Energiestufen des Lichts ganz bestimmte »Sprünge« der Elektronen in der Hülle zuzuordnen. Je mehr Elektronen ein Atom besaß, desto vielfältiger sollten diese »Sprungmöglichkeiten« sein. Kalium mit seinem einfacheren Spektrum besitzt 19 Elektronen, Strontium dagegen mit 38 Elektronen doppelt so viele. Wenn aber

Elektronen in der Hülle »springen« müssen, dann kann das nur heißen, dass sie sich nicht in beliebigen Abständen vom Atomkern aufhalten können, sondern nur in ganz bestimmten. Da sie vom Atomkern angezogen werden (entgegengesetzte Ladungen), bedeutet größere Nähe zum Kern weniger Energie, größere Entfernung mehr Energie. Auf einem Schemel stehend hast auch du, von der Erde angezogen, weniger Energie als auf der Spitze eines hohen Turms! Der Unterschied würde beim Runterfallen schnell deutlich werden!

Die Deutung der Spektren kann also bildlich so dargestellt werden:

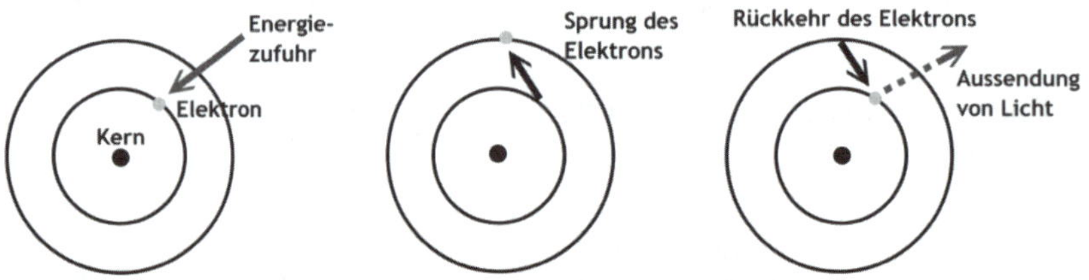

Abb. 5.11: Zustandekommen der Emissionsspektren durch Elektronensprünge

Die Kreise in diesen Abbildungen bezeichnen die erlaubten Elektronenabstände vom Kern. Allerdings ist das Atom ein dreidimensionales Gebilde; die Abbildungen sind also ähnlich zu verstehen wie Schnittbilder einer Zwiebel (und sie sind natürlich nicht maßstabsgetreu – das Gesamt-Atom ist schließlich 100.000fach größer als der Kern).

Deutung von Niels Bohr: Durch Energiezufuhr von außen springen die Elektronen auf einen größeren Abstand zum Atomkern. Anschließend kehren sie wieder auf den vorherigen geringeren Kernabstand zurück und geben dabei den zugeführten Energiebetrag in Form von Licht ganz bestimmter Farbe (das heißt ganz bestimmter Energie) wieder ab.

Verbotene Zonen

Zwischen diesen ganz bestimmten Kernabständen können sich die Elektronen offensichtlich nicht aufhalten – das sind verbotene Zonen! Aus dieser Überlegung entwickelte Bohr sein Schalenmodell: Die »erlaubten« Kernabstände, auf denen sich die Elektronen aufhalten durften, nannte er *Schalen*, wie bei einer Zwiebel. Klar war auch, dass sich die Elektronen auf ihrer »Schale« sehr schnell bewegen mussten, da sie sonst aufgrund der Anziehung sofort in den Atomkern stürzen würden. Man vergleicht diese schnelle Kreisbewegung der Elektronen oft mit der Bewegung der Plane-

ten in Bahnen um die Sonne (bei Beendigung dieser Bewegung müssten sie aufgrund der Schwerkraft sofort in die Sonne stürzen).

Kern-Schalen-Modell von Niels Bohr: Die Elektronen können sich nur in ganz bestimmten Kernabständen aufhalten. Diese erlaubten Abstände werden Schalen oder *Elektronenschalen* genannt. Auf diesen Schalen bewegen sich die Elektronen mit hoher Geschwindigkeit um den Atomkern. Bohr erkannte sieben solcher Schalen, die von innen nach außen zunehmende Energie besitzen und in dieser Reihenfolge entweder mit den Zahlen 1 bis 7 oder mit den Großbuchstaben K bis Q bezeichnet werden.

Reservierte Plätze

Aber das war noch nicht alles: Niels Bohr berechnete auch die maximal mögliche Zahl von Elektronen auf den einzelnen Schalen. Auf der innersten und damit kleinsten haben nur zwei Elektronen Platz, auf der äußersten, der Schale Nr. 7 oder der Q-Schale, könnten es sogar 98 Elektronen sein!

Die Formel zur Berechnung der maximalen Elektronenzahl auf einer Schale ist denkbar einfach: Wenn wir mit dem Buchstaben n die Schalennummer bezeichnen, ergibt sich diese maximale Zahl durch die Formel $2 * n^2$ – das heißt $2 * n * n$.

Schalen-Nummer	Buchstabe	Maximale Besetzung: $2 * n^2$
1	K	2
2	L	8
3	M	18
4	N	32
5	O	50
6	P	72
7	Q	98

Tabelle 5.4: Maximale Besetzung der Elektronenschalen nach Bohr

Die Summe all dieser »maximalen Besetzungen« ist 280. Bei insgesamt nur 115 bekannten Elementen, die sich jeweils – beginnend bei einem Elektron – um ein hinzukommendes Elektron unterscheiden, sind aber nur

115 Plätze zu vergeben. Die maximale Besetzung wird nur bis zur fünften Schale wirklich ausgenutzt – und auch das oft (nach komplizierten Regeln!) nur nachträglich, nachdem sich bereits Elektronen auf »höheren« Schalen befanden. So wird die siebte Elektronenschale bereits bei Element 87 (Francium) erreicht und bei Element 88 (Radium) mit einem weiteren Elektron bestückt. Die weitere Auffüllung erfolgt dann aber erst bei den künstlichen Elementen 113 bis 115. Bei den dazwischen liegenden Elementen 89 bis 112 werden die hinzukommenden Elektronen auf die »inneren« Schalen 5 und 6 platziert. Es würde allerdings den Rahmen dieses Buches sprengen, diese Regeln genauer zu betrachten. Jedoch – *eine* Regel wirst du in diesem Zusammenhang gleich kennen lernen, und die musst du dir *unbedingt* merken!

Die ersten 18 Atome

Jedenfalls für diese ersten Atome können wir bereits die Verteilung der Elektronen auf die Schalen – die *Elektronenkonfiguration* – angeben:

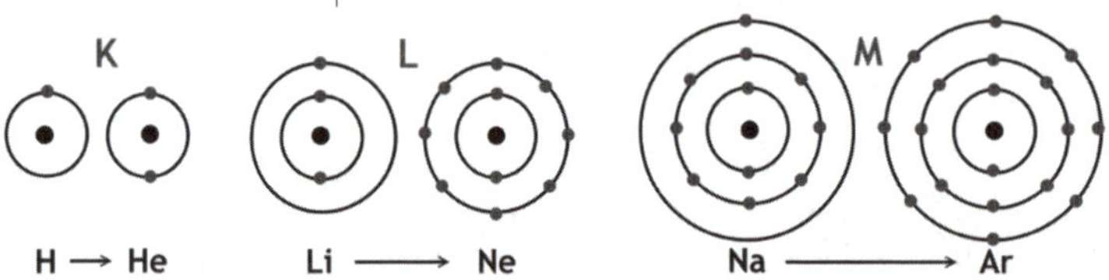

Abb. 5.12: Elektronenkonfiguration von Wasserstoff bis Argon

Auf der M-Schale wäre noch Platz für weitere zehn Elektronen. Aber es geht zunächst ganz anders weiter:

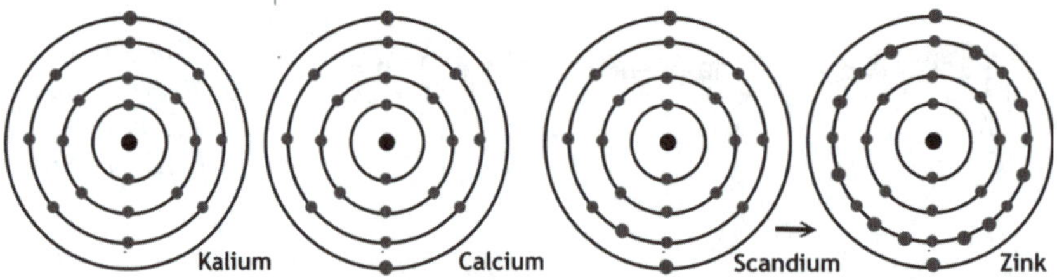

Abb. 5.13: Elektronenkonfiguration von Kalium bis Zink

Obwohl die M-Schale noch nicht gefüllt ist, werden die hinzukommenden Elektronen auf die noch weiter vom Kern entfernte N-Schale platziert. Erst nachdem (bei Calcium-Atomen) diese neue Schale zwei Elektronen enthält, wird die M-Schale bis zum maximalen Fassungsvermögen von 18 Elektronen aufgefüllt.

Die Elektronenkonfigurationen bereits beschriebener und weiterer Atome kann auch übersichtlich in Tabellenform dargestellt werden:

Element	K-Schale	L-Schale	M-Schale	N-Schale	O-Schale
Wasserstoff	1				
Helium	2				
Lithium	2	1			
Beryllium	2	2			
Sauerstoff	2	6			
Fluor	2	7			
Neon	2	8			
Natrium	2	8	1		
Magnesium	2	8	2		
Schwefel	2	8	6		
Chlor	2	8	7		
Argon	2	8	8		
Kalium	2	8	8	1	
Calcium	2	8	8	2	
Scandium	2	8	9	2	
Zink	2	8	18	2	
Gallium	2	8	18	3	
Selen	2	8	18	6	
Brom	2	8	18	7	
Krypton	2	8	18	8	
Rubidium	2	8	18	8	1
Strontium	2	8	18	8	2

Tabelle 5.5: Elektronenkonfigurationen bis Element 37 (mit Kennzeichnung von Edelgasen und Alkalimetallen)

Beim Vergleich der Kalium- und Rubidium-Atome wird der Zusammenhang deutlich: Offenbar »scheut« sich das Atom, in der ganz außen liegenden Schale (kurz: *Außenschale*) mehr als acht Elektronen unterzubringen. Erst wenn eine neue, noch weiter außen liegende Schale eröffnet ist, wird der noch zur Verfügung stehende Platz für die weiteren Elektronen genutzt. Mehr noch: Die entsprechenden Elemente Neon, Argon, Krypton, Xenon und Radon weigern sich hartnäckig, irgendwelche chemische Reaktionen einzugehen, weil auch das ihre Elektronenhülle verändern würde.

Acht ist ideal

Nun sind Atome zwar aus der Sicht der Naturwissenschaftler tatsächlich »scheue Wesen« – dass Atome aber denken können, hat noch keiner behauptet. Die genannte Scheu muss also andere Gründe haben. Richtschnur für ihr Verhalten ist die *Energie*; in Kapitel 4 war ausführlich davon die Rede.

> Ein Zustand mit acht Außenelektronen hat offenbar eine so niedrige Energie, dass die Atome daran unbedingt festhalten möchten:
>
> Die *Außenschale* der Atome enthält – unabhängig von ihrem maximalen Fassungsvermögen – höchstens *acht* Elektronen (Oktettregel).
>
> Die ersten beiden *weiteren* Elektronen werden deshalb in jedem Fall auf einer neuen, weiter außen liegenden Schale untergebracht, auch wenn auf der Oktett-Schale (nach der Formel $2 * n^2$) noch Platz für weitere Elektronen wäre.

Krypton, Xenon und Radon konnten erst ab 1962 mit viel Aufwand zu chemischen Reaktionen gezwungen werden (und auch das nur mit dem aggressivsten aller Elemente, mit Fluor). Bei Neon und Argon aber versagten alle Künste – und auch bei Helium ist es niemals gelungen. Die genannten Elemente sind uns bereits als Edelgase bekannt. Und sie haben in ihrem Atombau Gemeinsamkeiten: Entweder sie haben in der K- und L-Schale bereits eine vollständig, das heißt mit zwei oder acht Elektronen gefüllte Außenschale, oder sie halten an einer mit acht Elektronen gefüllten Außenschale fest.

> Alle Edelgas-Atome haben eine maximal gefüllte Außenschale: Helium und Neon nach der Formel $2 * n^2$, Argon, Krypton, Xenon und Radon nach der Oktettregel. Aus der Reaktionsträgheit der Edelgase schließt man, dass dieser Zustand einer besonders niedrigen Energie und damit einer besonders hohen Stabilität entspricht.

In Tabelle 5.5 fällt noch mehr auf: Alle Alkalimetall-Atome (Li, Na, K, Rb und – nicht enthalten – Cs/Fr) besitzen in ihrer Außenschale genau *ein* Elektron, und dies ist das zuletzt hinzugekommene Elektron. Die Atome der Beryllium- und Erdalkaligruppe (Be, Mg, Ca, Sr und – nicht enthalten – Ba/Ra) besitzen in ihrer Außenschale genau *zwei* Elektronen, und eines davon ist als letztes hinzugekommen. Die Atome der Chalkogene (O, S, Se

und – nicht enthalten – Te/Po) besitzen in ihrer Außenschale genau *sechs* Elektronen, eines davon ist als letztes hinzugekommen. Und schließlich die Halogene (F, Cl, Br und – nicht enthalten – I/At): Ihre Atome besitzen in der Außenschale genau *sieben* Elektronen, eines davon wiederum als letztes hinzugekommen.

Wir haben damit eine Gemeinsamkeit im Atombau bei den Mitgliedern der Elementfamilien erkannt. Und noch eine Auffälligkeit: Alle bisher genannten Atome gehören zu Elementen, die wir in Kapitel 3 in unserer vorläufigen Betrachtung des Periodensystems bei den *Hauptgruppen* eingeordnet haben. Auch Ga (Gallium) gehört dorthin. Und bei all diesen Atomen wird aktuell die *Außenschale* mit Elektronen aufgefüllt! Bei den Atomen von Scandium und Zink dagegen wird aktuell eine *innere* Schale mit Elektronen gefüllt; in Kapitel 3 haben wir sie den *Nebengruppen* zugeordnet. Zeit also, mit unserem erworbenen Wissen über das bohrsche Atommodell einen zweiten, genaueren Blick auf das Periodensystem zu werfen.

Periodensystem, zum Zweiten

Wiederholen wir zunächst, in Kürze: Mitte des 19. Jahrhunderts ordnete der russische Chemiker Dimitri Mendelejew (1834–1907) die damals bekannten Elemente auf der Grundlage der gültigen daltonschen Atomvorstellung (von 1809) – also nach der Atommasse. Er entdeckte in der so entstandenen Reihenfolge der Elemente wiederkehrende Eigenschaften (Periodizitäten) und entwickelte daraus ein Ordnungssystem, das periodische System der Elemente (Periodensystem, PSE). Auf der Grundlage dieses Systems konnte die Entdeckung noch unbekannter Elemente vorausgesagt werden, mit erstaunlicher Genauigkeit sogar die Eigenschaften dieser noch unbekannten Elemente (Beispiel Germanium). Da zu dieser Zeit Kenntnisse über den Atombau noch nicht verfügbar waren, enthielt es aber auch einige Ungereimtheiten. Wir sind jetzt in der Lage, den Zusammenhang mit dem Atombau nach dem bohrschen Modell herzustellen.

In Kapitel 3, Abschnitt *Die Clans der Elemente*, haben wir die Elementfamilien in *Hauptgruppen* angeordnet, mit den römischen Zahlen I bis VIII gekennzeichnet. Jetzt wissen wir, dass diese Hauptgruppennummer gerade der Zahl der Außenelektronen der Element-Atome entspricht. In Tabelle 5.5 können wir auch erkennen, dass die Periodennummer gleich der Anzahl der Elektronenschalen ist.

Tabelle 5.6: Hauptgruppen des Periodensystems

Gr. P.	I	II	III	IV	V	VI	VII	VIII
1	H							He
2	Li	Be	B	C	N	O	F	Ne
3	Na	Mg	Al	Si	P	S	Cl	Ar
4	K	Ca	Ga	Ge	As	Se	Br	Kr
5	Rb	Sr	In	Sn	Sb	Te	I	Xe
6	Cs	Ba	Tl	Pb	Bi	Po	At	Rn
7	Fr	Ra						

Die ersten wichtigen Regeln zum Periodensystem:

In den *Hauptgruppen* gilt für die Atome der enthaltenen Elemente:

- Nummer der Hauptgruppe = Anzahl der Außenelektronen
- Nummer der Periode = Anzahl der Elektronenschalen
- Es wird jeweils die *äußerste* Elektronenschale aufgefüllt.

Damit können wir jetzt auch das bisher »heimatlose« Element Wasserstoff in das PSE einordnen: Es besitzt ein Elektron in der ersten Schale, und diese wird aktuell aufgefüllt – es gehört also in die erste Hauptgruppe in der ersten Periode (»zufällig« steht es bereits in Tabelle 5.6 an der richtigen Stelle).

Charakteränderungen

Betrachten wir die Eigenschaften der Elemente! In einer Hauptgruppe stehende Elemente gehören zu einer »Familie«, einem »Clan«; sie sind sich also nicht gleich, aber ähnlich. Innerhalb jeder Hauptgruppe nimmt der Metallcharakter von oben nach unten zu, wie du bereits gesehen hast. Wie sieht das aber innerhalb einer *Periode* aus? Betrachten wir zur Klärung die zweite, dritte und vierte Periode. Die Edelgase wollen wir bei dieser Betrachtung ausschließen – sie erfüllen die Oktettregel und nehmen gar nicht oder kaum an chemischen Reaktionen teil.

- *Zweite Periode:* Lithium ist ein sehr reaktionsfähiges (typisches) Metall, das sofort mit Luftsauerstoff, noch stärker mit Wasser reagiert. Das folgende Element Beryllium hat ebenfalls stark metallische Eigenschaften. Bor dagegen bildet Kristalle mit geringer, beim Erwärmen steigender elektrischer Leitfähigkeit. Wir können es als Halbmetall

bezeichnen. Kohlenstoff kommt in einer teilweise metallischen (Graphit), aber auch in zwei nichtmetallischen Modifikationen vor (Diamant, Fullerene), ist also bereits überwiegend ein Nichtmetall. Bei Stickstoff, Sauerstoff und Fluor ist der Fall ohnehin klar – eindeutig Nichtmetalle! Halten wir fest: Der wesentliche Übergang vom Metall zum Nichtmetall findet in der dritten Hauptgruppe (bei Bor) statt.

- *Dritte Periode*: Natrium – ein hochaggressives, sehr reaktionsfähiges Metall. Kann sich bei Kontakt mit Wasser entzünden. Magnesium: silberglänzendes, reaktionsfähiges Metall, reagiert ebenfalls (schwach) mit Wasser. Aluminium: leichtes Metall, geringere Reaktionsfähigkeit als Magnesium. Silizium: typisches Halbmetall. Phosphor: kommt in vier Modifikationen vor, von denen drei nichtmetallisch und eine (schwarzer Phosphor) schwach metallisch ist. Bei Phosphor überwiegt deshalb deutlich der nichtmetallische Charakter. Schwefel, Chlor: eindeutig Nichtmetalle. Halten wir fest: Der wesentliche Übergang vom Metall zum Nichtmetall findet in der vierten Hauptgruppe (bei Silizium) statt.
- *Vierte Periode*: Kalium – noch reaktionsfähiger als Natrium, ein sehr typisches Metall. Calcium: Sehr reaktionsfähiges Metall, reagiert deutlich mit Wasser. Gallium: silberglänzendes Metall. Germanium: Halbleiter mit etwas stärkeren Metalleigenschaften als Silizium. Arsen: tritt in drei Modifikationen auf – einer unbeständigen und einer beständigen nichtmetallischen sowie in einer stabilen metallischen. Es steht in den Eigenschaften zwischen Silizium und Germanium. Selen: tritt in einer metallischen (mit Halbleitereigenschaften) und einer nichtmetallischen Modifikation auf; insgesamt überwiegt der Nichtmetallcharakter. Brom: deutliches Nichtmetall. Halten wir fest: Der wesentliche Übergang vom Metall zum Nichtmetall findet in der fünften Hauptgruppe (bei Arsen) statt.

Diagonale Trennung

Der wesentliche Übergang vom Metall zum Nichtmetall findet also nacheinander in der dritten, vierten und fünften Hauptgruppe statt. In der fünften Periode setzt sich dies fort: Dort erfolgt der Übergang beim Element Tellur (Hauptgruppe VI; Chalkogene), während in der sechsten Periode schließlich nur das Element Astat (Hauptgruppe VII; Halogene) sehr schwache metallische Eigenschaften hat (dieses Element ist äußerst selten). Wenn wir im PSE die entsprechenden Übergangspunkte markieren, zeigt sich eine diagonale Trennungslinie zwischen Metallen und Nichtmetallen. Längs dieser Linie finden sich Halbmetalle.

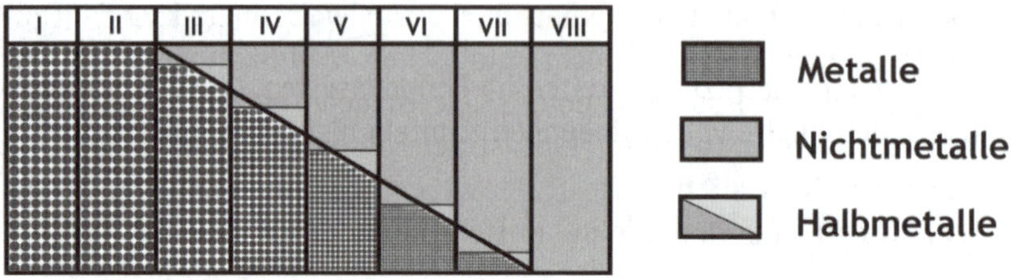

Abb. 5.14: Übergang von Metallen zu Nichtmetallen im PSE

In den Hauptgruppen nimmt der Metallcharakter von oben nach unten zu.

In den Perioden nimmt der Metallcharakter von links nach rechts ab.

Die Trennlinie zwischen Metallen und Nichtmetallen verläuft in einer Diagonalen zwischen den Elementen Bor (B) und Astat (At).

Und was ist mit den in Tabelle 5.5 enthaltenen Elementen von Scandium bis Zink? Bei ihren Atomen wird eine innere Schale – die M-Schale – von 9 auf 18 Elektronen aufgefüllt. In Kapitel 3 wurden sie – wie beispielsweise auch Eisen, Kobalt, Nickel, Kupfer, Silber und Gold – ohne Begründung den so genannten »Nebengruppen« zugeschlagen. Wir können die Begründung jetzt nachliefern, auch für die Lanthanoiden und Actinoiden:

Bei den Atomen der Nebengruppenelemente sowie der Lanthanoiden und Actinoiden werden innen liegende Schalen mit Elektronen aufgefüllt. In der Regel besitzen diese Atome zwei Außenelektronen.

Bei den genannten Elementen – 68 an der Zahl! – handelt es sich durchweg um Metalle. Auch daraus ergibt sich das starke zahlenmäßige Übergewicht der Metalle gegenüber den Nichtmetallen. Daran würde sich auch durch die Erzeugung weiterer künstlicher Elemente nichts ändern.

Im Allgemeinen werden sowohl die Nebengruppen als auch die Lanthanoiden/Actinoiden im Periodensystem zwischen der zweiten und der dritten Hauptgruppe eingeordnet, weil fast alle Atome dieser Elemente zwei Außenelektronen haben. Sie entsprechen damit *in der Außenschale* den Atomen der Elemente in der Hauptgruppe II. Im Anhang des Buches findet sich ein vollständiges Periodensystem.

Größe und Charakter

Es gibt weitere Gesetzmäßigkeiten im Periodensystem, die wir zum Verständnis der Inhalte in den folgenden Kapiteln festhalten müssen:

Innerhalb einer Hauptgruppe nimmt der Durchmesser der Atome von oben nach unten zu.

Das ist verständlich – es kommt ja von Atom zu Atom eine neue Elektronenschale dazu.

Innerhalb einer Periode nimmt der Durchmesser der Atome von links nach rechts ab.

Das ist zugegebenermaßen nicht auf Anhieb zu verstehen. Aber versetzen wir uns mal gedanklich in das Innere der Atome: Die Zahl der Schalen bleibt gleich, aber sowohl im Kern als auch in der Elektronenhülle steigt durch die hinzukommenden Teilchen (Protonen und Elektronen) die Ladung immer weiter an. Die Anziehungskraft zwischen der »Punktladung« Atomkern und der Hülle wird also immer stärker – Kern und Hülle rücken aufeinander zu. So »schrumpfen« die Atome im Verlauf der Periode immer weiter zusammen, die zulässigen Kernabstände (Schalen) werden kleiner! Hochinteressant, wirst du vielleicht sagen. Aber was hat dieser Schrumpfungsprozess – oder das »Aufblähen« in den Hauptgruppen von oben nach unten – mit Chemie zu tun? Eine ganze Menge! Denn wenn wir uns mal ansehen, *welche* Elemente nun besonders groß oder besonders klein sein müssen, fällt uns ein Zusammenhang mit dem Metall- oder Nichtmetallcharakter auf.

Typische Metall-Atome sind besonders groß, haben viele Elektronenschalen und wenige Außenelektronen.

Typische Nichtmetall-Atome sind besonders klein, haben wenige Elektronenschalen und viele Außenelektronen.

Na, wenn das keine interessante Entdeckung ist! Es liegt auf der Hand, dass diese Auffälligkeiten im Atombau etwas mit den chemischen Eigenschaften zu tun haben müssen. Eine wichtige Folgerung können wir bereits jetzt ziehen. Sie ergibt sich aus dem Gesetz der Schwerkraft genauso wie aus den Gesetzen der magnetischen oder eben der elektrischen Anziehungskraft. Du kannst sie leicht mit einem Magneten und einem Eisennagel überprüfen:

Die Anziehungskraft zwischen positiven und negativen Ladungen nimmt mit zunehmendem Abstand stark ab. Bei doppelter Entfernung wirkt nur noch der vierte Teil der vorherigen Anziehungskraft.

Folge für die Atome der typischen Metalle: Die Außenelektronen werden nur schwach angezogen. Die Anziehungskraft des Atomkerns wirkt kaum über das Atom hinaus.

Folge für die Atome der typischen Nichtmetalle: Die Außenelektronen werden stark angezogen. Die Anziehungskraft des Atomkerns wirkt weit über das Atom hinaus.

Diese Anziehungskräfte sind besonders dann bedeutsam, wenn die Atome Kontakt mit anderen Atomen aufnehmen – wenn es also durch *chemische Reaktionen zu chemischen Bindungen* kommen soll. Damit befassen wir uns jetzt.

Reich mir die Hand fürs Leben …

Na ja, fürs ganze Atom-Leben muss es nicht gleich sein, wenn sich diese Teilchen verbinden. Aber allzu wackelig sollte die Beziehung auch nicht sein! Du hast inzwischen so viel über die Atome gelernt, dass es dir nicht mehr schwer fallen wird, die Bedingungen und Folgen dieser »Atom-Hochzeiten« zu verstehen. Fassen wir die Grundlagen noch mal in Kürze zusammen:

1. Atome mit gefüllter Außenschale sind besonders stabil.
2. Typische Metall-Atome haben wenige Außenelektronen, die auch nur schwach vom Atomkern angezogen werden.

– Fortsetzung

3. Typische Nichtmetall-Atome haben viele Außenelektronen, die stark vom Atomkern angezogen werden.

   Und gleich noch eine vierte Regel, die sich einerseits aus der besonderen Stabilität der gefüllten Außenschale, andererseits aus dem Bestreben aller Atome ergibt, möglichst stabile (energiearme) Zustände einzunehmen:

4. Alle Atome streben eine gefüllte Außenschale an.

Bei den Atom-Begegnungen, die zu einer chemischen Bindung führen, können wir drei *grundlegende* Fälle unterscheiden (in der Realität gibt es auch Übergangsformen):

- Typisches Metall trifft typisches Nichtmetall.
- Typisches Nichtmetall trifft typisches Nichtmetall.
- Typisches Metall trifft typisches Metall.

In den ersten beiden Fällen sind spektakuläre Reaktionen möglich, wie die Explosion von Cäsium in Wasser oder die Knallgasreaktion zwischen Wasserstoff und Sauerstoff oder Chlor. Im dritten Fall geht es gesitteter und doch irgendwie chaotischer zu. Doch gehen wir der Reihe nach vor!

Was der eine zu viel hat, hat der andere zu wenig

Versetzen wir uns ein weiteres Mal in die Lage von Atomen. Das (typische) Metall-Atom: Es hat wenige Außenelektronen, die es nur mit Mühe festhalten kann. Größter Wunsch ist es, eine gefüllte Außenschale zu bekommen (acht Elektronen). Dazu müsste es entweder viele (bis zu sieben) Elektronen dazunehmen oder einige wenige abgeben. Was wird ihm wohl leichter fallen? Natürlich die Abgabe! Aber halt, wirst du sagen: Das geht nicht, weil dann im Atom die Elektronenzahl nicht mehr gleich der Protonenzahl ist! Stimmt – aber diese Regel gilt nur für das *ungebundene* Atom. Der Energiegewinn (der eigentlich ein Verlust an Energie ist!) für das Metall-Atom ist so groß, dass es sich tatsächlich leichten Herzens von seinen nachteiligen Außenelektronen trennen möchte.

Nur ist eben kein »Rausschmeißer« da, der die Elektronen zum Verlassen des Metall-Atoms auffordert. Diese Rolle kann nur ein »zufällig vorbeikommendes« (typisches) Nichtmetall-Atom übernehmen. Hier wirkt die Anziehungskraft des Kerns weit über das Atom hinaus und – oh Wunder! – das Nichtmetall-Atom hat genau die richtige Interessenlage. Es braucht

wenige Elektronen zusätzlich in der Außenschale zum Erreichen des Oktetts, weil die Abgabe der *vielen* Außenelektronen, die es schon hat, zu mühselig wäre.

Kein Wunder, dass es »klappt«: Die überflüssigen Außenelektronen der Metall-Atome wechseln das Atom und werden zu erwünschten Lückenfüllern bei den Nichtmetall-Atomen. Dadurch entstehen zwei geladene Atome (Ionen): das Metall-Atom positiv (Protonenüberschuss), das Nichtmetall-Atom negativ (Elektronenüberschuss).

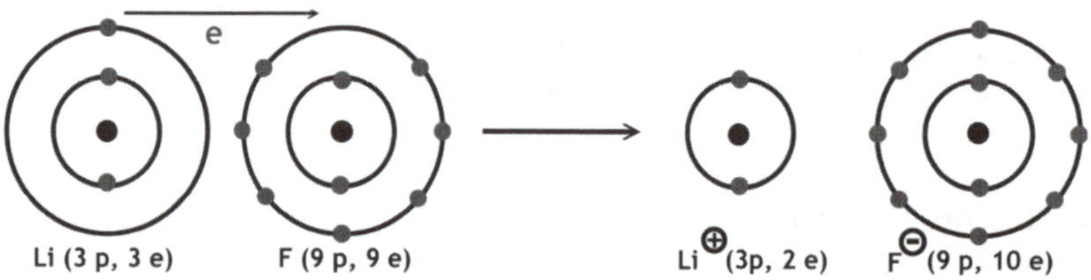

Abb. 5.15: Elektronenübergang vom Lithium- zum Fluoratom unter Bildung eines positiven Li-Ions und eines negativen F-Ions

Fassen wir zusammen:

Typische Metall-Atome reagieren mit typischen Nichtmetall-Atomen unter vollständigem Elektronenübergang vom Metall- zum Nichtmetall-Atom. Dadurch erhält jedes der Atome eine gefüllte Außenschale.

Weil die Protonenzahl der Atome bei diesem Vorgang unverändert bleibt, entsteht aus dem Metall-Atom ein positiv geladenes Metall-Ion, aus dem Nichtmetall-Atom ein negativ geladenes Nichtmetall-Ion.

Die Zahl der Ladungen entspricht der Zahl der abgegebenen oder aufgenommenen Elektronen.
Diese Art der Bindung wird *Ionenbindung* genannt.

Andere Beispiele:

$\overset{e}{\overrightarrow{Na + Cl}} \longrightarrow Na^{\oplus} + Cl^{\ominus}$	$\overset{2e}{\overrightarrow{Mg + 2\,Br}} \longrightarrow Mg^{2\oplus} + 2\,Br^{\ominus}$
$\overset{2e}{\overrightarrow{Ca + S}} \longrightarrow Ca^{2\oplus} + S^{2\ominus}$	$\overset{2e}{\overrightarrow{2\,Na + O}} \longrightarrow 2\,Na^{\oplus} + O^{2\ominus}$

Abb. 5.16: Beispiele von Elektronenübergängen bei der Ionenbindung

Wie du siehst, können auch mehrere Elektronen – so viele wie nötig – die Plätze wechseln. Dadurch entstehen mehrfach geladene Ionen. Da keine

Elektronen verloren gehen, muss die Summe der Ladungen auf jeder Seite der Gleichung null sein.

Die Anzahl der aufgenommenen Elektronen muss gleich der Anzahl der abgegebenen Elektronen sein.

Die Bindung der Wanderer

Der Name »Ion« kommt übrigens aus dem Griechischen und bedeutet »Wanderer«. Der Name rührt von der Wanderungsfähigkeit geladener Teilchen bei elektrischen Anziehungs- oder Abstoßungskräften her.

Merke dir noch einige Begriffe:

Positive Ionen = Kationen

Negative Ionen = Anionen

Metall-Atome und das Wasserstoff-Atom können Kationen bilden (Gemeinsamkeit des Wasserstoffs mit den Alkalimetallen der I. Hauptgruppe).

Nichtmetall-Atome können Anionen bilden.

Aus Ionen aufgebaute Verbindungen nennt man Salze (oder salzartige Stoffe).

Beispiele für Salze/salzartige Stoffe (Summenformeln): NaCl (Kochsalz), Na_2O (Natriumoxid), $BeCl_2$ (Berylliumchlorid), $AlCl_3$ (Aluminiumchlorid).

Vereint im Gitter

Eine Frage ist allerdings noch offen: Was bringt die entstandenen Teilchen dazu, nach vollzogenem Elektronenübergang beieinander zu bleiben? Jedes Teilchen ist doch jetzt im »glücklichen« Zustand des Oktetts und

könnte deshalb ein Einzelgänger bleiben. Dagegen steht aber die starke gegenseitige Anziehung der entgegengesetzt geladenen Ionen:

> Die Ionen schließen sich zu großen, meistens sehr regelmäßigen räumlichen Anordnungen, so genannten Gittern, zusammen. Diese Gitter enthalten die Ionen im Verhältnis der Summenformel.
>
> Ein NaCl-Gitter enthält Na- und Cl-Ionen im Verhältnis 1:1.
>
> Ein $MgCl_2$-Gitter enthält Mg- und Cl-Ionen im Verhältnis 1:2.

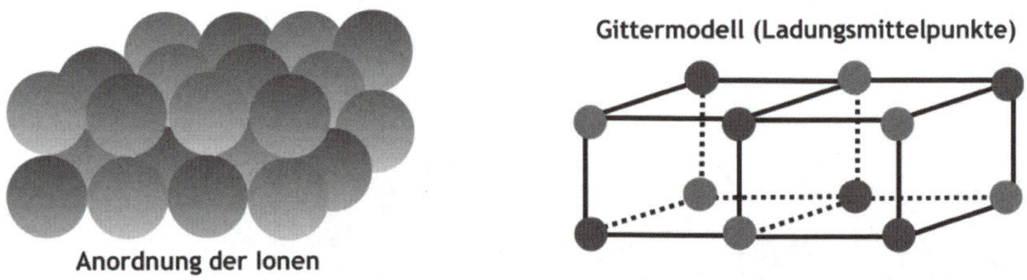

Abb. 5.17: Darstellungen des Ionengitters von NaCl

Es entstehen also *keine* selbstständigen »Ionen-Verbünde« oder Moleküle wie bei O_2 oder H_2O. Formeln wie NaCl oder $MgCl_2$ sind reine *Verhältnisangaben* der (unermesslich vielen) Teilchen im Gitter!

Wasser knackt das Gitter

Ein solches Ionengitter muss man schon stark »schütteln« (durch Erhitzen), um die geladenen Teilchen voneinander zu trennen. Oft gelingt diese Trennung auch durch Wasser: Die Wasser-Moleküle drängen sich zwischen die Ionen und schirmen die Anziehungskräfte ab.

> Ionenverbindungen haben meistens hohe Schmelzpunkte. Er ist erreicht, wenn die Bewegungskräfte der Ionen stärker werden als die Anziehungskräfte.
>
> Beim Auflösen in Wasser werden die einzelnen Ionen von einer abschirmenden Hülle aus Wasser-Molekülen umgeben. Man nennt diesen Vorgang *Hydration.*
>
> In beiden Fällen zerfällt das Gitter in *bewegliche Ionen.*

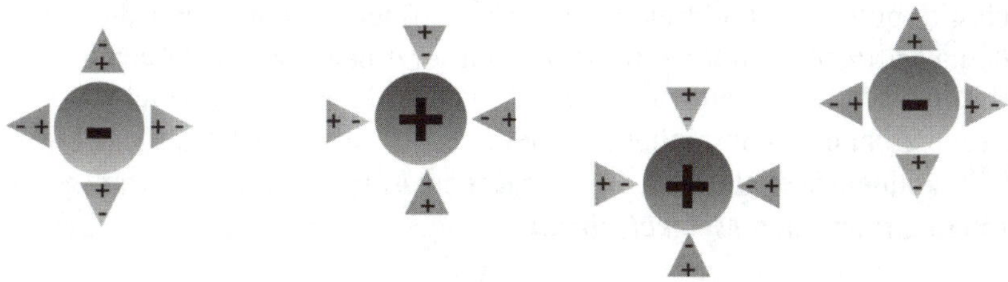

Abb. 5.18: Von Wasser-Molekülen umgebene Ionen

Die Wasser-Moleküle sind als Dreiecke gezeichnet, was ihrer tatsächlichen Form nahe kommt. Auf einer Seite haben sie Teile einer positiven, auf der anderen Seite Teile einer negativen Ladung. Das befähigt sie so besonders gut zur Abschirmung der Ionen. Ich werde gleich auf diese Verhältnisse im Wasser-Molekül zurückkommen.

Beim Auflösen entsteht, wie du schon weißt, ein homogenes Gemisch, eine so genannte »echte Lösung«, in der die Mischungsteilchen – frei bewegliche Ionen und Wasser-Moleküle – ähnlich groß sind. Wegen dieser freien Beweglichkeit der Ionen leiten Salzschmelzen und -lösungen den elektrischen Strom. Mehr darüber in Kapitel 7!

Gemeinsam sind wir stark

So könnte das Motto von Nichtmetall-Atomen lauten, die untereinander eine Bindung eingehen. Diesen Atomen fehlen nur noch wenige Elektronen zum Oktett, und die Anziehungskräfte des Kerns reichen weit über das Atom hinaus. Da dies bei *allen* (typischen) Nichtmetall-Atomen so ist, können sie sich aber nicht gegenseitig die Elektronen »klauen« (jedenfalls nicht ganz und gar), wie sie das gegenüber den Metall-Atomen tun. Die Lösung, die schließlich gefunden wird, ist genial.

Betrachten wir zwei Halogen-Atome. Sie haben bereits sieben Außenelektronen, möchten aber gerne noch ein weiteres, achtes dazubekommen. Die Atome gründen sozusagen ein »gemeinsames Konto«, in das sie jeweils ein Elektron »einzahlen«. Die beiden Elektronen auf dem gemeinsamen Konto gehören den beteiligten Atomen *gleichberechtigt* (wenn sie sich auch nicht immer genau an diese Gleichberechtigung halten, siehe unten!). Und so ist jedes Atom im Besitz von acht Außenelektronen – sechs eigene und zwei gemeinsame! Und wenn – wie im Beispiel der Sauerstoff-Atome – von vornherein nur sechs Außenelektronen vorhanden sind, also zwei dazukommen müssten? Dann bilden sie eben *zwei* gemeinsame Elektronenpaare! Es können sogar drei gemeinsame Paare werden, wenn der Bedarf besteht. Die an diesen »Absprachen« beteiligten Nichtmetall-Atome sind künftig – sozusagen als Kontoinhaber – aufeinander angewiesen und müssen in genau dieser Gruppe zusammenbleiben. Im Unterschied zur Ionenbindung entstehen also hier in der Regel einzelne Atomverbände (»Kontoinhabergemeinschaften«) – Moleküle. Diese Moleküle können aber durchaus viele tausend Atome enthalten. Man nennt solche Stoffe auch *Molekülsubstanzen.*

Nichtmetall-Atome untereinander bilden gemeinsame (bindende) Elektronenpaare, um das Oktett zu erreichen. Es entstehen in der Regel abgeschlossene Teilchen (Moleküle). Diese Bindungsart wird Elektronenpaarbindung (manchmal auch Atombindung oder kovalente Bindung) genannt.

Beispiele: H_2, O_2, Cl_2, H_2O, CH_4, $C_6H_{12}O_6$, $C_{57}H_{110}O_6$ (Fett-Molekül).

Diese Summenformeln geben die Art und die Anzahl der in einem Molekül enthaltenen Atome an.

In Abb. 5.19:Abbildung 5.19 sind zur größeren Übersichtlichkeit nur die Außenelektronen der Atome (als Punkte um das Symbol) angegeben, gemeinsame Elektronenpaare als verbindende Striche.

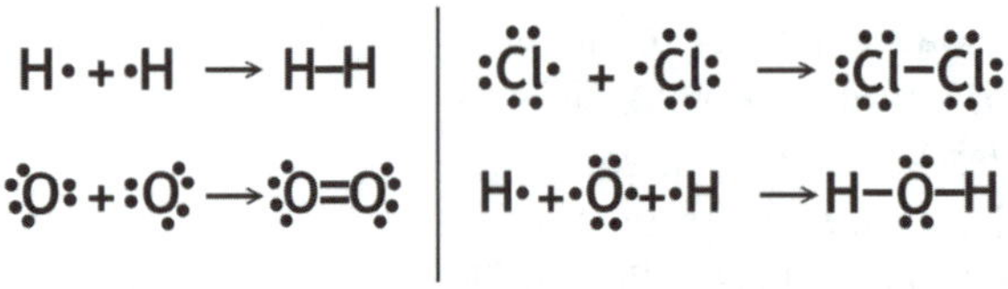

Abb. 5.19: Gemeinsame Elektronenpaare in den Molekülen H_2, O_2, Cl_2 und H_2O

Auch hier Gitter – manchmal

In der *Regel* entstehen also – kleinere oder auch sehr große – abgeschlossene Molekülteilchen. Doch keine Regel ohne Ausnahme! Eine sehr prominente Ausnahme ist Kohlenstoff in Form des Diamanten.

Im Diamanten ist jedes C-Atom mit vier Nachbar-C-Atomen verbunden, so dass ein außerordentlich stabiles dreidimensionales Gitter entsteht (Diamant ist der härteste Naturstoff). Ähnlich stabile Gitter (im Unterschied zu den Ionengittern *Atomgitter* genannt) kann das Silizium-Atom bilden, auch zusammen mit Kohlenstoff. Die Silizium-Kohlenstoff-Verbindung heißt Siliziumcarbid und hat die Verhältnisformel SiC.

In die Ebene projiziert sieht diese dreidimensionale Verbindung so aus:

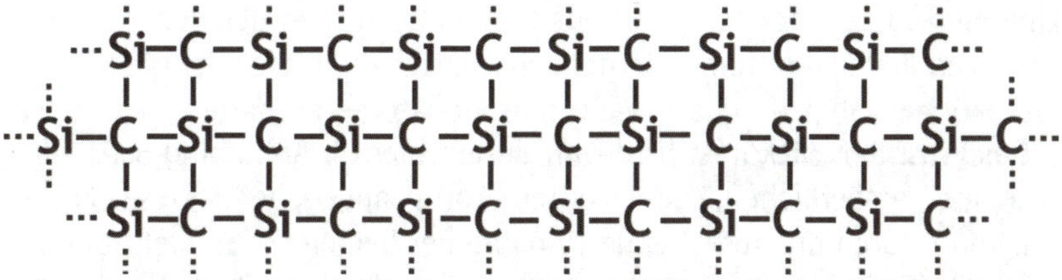

Abb. 5.20: Atomgitter des Siliziumcarbids SiC

Kehren wir zum Regelfall zurück! Die bindenden (gemeinsamen) Elektronenpaare in den Molekülen habe ich als Strich angegeben. Es hat sich als zweckmäßig erwiesen, auch die jeweils *eigenen* (nichtbindenden) Außenelektronen der beteiligten Atome paarweise als Strich zu kennzeichnen, weil auch diese Elektronen bevorzugt paarweise auftreten (*freie Elektronenpaare*). Im bohrschen Atommodell ist das nicht zu erklären. Du hast damit eine Grenze dieses Atommodells kennen gelernt. Du wirst dich damit zufrieden geben müssen; die neueren Atomvorstellungen sind sehr mathematisch geprägt (Orbitalmodell) und können in diesem Buch nicht berücksichtigt werden.

Strukturformeln

Für die Verbindungen O_2, Cl_2 und H_2O ergeben sich damit gegenüber Abbildung 5.19 neue Formelschreibweisen.

Wir nennen diese Formeln *Strukturformeln*, weil sie (in die Ebene projiziert) den Aufbau – die Struktur – des Moleküls angeben.

Abb. 5.21: Strukturformeln der Moleküle von Sauerstoff, Chlor, Wasser, Kohlenstoffdioxid, Ammoniak und Methan

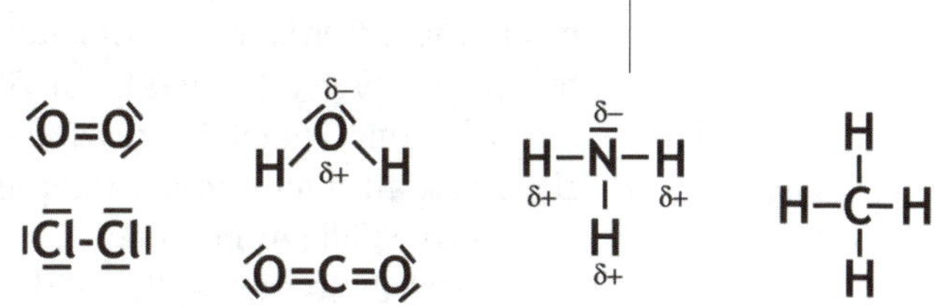

Kohlenstoff-Atome bringen nur vier eigene Außenelektronen mit, die sie komplett in bindende Elektronenpaare einbringen. Stickstoff (fünf Außenelektronen) beteiligt sich mit drei Elektronen an bindenden Elektronen-

paaren und bildet ein freies Elektronenpaar. Und was hat es mit den merkwürdigen Zeichen δ+ und δ– auf sich? Ich werde gleich darauf zurückkommen!

Das Wasser-Molekül ist hier – im Unterschied zu Abbildung 5.19 – in seiner tatsächlichen, gewinkelten Form angegeben. Diese Form kommt durch die abstoßende Wirkung der beiden freien Elektronenpaare (Striche am O-Atom) auf die bindenden Elektronenpaare zustande.

Anziehende Atome

Du hast diese gewinkelte Form bereits bei der Hydration der Ionen kennen gelernt. In Abbildung 5.18 war außerdem das Wasser-Molekül mit einem Ladungsübergang positiv-negativ gekennzeichnet. Was hat es damit auf sich?

Da muss ich auf unsere Geschichte mit den »gemeinsamen Kontoinhabern« zurückkommen. Wie bereits einmal erwähnt, Atome sind auch nur Menschen. Es kommt vor, dass sich eines der beteiligten Atome Vorrechte beim Besitz der gemeinsamen Elektronen herausnimmt, weil es stärker ist als seine Partner. »Stärke« bedeutet stärkere, auf die bindenden Elektronen wirkende Anziehungskräfte. Um das zu verstehen, musst du dir noch einmal die im Abschnitt *Periodensystem, zum Zweiten* dieses Kapitels genannten Zusammenhänge ins Gedächtnis rufen.

Der Atomdurchmesser nimmt innerhalb einer Periode nach rechts ab, innerhalb einer Hauptgruppe nach unten zu. Typische Nichtmetalle stehen also im PSE in der rechten oberen Ecke: Ihre Atome sind klein, haben wenige Elektronenschalen, aber viele Außenelektronen, und die Anziehungskraft des Atomkerns wirkt über das Atom hinaus. Nun sind aber nicht alle Nichtmetall-Atome *gleich* klein und es wirkt nicht bei allen die *gleiche* Kernanziehungskraft nach außen. Diese Kernanziehungskraft ist beim typischsten aller Nichtmetall-Atome, dem Fluor-Atom, am stärksten, beim Sauerstoff- und Chlor-Atom (den typischen Nichtmetall-Atomen Nr. 2 und 3) bereits etwas schwächer. Es gilt die Regel: Die Kernanziehungskraft nimmt in der Hauptgruppe nach *unten* und in der Periode nach *links* ab (die Atome werden in den angegebenen Richtungen größer). Man nennt diese nach außen wirkende Anziehungskraft des Atomkerns – und damit des Atoms – auf die gemeinsamen Elektronenpaare *Elektronegativität.*

Elektronegativität ist die Anziehungskraft des Atoms auf bindende Elektronenpaare. Sie ist bei Fluor, gefolgt von Sauerstoff und Chlor, am größten. Die Elektronegativität wird mit einem Zahlenwert angegeben.

Beispiele:

Fluor 4,0 (Maximalwert) - Sauerstoff 3,5 - Chlor 3,0 - Stickstoff 3,0 - Kohlenstoff 2,5 - Wasserstoff 2,1 (Angaben nach dem amerikanischen Wissenschaftler L. Pauling).

Dipole – plus und minus in einem

Vergleichen wir nun die Elektronegativität von Sauerstoff und Wasserstoff: Bei einer Differenz der Werte von 1,4 spricht man von einer stark polarisierten (oder polaren) Bindung. Die gemeinsamen Elektronen befinden sich im Durchschnitt nicht mehr genau in der Mitte der beiden Atome, sondern in größerer Nähe zum O-Atom. Dieses erhält damit eine negative, das H-Atom eine positive so genannte *Teilladung*. Es entsteht ein *Dipol* (ein Gebilde mit zwei Polen). Weil die Elektronen nicht *vollständig* zum Sauerstoff – also zum elektronegativeren Atom – überwechseln, ist es auch keine vollständige Elektronenladung, sondern nur ein Teil davon, der mit dem Zeichen δ- (»Delta Minus«) bezeichnet wird. Bei den H-Atomen fehlt die entsprechende δ-Elektronenladung natürlich, deshalb δ+ (»Delta plus«). Dagegen ist bei C-H-Verbindungen wie Methan (Kohlenwasserstoffe) die Polarität so gering, dass man auf die δ-Zeichen dort verzichtet.

Bei unterschiedlicher Elektronegativität der an der Bindung beteiligten Atome sind die gemeinsamen Bindungselektronenpaare in Richtung des elektronegativeren Atoms verschoben. Dadurch entstehen Teilladungen im Molekül, das folglich zum *Dipol* wird. Besonders starken Dipolcharakter haben alle Bindungen des H-Atoms an Sauerstoff (z.B. im Wasser, H_2O) und die Wasserstoffverbindungen von Fluor und Chlor, HF und HCl.

Der Dipolcharakter von Wasser hat dramatische – und für uns lebenswichtige – Folgen für die Lösungseigenschaften und den Siedepunkt. Der Siedepunkt: Bei den auf der Erde überwiegend herrschenden Temperaturen ist Wasser flüssig und kann damit seine positiven Eigenschaften entfalten. Die Lösungseigenschaft: Wasser ist ein sehr gutes Lösungsmittel

für Salze und für andere polare Stoffe – es übernimmt auch den Transport wichtiger Substanzen in unserem Blut und ist in dieser Funktion unersetzbar. Es ist immer eine passende Dipol-Seite für die Ionen oder andere Dipole verfügbar – entgegengesetzte Ladungen (auch Teilladungen) ziehen sich an! Darauf beruht auch der hohe Siedepunkt von Wasser (100 °C) – Verbindungen mit gleich schweren, aber weniger polaren Molekülen (C-H-Verbindungen, also Kohlenwasserstoffe) haben einen viel niedrigeren Siedepunkt. Die Wasser-Moleküle »hängen aneinander« mit der jeweils entgegengesetzten Dipol-Seite und sind nur schwer voneinander zu trennen. Man spricht auch von »Wasserstoffbrücken«.

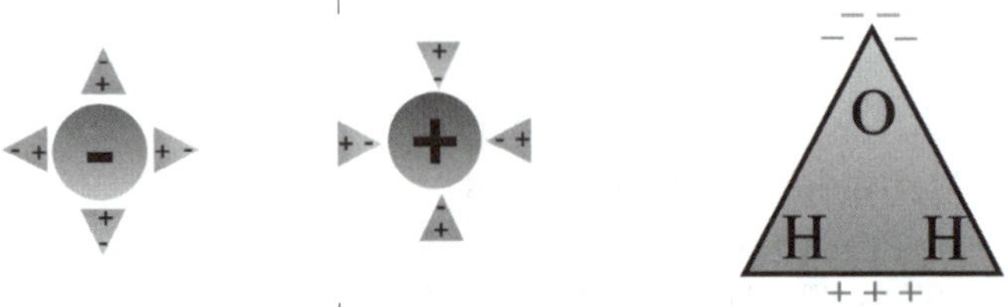

Abb. 5.22: Hydration durch Wasser-Dipole; Darstellung des Dipols

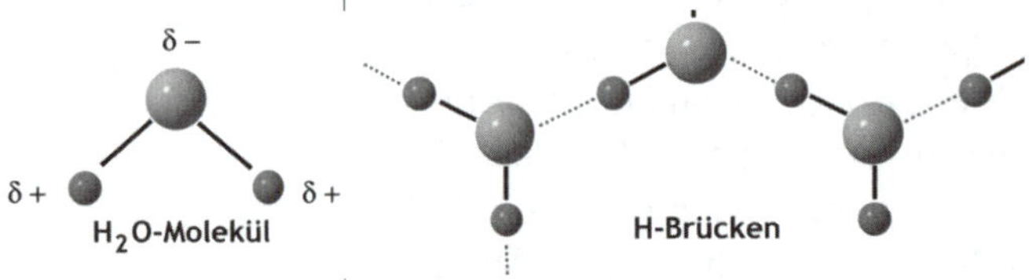

Abb. 5.23: Wasserstoffbrücken (H-Brücken)

Den letzten typischen Bindungsfall haben wir noch nicht betrachtet: Metall-Atome unter ihresgleichen. Dass es hier ruhiger und trotzdem chaotischer zugeht als in den bisher beschriebenen Fällen, wurde schon erwähnt. Was hat es damit auf sich?

Wohin bloß mit den Elektronen?

Für Metall-Atome gibt es nur eins: Weg mit den überflüssigen Außenelektronen! Aber wohin damit? »Das kriegen wir später«, sagen sich unsere Atome und lassen erst mal die störenden Teilchen ziehen. Du weißt inzwischen, was dieser Verlust der Außenelektronen für die Metall-Atome bedeutet: Zwar haben sie dadurch den ersehnten Oktett-Zustand erreicht, andererseits sind sie nun samt und sonders positiv geladen und müssten eigentlich durch die Abstoßungskräfte explosionsartig auseinander fliegen. Wenn da nicht die umherschwirrenden, heimatlosen Elektronen wären! Sie bilden eine Art negativ geladenes *Gas* zwischen den Metall-Ionen, wirken damit wie ein Kitt und halten die Ionen zusammen.

Während die Metall-Ionen schön geordnete Gitter bilden (schließlich sind alle Ionen gleich groß und gleich geladen – im Gegensatz zu den Verhält-

nissen bei der Ionenbindung), ist bei den Elektronen buchstäblich das Chaos ausgebrochen. Sie bewegen sich völlig ungeordnet zwischen den Atomrümpfen, stoßen immer wieder mit diesen zusammen. Dieses Chaos hat aber eine positive Seite: Es ist die Grundlage der guten elektrischen Leitfähigkeit der Metalle. Die Verschlechterung der elektrischen Leitfähigkeit bei zunehmender Temperatur erklärt sich aus dem häufigeren Zusammenstoß der Elektronen mit den Atomrümpfen.

Metall-Atome untereinander geben ihre Außenelektronen ab und erreichen damit den Oktett-Zustand. Es entstehen *positive Metall-Ionen.* Die abgegebenen Elektronen bewegen sich als *Elektronengas* zwischen den Metall-Ionen (»Atomrümpfen«) und halten sie dadurch zusammen.

Abb. 5.24: Elektrische Leitfähigkeit der Metalle durch Verschiebung des Elektronengases

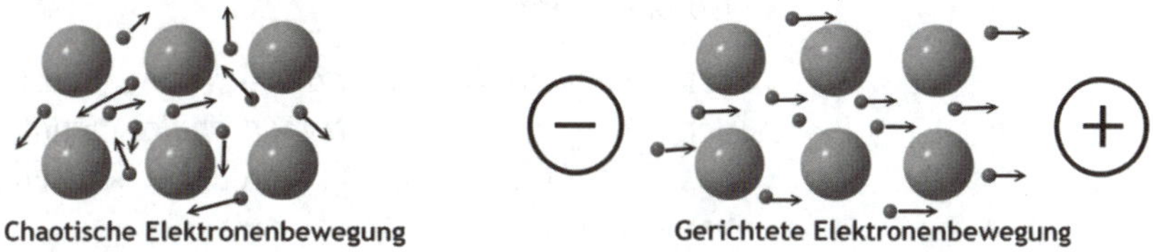

Metallgitter und Verformbarkeit

Der Aufbau der festen Metalle aus einem Gitter positiver Metall-Ionen, gefüllt mit Elektronengas, erklärt auch die Verformbarkeit der Metalle im Unterschied zur Sprödigkeit der Salze (Ionenverbindungen). Die Umgebung der einzelnen Metall-Ionen ändert sich durch das Verschieben der Gitterschichten nicht; sie sind nach wie vor von anderen positiven Metall-Ionen und von Elektronengas umgeben. Bei Salzen ist das anders.

Abb. 5.25: Verformbarkeit der Metalle

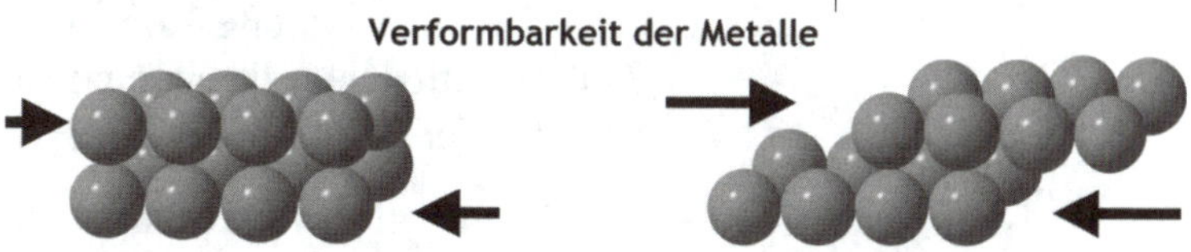

Abb. 5.26: Sprödigkeit der Salze (Ionenverbindungen)

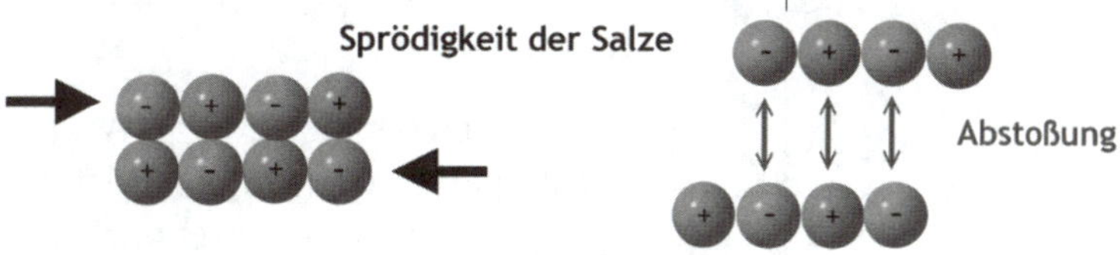

Mit diesen Grundlagenkenntnissen ausgerüstet werden dir die Säuren und Laugen im nächsten Kapitel sicher keine Schwierigkeiten machen!

Zusammenfassung

In diesem Kapitel hast du gelernt

- dass Radioaktivität ein Zerfall von Atomkernen in kleinere Teilchen ist
- dass die Massen von Atomen, Neutronen, Protonen und Elektronen in der Einheit 1 u (unit) angegeben werden
- dass nach Ernest Rutherford das Atom aus einem kleinen, festen und positiv geladenen Kern und einer im Vergleich dazu riesigen, fast leeren und negativ geladenen Elektronenhülle besteht
- dass in den Atomen die Zahl der Protonen gleich der Zahl der Elektronen ist, die Atome eines Elements die gleiche Protonenzahl (Ordnungszahl) haben, sich Atome aber in ihrer Neutronenzahl unterscheiden können und man diese zum gleichen Element gehörenden Nuklide *Isotope* nennt
- dass sich nach Niels Bohr die Elektronen nur in bestimmten Bereichen der Hülle, die man *Elektronenschalen* nennt, aufhalten können und dass die Aufnahmefähigkeit dieser Schalen nach der Formel $2n^2$ berechnet wird
- dass die Außenschale höchstens acht Elektronen aufnehmen kann und diese acht Außenelektronen einen besonders stabilen Zustand darstellen
- dass im Periodensystem die Hauptgruppennummer die Anzahl der Außenelektronen und die Periodennummer die Anzahl der Elektronenschalen angibt, wobei jeweils die *Außenschale* mit Elektronen aufgefüllt wird, während in den Nebengruppen innere Schalen mit Elektronen aufgefüllt werden
- dass typische Metalle große Atome mit wenigen, schwach angezogenen Außenelektronen besitzen, typische Nichtmetalle dagegen kleine Atome mit vielen, stark angezogenen Außenelektronen
- dass alle Atome bei chemischen Bindungen eine gefüllte Außenschale anstreben
- dass deshalb
  - in der Kombination Metall-Atom/Nichtmetall-Atom die Außenelektronen vollständig vom Metall- zum Nichtmetall-Atom übergehen, wodurch Ionen entstehen, die sich in einem *Ionengitter* anordnen

  - in der Kombination Nichtmetall-Atom/Nichtmetall-Atom gemeinsame Elektronenpaare entstehen, wodurch sich *Moleküle* oder *Atomgitter* bilden
  - in der Kombination Metall-Atom/Metall-Atom positive Metall-Ionen und frei bewegliche Elektronen bilden; dieses Elektronengas hält das entstehende *Metallgitter* zusammen
- dass in Elektronenpaarbindungen die beteiligten Atome unterschiedliche Anziehungskräfte auf die gemeinsamen Elektronenpaare ausüben und deshalb positive und negative Teilladungen entstehen können, die einen *Dipol* bilden
- dass die Verformbarkeit und die elektrische Leitfähigkeit der Metalle auf den Aufbau des Metallgitters zurückzuführen sind

Aufgaben

1. Wodurch konnte bewiesen werden, dass auch die radioaktive ß-Strahlung aus dem Atomkern stammt?
2. Rutherford folgerte aus seinen Streuversuchen, dass sich die Protonen im Atomkern und die Elektronen in der Hülle des Atoms befinden müssen. Welches Ergebnis hätten die Streuversuche vermutlich bei der umgekehrten Teilchenanordnung erbracht – die Elektronen im Atomkern und die Protonen in der Hülle?
3. Das leichteste Wasserstoff-Isotop ist das einzige Nuklid ohne Neutronen. Begründe diese Sonderstellung.
4. Das Kohlenstoff-Isotop 14 ist ein β-Strahler. In welches Nuklid wandelt es sich dadurch um? Notiere es in der eingeführten Schreibweise mit Massen- und Ordnungszahl am Elementsymbol.
5. Lithium enthält zu 7,5% das Isotop Li-6 und zu 92,5% das Isotop Li-7. Berechne die gewichtete Atommasse.
6. Welche Art von Licht müssten Atome unter Energiezufuhr abstrahlen, wenn für die Elektronen *beliebige* Kernabstände möglich wären?
7. Welche Elektronenkonfiguration besitzen die Atome des Vanadiums (Ordnungszahl 23)? Wo sind sie im Periodensystem zu finden (Begründung)?
8. Ordne die Atome der folgenden Elemente nach zunehmendem Atomdurchmesser und begründe die Reihenfolge: K, S, F, Cs, Cl.

9. Gebe die Reaktionsgleichungen mit der Zahl der ausgetauschten Elektronen für die Reaktionen von Calcium (Ca) mit Iod (I), Magnesium (Mg) mit Sauerstoff (O) und Kalium (K) mit Schwefel (S) an. Auf der Seite der Produkte sollen die entstehenden Teilchen mit Ladung angegeben werden.

10. Gebe die Bedeutung der folgenden Formeln an: CaO, SO_2, SiC.

11. Schreibe die Strukturformeln der Verbindungen Cl_2O und H_2S.

12. Das Gas HCl löst sich sehr gut in Wasser. Begründe diese gute Löslichkeit.

13. In welcher Weise unterscheidet sich die elektrische Leitfähigkeit der Halbleiter von derjenigen der Metalle?

6

Essig und Seifenlauge

Von sauren Heringen, Laugenbrezeln und saurem Regen hat wohl jeder schon mal gehört – aber wie unterscheidet der Chemiker zwischen Säuren und Laugen? Mit dem Geschmack allein kann es nicht zusammenhängen. Mit solchen Eindrücken ist der Chemiker vorsichtig; er käme niemals auf die Idee, zwischen Schwefelsäure und Waschlauge aufgrund einer Geschmacksprobe zu unterscheiden! Außerdem: Nicht alles, was sauer schmeckt, ist (chemisch gesehen) eine Säure – und nicht jede Säure schmeckt sauer.

> Von Geschmacksproben bei unbekannten Stoffen ist dringend abzuraten – so mancher musste sie schon mit schweren Verletzungen büßen!

Abb. 6.1: Gefahrensymbole auf Haushaltschemikalien sollten beachtet werden!

Also müssen wir der Sache auf den Grund gehen und die chemischen Eigenschaften von Säuren und Laugen erforschen. Sie spielen nicht nur in der Technik, sondern auch im Haushalt, in unserer Ernährung, unserer Verdauung und unserem Stoffwechsel eine bedeutende Rolle.

In diesem Kapitel erfährst du

- welche Bedeutung die Begriffe Säure, saure Lösung, Base, Lauge und alkalische Lösung haben
- wie man saure und alkalische Lösungen erkennen kann
- was der Begriff pH-Wert bedeutet
- welche Eigenschaften Säuren und Laugen haben
- was der Chemiker unter Säuren und Basen versteht und was die Begriffe Protolyse und Neutralisation bedeuten
- was das Besondere an Metallhydroxiden ist
- wie Salze entstehen

Säuren und Laugen – überall

Schwefel- und Salzsäure gehören zu den in Kapitel 1 genannten chemischen Grundprodukten. Zitronen- und Essigsäure verfeinern unsere Speisen (und können auch zu Reinigungszwecken verwendet werden). Aus Abflussreinigern entstehen mit Wasser hochwirksame, aggressive Laugen. In unserem Magen spielt Salzsäure eine wichtige Rolle bei der Verdauung, während im Darm eine Lauge die Verdauungsarbeit fortsetzt. In den Körperzellen schließlich gibt es nicht nur die Milchsäuregärung, sondern auch den bei Biochemikern wohlbekannten »Zitronensäure-Zyklus«. Er wandelt die C-Atome in unserer Nahrung in CO_2 um und bereitet die Verbrennung der H-Atome zu H_2O vor.

Abb. 6.2: Säuren und Laugen im Haushalt

Doch bevor wir diese Stoffe unter die Lupe nehmen, müssen wir aus chemischer Sicht in unserem Sprachgebrauch etwas exakter werden. Säuren müssen nicht unbedingt flüssig oder in Wasser gelöst sein. In der Drogerie kannst du reine Zitronensäure als Pulver kaufen, und reine, wasserfreie Essigsäure (»Eisessig«) ist nur in geheizten Räumen – oder im Sommer – eine Flüssigkeit. Bei 16,7 °C gefriert (erstarrt) sie zu Kristallen. Reine Salzsäure dagegen gibt es gar nicht – damit meint man immer eine Lösung

des Gases HCl in Wasser. Für den Chemiker ist aber diese Verbindung HCl die eigentliche Säure!

Die Tricks der Säuren und Basen

»Säure« ist im chemischen Sprachgebrauch so etwas wie ein Facharbeiterbrief: Eine Säure kann in einer ganz bestimmten Weise reagieren, die andere Stoffe nicht hinbekommen. Nennen wir es vorläufig den »Säure-Trick«. Deshalb können sogar einzelne Ionen als Säure bezeichnet werden, wenn sie diesen speziellen »Trick« beherrschen.

> Säuren sind eigenständige Verbindungen, die (bei Zimmertemperatur) fest, flüssig oder gasförmig sein können. In Wasser aufgelöst ergeben sie eine saure Lösung.
>
> Auch einzelne Ionen können als Säure reagieren.

Noch größer ist die Sprachverwirrung bei den Laugen. Damit meint der Chemiker *immer* wässrige Lösungen – er nennt sie auch *basische* oder *alkalische Lösungen*. Die zugrunde liegenden Verbindungen (die damit den *Säuren* bei den *sauren Lösungen* entsprechen) nennt er *Basen* oder *basische Verbindungen*. Auch diese Bezeichnungen sind so ähnlich wie ein Facharbeiterbrief zu verstehen: Eine Base kann in einer ganz bestimmten Weise reagieren. Auch hier können sogar einzelne Ionen als Base bezeichnet werden, wenn sie den »Basen-Trick« beherrschen.

> Basen sind eigenständige Verbindungen, die in Wasser aufgelöst eine Lauge ergeben.
>
> Laugen sind alkalische (oder basische) Lösungen.
>
> Auch einzelne Ionen können als Base reagieren.

Mache dir diese Zusammenhänge anhand einer Grafik klar:

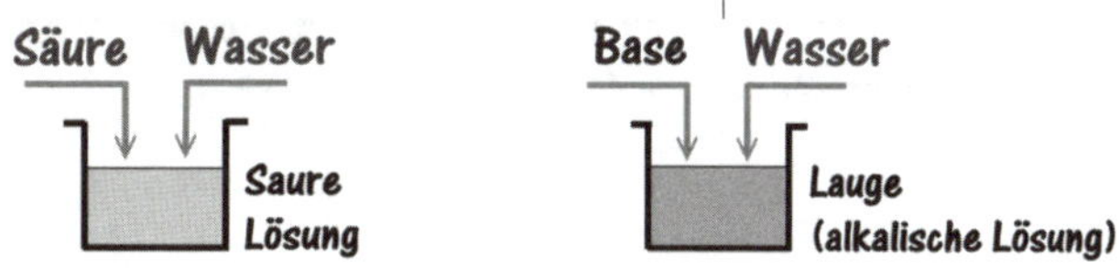

Abb. 6.3: Säure und Base – saure und alkalische Lösungen

Doch was sind das für Tricks, mit denen Säuren und Basen aufwarten können? Schauen wir uns einige charakteristische Verbindungen und ihre Reaktionen an – sie werden uns dieses Geheimnis offenbaren! Dazu musst

du aber erst einmal lernen, zwischen den beiden Stoffklassen zu unterscheiden.

Der nützliche Rotkohl

Rotkohl – frisch gekauft – ist eigentlich eher blau. Zum »Rot«kohl wird er erst bei der Zubereitung mit Essig. Sollte dieses Gemüse in der Lage sein, uns die Gefahren und Unsicherheiten von Geschmacksproben zu ersparen? Testen wir es!

Versuch 6a:

Besorge dir einen frischen Rotkohl-Kopf, schneide ihn in vier Teile und entferne den Strunk. Zerkleinere diese Viertel (feine Streifen) und gebe sie in einen Kochtopf. Füge etwas Wasser dazu (höchstens so viel, dass die Rotkohl-Streifen gerade bedeckt sind). Koche kurz auf und nimm dann den Topf von der heißen Platte. Filtriere den noch heißen Saft durch einen Kaffee-Filter in eine große Tasse.

Stelle mehrere Gläser bereit und fülle sie zur Hälfte mit Mineralwasser, Essig, Zitronensaft, Cola, Leitungswasser, Seifenlösung sowie Backpulver-Lösung (Wasser mit einem Löffel Backpulver; gut umrühren).

Gebe in jedes Glas etwas Rotkohl-Saft und notiere dir die Farben.

Behalte genug Rotkohl-Saft zurück, wir brauchen ihn noch!

Du wirst mit diesem so genannten *Indikator* (»Anzeiger«) verschiedene rote und blaue Färbungen erhalten, die in dem folgenden Farbverlauf enthalten sind:

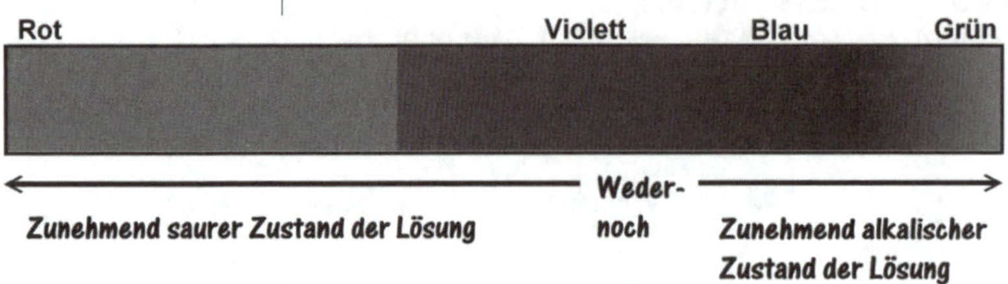

Abb. 6.4: Farben des Rotkohl-Indikators bei Säure- und Laugenzusatz

Schwarzer oder gelber Tee?

Solche Farbänderungen unter dem Einfluss von Säuren und Laugen – wenn auch nicht so spektakulär – kannst du auch mit schwarzem Tee

(oder mit Hagebuttentee – probiere es!) erzielen: Normalerweise bräunlich, wird er durch Zugabe von Zitronensaft leicht orangefarben, durch Zugabe von Backpulver-Lösung eher gelblich. Auch Tee könnte damit als einfacher Indikator dienen!

Die einzelnen Farben, die sich in Versuch 6a ergeben, hängen auch davon ab, *welchen* Essig, *welchen* Zitronensaft, *welche* Seifenlösung du benutzt hast. Du kannst das selbst leicht nachvollziehen: Benutze anstelle des Speise-Essigs Essigessenz und prüfe noch einmal! Verdünne den Zitronensaft stark und prüfe ein weiteres Mal! Essigessenz wird »röter« sein als Speise-Essig, stark verdünnter Zitronensaft weniger rot als konzentrierter. Und das, obwohl doch die wirksamen Säuren (Essigsäure und Zitronensäure) dieselben geblieben sind!

Andererseits:

Versuch 6b:

Besorge dir aus der Drogerie oder Apotheke reines Vitamin C (Ascorbinsäure) und reine Zitronensäure (und bei dieser Gelegenheit auch *Soda*, also Natriumcarbonat – wir benötigen es für spätere Versuche!). Beide sind feste Stoffe. Wiege gleiche Mengen Ascorbinsäure und Zitronensäure ab (sie enthalten *ungefähr* gleich viele Teilchen) und löse sie im gleichen Volumen Wasser. Prüfe jeweils einen Teil dieser Lösungen mit Rotkohlsaft und bewahre den Rest auf für die Prüfung mit Universalindikator (siehe nächster Abschnitt). Bewahre auch das übrig gebliebene Zitronensäurepulver für weitere Versuche auf.

Zitronensäure wird (wahrscheinlich) eine etwas stärkere Rotfärbung ergeben – offenbar ist ihre Säurewirkung stärker als diejenige von Ascorbinsäure.

Die Farbe des Indikators hängt sowohl von der *Art* der gelösten Säure oder Base ab als auch vom Verdünnungsgrad, der *Konzentration*. Sie zeigt damit den *sauren oder alkalischen Zustand einer gegebenen Lösung* an.

Deshalb ist oben in der Farbskala vom sauren bzw. alkalischen Zustand der Lösung die Rede. Das ist ein sehr wichtiger Punkt: Einen einzigen Tropfen der sehr gefährlichen, »starken« Salzsäure im Badewasser könntest du wohl verkraften (bitte trotzdem nicht ausprobieren!), aber ein zugegebener Zehn-Liter-Kanister der eigentlich viel harmloseren, »schwächeren«

Essigsäure würde dich sofort aus dem Wasser treiben (bitte ebenfalls nicht ausprobieren)!

Der Universal-Indikator

Viel genauer als mit Rotkohl-Saft (oder Schwarztee) allein kannst du den Zustand der Lösungen mit einer Mischung *mehrerer* Indikator-Farbstoffe feststellen. Diese Farbstoffe stammen (wie der Rotkohl-Farbstoff »Cyanidin«) zum großen Teil aus Pflanzen; sehr bekannt ist der Flechtenfarbstoff Lackmus. Die Mischungen sind als so genannter *Universalindikator*, mit einer Farbskala versehen, in Gebrauch – sicher auch an deiner Schule. Bitte eine Chemielehrerin/einen Chemielehrer, dir eine solche Universalindikatorpapier-Rolle auszuleihen! Sie/er wird sich sicher über dein Interesse freuen.

Die Skala dieser Universalindikatoren sieht etwa so aus wie in Abbildung 6.5.

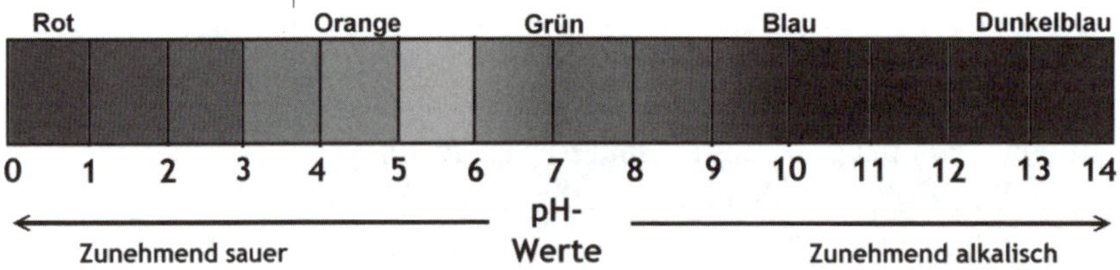

Abb. 6.5: Farben des Universalindikators mit pH-Werten

Eine pH-Skala? Darüber hast du noch nichts gehört – aber ich komme in diesem Kapitel (Abschnitt *pH – das Gewicht des Wasserstoffs*) darauf zurück.

Wenn du mit diesem Universalindikator-Papier noch einmal die Lösungen von Versuch 6a – und weitere Lösungen – prüfst, wirst du wahrscheinlich Werte wie diese erhalten (Abweichungen sind möglich): Essigessenz pH 2–3, Essig pH 3–4, Zitronensaft pH 2–3, Cola pH 3–4, Mineralwasser pH 5–6, Leitungswasser pH 7–9, Seifenlösung und Backpulver-Lösung pH 9–11. Saure Milch übrigens liegt bei pH 5, ebenso wie deine Hautoberfläche (pH 5–6). Prüfe auch nochmals die Lösungen aus Versuch 6b; mit Universalindikator wird der Unterschied deutlicher.

Merken wir uns fürs Erste:

> Der pH-Wert gibt den sauren oder alkalischen Zustand einer wässrigen Lösung an. pH 0 steht für eine sehr saure, pH 14 für eine sehr alkalische Lösung. In sehr reinem Wasser ist der pH-Wert 7.

Der Zusatz »einer wässrigen Lösung« ist wichtig: Du wirst in Abschnitt *pH – das Gewicht des Wasserstoffs* lernen, dass die pH-Skala nur in Verbindung mit *Wasser als Reaktionspartner* der Säuren oder Basen gilt. Essigsäure in Alkohol aufgelöst hat keinen pH-Wert!

Fragen über Fragen sind bereits aufgeworfen: Welche chemischen Unterschiede bestehen denn nun eigentlich zwischen Säuren und Basen, zwischen sauren und alkalischen Lösungen? Die unterschiedliche Färbung von Pflanzenfarbstoffen kann ja wohl nicht alles sein! Wie ist das mit der Stärke von Säuren und Basen? Was ist ihr spezieller »Trick«? Wie kommt man zur pH-Skala?

Zur Beantwortung musst du also zunächst die Reaktionen der Säuren und Basen kennen lernen. Wir müssen danach auch ihre Formeln und Bindungszustände untersuchen, um ihnen endgültig auf die Schliche zu kommen. Mit dem Wissen aus Kapitel 5 sollte das zu schaffen sein.

Säure, der Feind des Marmors

Prüfe die Etiketten von Reinigungsmitteln auf Angaben über enthaltene Säuren! Wahrscheinlich wirst du Essig- und Zitronensäure sowie nicht näher aufgeschlüsselte »organische Säuren« finden. In Entkalkungsmitteln ist gelegentlich noch die stark hautschädigende Ameisensäure enthalten. Kohlensäure gibt Getränken den frischen Geschmack. Die technisch wichtigsten Säuren – Salz-, Schwefel-, Salpeter- und Phosphorsäure – spielen dagegen im Haushalt keine Rolle (Salzsäure aber in unserem Magen). Für die folgenden Versuche verwendest du am besten mit etwas Essig-Essenz angereicherten Speise-Essig und eine wässrige Lösung der von Versuch 6b übrig gebliebenen Zitronensäure.

Versuch 6c:

Zerstoße eine Eierschale in kleine Stücke, gebe sie in ein Glas und übergieße sie mit Essigsäure. Wenn dir Muscheln, Kalksteine oder Marmorstücke zur Verfügung stehen: Wiederhole den Versuch mit diesen Stoffen anstelle der Eierschalen.

Beobachtung: Die Stoffe lösen sich auf, es entwickelt sich ein farbloses Gas.

Schon wieder CO_2 ...

Das farblose Gas ist ein alter Bekannter von uns: Kohlenstoffdioxid! Es könnte entweder aus der Essigsäure oder aus den aufgelösten Stoffen stammen – prüfe das mit weiteren Versuchen. Bei dieser Gelegenheit kannst du auch überprüfen, ob sich die Säure dabei ebenfalls verändert.

Versuch 6d:

Wiederhole die in Versuch 6c durchgeführten Untersuchungen mit Zitronensäurelösung, gebe aber vor der Säurezugabe Rotkohlindikator zu.

Beobachtung: Die Stoffe lösen sich ebenfalls auf, wiederum entwickelt sich ein farbloses Gas. Die Farbe des Indikators ändert sich von Rot nach Blau (falls das zunächst nicht der Fall ist, gib mehr Eierschalen/Kalksteine hinzu).

Das Versuchsergebnis zeigt einerseits, dass die Säuren bei der Reaktion verbraucht werden. Es ist andererseits, da eine *andere* Säure verwendet wurde, ein Indiz für die Herkunft des Kohlenstoffdioxids aus den *aufgelösten Stoffen* und nicht aus der Säure. Untersuchungen mit Salzsäure würden das endgültig bestätigen – wie du in der Einleitung gelesen hast, hat das wirksame Teilchen die Formel HCl und *kann* also nicht die Quelle von CO_2 sein. Diese Versuche mit Salzsäure solltest du aber lieber nicht durchführen.

Die mit Säure behandelten Stoffe in den Versuchen 6c/6d enthalten hauptsächlich Calciumcarbonat mit der Formel $CaCO_3$. Ganz offensichtlich wird diese Verbindung zersetzt und gibt CO_2 ab.

Säuren reagieren mit Kalkstein (Calciumcarbonat) und setzen daraus CO_2 frei. Die Säure wird dabei verbraucht.

Also: Marmorflächen nicht mit säurehaltigen Reinigungsmitteln putzen!

Säuren, Laugen und elektrischer Strom

Erinnerst du dich an die Beschreibung des Elements Wasserstoff in Kapitel 3? Versuch 3a diente der Herstellung von Wasserstoff; dabei wurde Essig-

Essenz als Hilfsmittel (»zur Verbesserung der Leitfähigkeit«) zugegeben. Eine wässrige Essigsäurelösung leitet also ganz offensichtlich den elektrischen Strom! Ob das auch für eine Zitronensäurelösung gilt – und auch für Laugen? Soda hast du dir ja aus der Apotheke besorgt. Außerdem brauchst du aus dem Elektrofachgeschäft zwei 4,5-Volt-Flachbatterien, eine kleine Glühlampe mit Fassung und vier Kupferkabel mit Isolation (Kunststoff-Ummantelung), die du *an den Enden entfernst*. Die Befestigung der abisolierten Kabelenden an den Polen der Batterien gelingt mit Klebeband am besten.

Versuch 6e:

1. Fülle je ein Glas halb voll mit wässriger Zitronensäurelösung und mit wässriger Sodalösung. Verbinde mit dem ersten Kupferkabel den Minuspol der ersten Batterie (langer Metallstreifen) mit dem Pluspol der zweien Batterie (kurzer Metallstreifen). An der ersten Batterie bleibt damit der Pluspol, an der zweiten der Minuspol frei (Reihenschaltung, ergibt zusammen 9 Volt). Verbinde dann mit dem zweiten Kabel den freien Pluspol (erste Batterie) mit *einer* Schraube der Lampenfassung. Schließe an die *andere* Schraube der Fassung das dritte Kabel an. Das vierte Kabel wird mit dem freien Minuspol der zweiten Batterie verbunden. Tauche dann die beiden Kabelenden Nr. 3 und Nr. 4 (von der Lampenfassung und vom Minuspol der zweiten Batterie wegführend) mit geringem Abstand, aber ohne gegenseitige Berührung zuerst in die Zitronensäurelösung, dann in die Sodalösung.

Ergebnis: In beiden Fällen leuchtet das Glühlämpchen schwach auf.

2. Wiederhole den Versuch mit fester (nicht gelöster) Zitronensäure und mit festem (nicht gelöstem) Soda. Tauche die beiden Kabelenden mit geringem Abstand, aber ohne gegenseitige Berührung in die Pulver.

Ergebnis: Das Glühlämpchen leuchtet *nicht* auf.

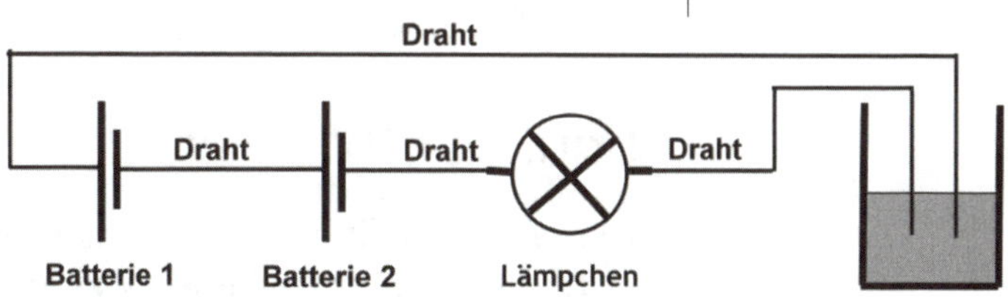

Abb. 6.6: Untersuchung der Leitfähigkeit von Zitronensäure- und Sodalösung

Wässrige Säurelösungen und Laugen leiten also den elektrischen Strom, *reine* Säuren (und Soda) dagegen nicht. Zu festem Soda will ich an dieser Stelle noch keine weiteren Aussagen machen; es diente uns lediglich zur Herstellung einer Lauge. Schlussfolgerung also für Säuren und Laugen:

> In *wässrigen Säurelösungen* und in *Laugen* sind bewegliche Ionen vorhanden.
>
> In *reinen* Säuren sind *keine* beweglichen Ionen vorhanden. Die beweglichen Ionen müssen deshalb durch Reaktion der Säure mit dem Wasser entstanden sein.

Ein wichtiges Ergebnis, auf das ich in diesem Kapitel (*Von Spendern und Empfängern*) zurückkommen werde!

Eine weitere Fähigkeit der Säuren: Bringt man sie mit unedlen Metallen zusammen, entsteht gasförmiger Wasserstoff und das Metall löst sich auf. Wenn es dir in der Schule gelingt, ein Stück Magnesiumband oder etwas Magnesiumpulver zu ergattern, kannst du diesen Versuch mit Essigsäure durchführen: Unter leichtem Aufschäumen entsteht Wasserstoff.

> Bei der Reaktion von Säuren mit unedlen Metallen entsteht Wasserstoff. Dieser Wasserstoff kann nur aus der Säure stammen.

Damit sind wir dem Geheimnis der Säuren schon ein Stück weit auf die Spur gekommen:

> Säuren sind Verbindungen, in denen H-Atome vorkommen und die in wässriger Lösung Ionen bilden.

Säure trifft Lauge

Von Laugen weißt du bis jetzt immerhin, dass sie bewegliche Ionen enthalten und Indikatoren färben. Was passiert eigentlich, wenn sie mit Säuren zusammentreffen? Bei der Auflösung von Brausepulver in Wasser

geschieht genau das! Lassen wir dieses Zusammentreffen unter Indikator-Aufsicht stattfinden:

Versuch 6f:

Bereite ungefähr gleich konzentrierte wässrige Lösungen von Zitronensäure und Soda (zwei Gläser jeweils zu einem Drittel mit Wasser füllen und je etwa zwei Löffel zugeben). Gebe in die Sodalösung Rotkohlindikator und füge dann unter Umrühren portionsweise (vorsichtig) die Zitronensäurelösung hinzu.

Beobachtung: Die Farbe des Indikators ändert sich von Blau nach Violett/Rot. Es entwickelt sich ein Gas.

Offenbar »vernichten« sich Säure und Lauge gegenseitig; die Farbänderung geht von der alkalischen Seite in Richtung »weder-noch« unserer Rotkohl-Skala. Das entstehende Gas ist wiederum Kohlenstoffdioxid – unser Soda ist chemisch eng mit Kalkstein verwandt. Der Chemiker bezeichnet es als Natriumcarbonat mit der Formel Na_2CO_3. Die Lauge entsteht erst durch Reaktion mit dem Wasser. *Ist* Natriumcarbonat eine Base – oder *enthält* es eine Base?

Halten wir uns mit allgemeinen Aussagen über Basen oder Laugen vorläufig noch zurück. Aus der Wirkung von Abfluss-Reinigern können wir immerhin schließen, dass Laugen organische Stoffe zersetzen. Unsere Haut wird deshalb auch angegriffen (»seifiges« Gefühl). Also besondere Vorsicht beim Umgang mit diesen Reinigern!

Von Spendern und Empfängern

Betrachten wir einige Strukturformeln:

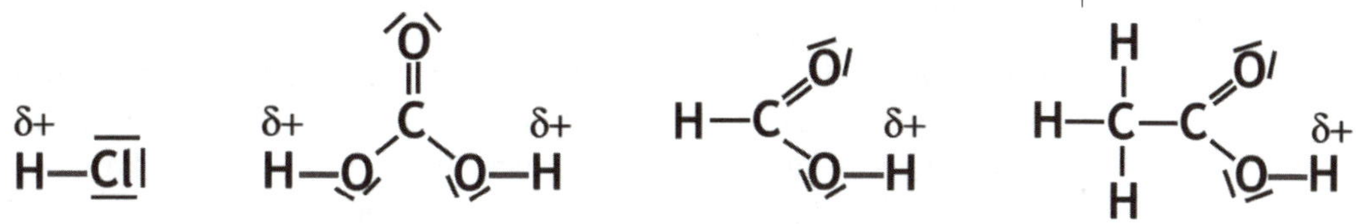

Chlorwasserstoff (ergibt Salzsäure) | **Kohlensäure** | **Ameisensäure (Methansäure)** | **Essigsäure (Ethansäure)**

Abb. 6.7: Formeln einiger Säuren

Ameisen- und Essigsäure sind für den Chemiker »Trivialnamen«, nur aus Gewohnheit oder Überlieferung gebraucht. In Klammern sind die chemisch korrekten Bezeichnungen der Verbindungen angegeben.

In allen Molekülen finden wir eine oder mehrere Bindungen des Wasserstoffs an sehr viel elektronegativere Atome. Diese Bindungen sind polar, die Bindungselektronen zum Partner-Atom verschoben. An den H-Atomen bestehen positive Teilladungen.

Das Besondere daran: Diese von den Bindungselektronen weitgehend entblößten H-Atome sind nur noch Protonen! Das einfachste (und weitaus häufigste) H-Isotop besteht ja nur aus einem Proton und einem Elektron. Das Elektron ist in ein Bindungselektronenpaar eingebracht worden – und dieses Paar wandert in Richtung Partner.

Erinnere dich an die Geschichte von den »Kontoinhaber-Gemeinschaften« in Kapitel 5: Die gemeinsamen Elektronenpaare sind ursprünglich auf Gleichberechtigung ausgelegt. Wenn sich ein Partner nun Sonderrechte anmaßt, fühlt sich der andere nicht mehr so recht wohl in der Beziehung (chemisch gesehen: sein Oktett ist nicht mehr vollkommen; er trägt eine Teilladung). Ein so winziges Teilchen wie ein Proton ist aber hochbeweglich und damit in der Lage, in dieser Situation ganz einfach den Partner zu wechseln!

In Säuren bestehen stark polare Bindungen des H-Atoms an elektronegative Atome, z.B. Sauerstoff oder Halogene. Positiv polarisierte H-Atome sind Protonen mit nur noch geringem Anteil an den gemeinsamen Elektronenpaaren. Diese Protonen können das Molekül verlassen, wenn ein geeigneter Partner zur Verfügung steht.

Basen bieten Asyl

Diese geeigneten Partner – man könnte sie auch »Nebenbuhler« nennen – müssen aber eine wichtige Voraussetzung erfüllen: Sie müssen ein bisher noch nicht als bindendes Paar verwendetes, also »freies« Elektronenpaar besitzen. Das Proton lässt ja bei der Flucht sein einziges Elektron zurück. Es kann nichts mehr zu einem Bindungspaar beisteuern. Das bindende Elektronenpaar muss damit komplett vom Partner gestellt werden! So ausgestattete und zur Aufnahme des Protons fähige Teilchen sind das

Gegenstück zu den Säuren – es sind die schon mehrfach genannten *Basen*.

Basen sind Moleküle oder Ionen, die über freie Elektronenpaare verfügen und die von den Säuren abgegebenen Protonen aufnehmen können.

Damit kann man Säuren und Basen kurz und treffend so charakterisieren:

Säuren sind Protonenspender.

Basen sind Protonenempfänger.

Den Protonenübergang von der Säure zur Base nennt man Protolyse.

Sehen wir uns einige Teilchen an, die als Base reagieren können:

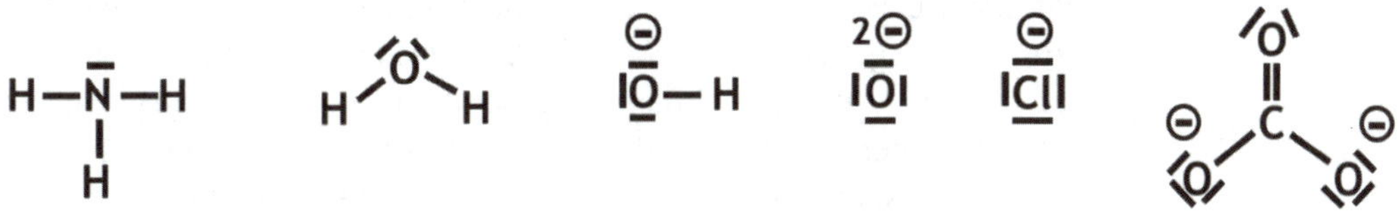

Abb. 6.8: Formeln einiger Basen

Die Stärke der Säuren und Basen

Nicht alle Säuren lassen ihre Protonen (H^+-Ionen) widerstandslos ziehen – und nicht alle Basen sind erfreut über das hinzukommende Proton. Immerhin bedeutet der Weg- oder Zugang eines positiv geladenen Teilchens eine Veränderung der Ladungsbilanz. Diese Veränderung kann erwünscht oder unerwünscht sein, also zu höherer oder niedrigerer Stabilität führen. Hier liegt die Ursache für die *Stärke* von Säuren und Basen:

Eine Säure ist um so stärker, je leichter sie ein Proton *abgeben* kann.

Eine Base ist um so stärker, je leichter sie ein Proton *aufnehmen* kann.

Chlorwasserstoff (HCl; ergibt Salzsäure) und Schwefelsäure (H_2SO_4) sind Beispiele besonders starker Säuren, die Ionen OH^- und O^{2-} Beispiele besonders starker Basen. Beachte, dass auch das Carbonat-Ion CO_3^{2-} bei den Basen verzeichnet ist. Es ist in Kalkstein und Soda enthalten und uns bereits als Reaktionspartner von Säuren begegnet. Damit haben wir die Frage beantwortet, ob Soda eine Base *ist* oder eine Base *enthält* – die eigentliche Base ist das Carbonat-Ion.

Die Reaktion zwischen Säuren und Basen kannst du dir schematisch so vorstellen:

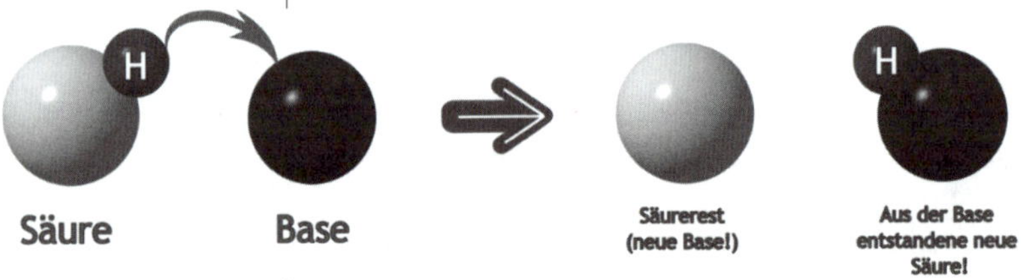

Abb. 6.9: Protonenübergang zwischen Säure und Base (Protolyse)

Interessanterweise finden wir auf der rechten Seite der Gleichung spiegelverkehrte Verhältnisse vor – die Base, die das Proton aufgenommen hat, könnte jetzt ohne weiteres als *Säure* reagieren und die Säure, die ihr Proton hergegeben hat, als *Base*! Es kann also in der Tat eine Rückreaktion stattfinden – man spricht dann insgesamt von einer *Gleichgewichtsreaktion* oder einer *Gleichgewichtseinstellung*. In Kapitel 4, Abschnitt *Die Jagd nach der Ausbeute*, war bereits von solchen Rückreaktionen die Rede.

Manche können alles

Betrachten wir einige konkrete Reaktionen:

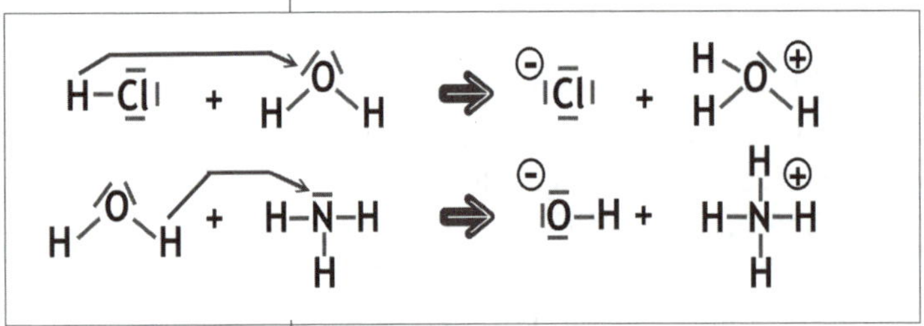

Abb. 6.10: Protolyse-Reaktionen

Tatsächlich – Wasser kann beides sein, Säure oder Base. Es kommt auf den *Partner* an!

Verbindungen, die sowohl als Säure als auch als Base reagieren können, nennt man *amphoter.* Wichtiges Beispiel ist Wasser:

Durch Protonenaufnahme wird das Ion H_3O^+ gebildet (Hydronium-Ion).

Durch Protonenabgabe wird das Ion OH^- gebildet (Hydroxid-Ion).

Im ersten Fall reagiert Wasser als *Base* mit zugesetzten Säuren. Im zweiten Fall reagiert es als *Säure* mit zugesetzten Basen; die entstehenden Lösungen nennt man Laugen. Die gebildeten Ionen erklären die gute elektrische Leitfähigkeit dieser Lösungen.

In wässrigen Säure-Lösungen sind bewegliche Hydronium-Ionen entstanden.

In Laugen sind bewegliche Hydroxid-Ionen entstanden.

Und was passiert, wenn man eine wässrige Säurelösung und eine Lauge zusammengibt (Versuch 6f)? Ganz einfach:

Die Hydronium-Ionen H_3O^+ reagieren als *Säure* mit den OH^--Ionen als *Base.*

$H_3O^+ + OH^- \rightarrow H_2O + H_2O$ (exotherme Reaktion, also Erwärmung!)

Dabei entsteht Wasser. Man nennt diese Reaktion *Neutralisation.*

Damit wäre die Indikator-Änderung in Versuch 6f erklärt!

Betrachten wir nochmals die Reaktion bei der Auflösung von Soda in Wasser (Versuch 6f):

$H_2O + CO_3^{2-} \rightarrow OH^- + HCO_3^-$

Aus dem Carbonat-Ion entsteht durch die Protonenaufnahme das Hydrogencarbonat-Ion HCO_3^-. Durch weitere Protonenaufnahme kann daraus die Verbindung H_2CO_3 entstehen – Kohlensäure. Diese Verbindung zerfällt sehr leicht und setzt dabei CO_2 frei.

$H_3O^+ + HCO_3^- \rightarrow H_2O + H_2CO_3$

$H_2CO_3 \rightarrow H_2O + CO_2$

Du kannst das mit Mineralwasser nachprüfen: Erhitze in einem Topf frisches Mineralwasser, dem etwas Indikator zugegeben wurde. Die Farbe des Indikators wird sich infolge der Zersetzung der Kohlensäure von Rot/Orange nach Grün ändern.

Die beiden Ionen H_3O^+ und OH^- sind die Grundlage der pH-Skala in wässrigen Lösungen. Damit werden wir uns jetzt befassen.

pH – das »Gewicht des Wasserstoffs«

Alle wässrigen Säurelösungen enthalten H_3O^+, alle Laugen enthalten OH^-. Diese Ionen sind aus der Reaktion der zugesetzten Säuren oder Basen mit Wasser hervorgegangen.

Je *mehr* Säure- oder Baseteilchen zugesetzt wurden und je *stärker* deren Säure- oder Basencharakter war, desto mehr Hydronium- oder Hydroxid-Ionen sind entstanden.

Wird Chlorwasserstoffgas (HCl) – eine starke Säure – in Wasser eingeleitet, erfolgt praktisch vollständig die Protolyse.

$HCl + H_2O \rightarrow Cl^- + H_3O^+$

In der entstandenen Salzsäure ist das Teilchen HCl fast gar nicht mehr vorhanden. Seine Funktion als Säure übernimmt jetzt das Hydronium-Ion. Bei der Auflösung von reiner Essigsäure (Eisessig) – eine schwächere Säure – wird dagegen ein kleinerer Teil der Säure-Moleküle mit Wasser reagieren. Bei gleicher zugesetzter Teilchenzahl HCl/Essigsäure entstehen also im letzten Fall viel weniger H_3O^+-Ionen. Die übrig gebliebenen Essigsäure-Moleküle haben aber einen sehr viel schwächeren Säurecharakter als die H_3O^+-Ionen, so dass die Säurewirkung der Lösung auch hier auf den Hydronium-Ionen beruht.

Betrachten wir andererseits das Ion O^{2-} – eine starke Base. Es ist in Oxiden enthalten, z.B. in CaO (Calciumoxid; gebrannter Kalk). Mit Wasser reagiert dieses Ion praktisch vollständig; danach liegen als Base nur noch OH^--Ionen vor:

$$O^{2-} + H_2O \rightarrow OH^- + OH^-$$

Die schwächere Base NH_3 (Ammoniak) reagiert in geringerem Umfang mit Wasser:

$$NH_3 + H_2O \rightarrow NH_4^+ + OH^-$$

Die entstandenen OH^--Teilchen haben einen ca. 50.000 Mal stärkeren Basencharakter als die verbleibenden NH_3-Teilchen. Der basische (alkalische) Charakter der Lösung beruht damit auch hier nur noch auf den Hydroxid-Ionen OH^-.

Die *eigentlichen* Säuren und Basen in wässrigen Säure- oder Basen-Lösungen sind die entstandenen Hydronium- und Hydroxid-Ionen.

Was liegt also näher, als diese beiden Ionen zur Messlatte für den Zustand wässriger Säure- oder Basen-Lösungen zu machen – unabhängig von der *Art* der gelösten Säuren oder Basen?

Hin und zurück gibt Gleichgewicht

Der amphotere Charakter des Wassers (siehe vorangegangenen Abschnitt *Manche können alles*) erweist sich bei der Konstruktion dieser »Messlatte« als sehr hilfreich. Da das H_2O-Molekül sowohl schwache Säuren- als auch schwache Baseneigenschaft hat, werden die Wasser-Moleküle auch *untereinander* reagieren. Es entstehen dabei *gleich viele* Hydronium- und Hydroxid-Ionen. Diese entstehenden H_3O^+- und OH^--Teilchen – eine starke Säure und eine starke Base! – werden sich allerdings beeilen, in einer Rückreaktion wieder Wasser zu bilden. Das geht so lange, bis sich aus Hin- und Rückreaktion ein *Gleichgewicht* einstellt:

$$H_2O + H_2O \leftrightarrow H_3O^+ + OH^-$$

Autoprotolyse (»Selbst«protolyse) des Wassers

Es entstehen gleich viele Hydronium- und Hydroxid-Ionen.

Da auf der rechten Seite der Gleichung die *stärkeren* Säure- und Basenteilchen stehen, läuft die *Rück*reaktion – wie gesagt - viel bereitwilliger ab als die Hinreaktion.

> Die aus der Autoprotolyse entstehenden Ionen H_3O^+ und OH^- liegen deshalb letztendlich nur in geringer Konzentration vor. Aber es gibt sie immerhin: Aus diesem Grund hat auch reinstes Wasser eine – wenn auch sehr geringe – elektrische Leitfähigkeit!

Wird reinem Wasser nun eine Säure oder Base zugegeben, entstehen durch die *zusätzlichen* Protolyse-Reaktionen natürlich sehr viele *zusätzliche* Hydronium- oder Hydroxid-Ionen.

> Diese zusätzlichen Ionen haben nach dem »Prinzip des kleinsten Zwangs« (Kapitel 4, *Die Jagd nach der Ausbeute*/Le Chatelier) Auswirkungen auf das Autoprotolyse-Gleichgewicht des Wassers. Das Prinzip besagt, dass äußere Zwänge auf ein Reaktionssystem aus Hin- und Rückreaktion durch entsprechendes Reaktionsverhalten ausgeglichen werden.

In unserem Fall heißt das: Die stark gestiegene Konzentration an Hydronium- oder Hydroxid-Ionen wird ausgeglichen durch verstärkte Rückreaktion zu Wasser. Aus den zugesetzten Säuren oder Basen sind aber – wie erwähnt – in der Regel sehr viel mehr neue Hydronium- oder Hydroxid-Ionen entstanden als aus der Autoprotolyse des Wassers selbst. Auch bei verstärkter Rückreaktion zu Wasser werden die neu entstandenen H_3O^+-Teilchen oder OH^--Teilchen deshalb immer noch in hoher Konzentration vorliegen, während sich die Konzentration der jeweiligen Partner-Teilchen OH^- bzw. H_3O^+ stark verringert.

Das *Produkt* aus beiden Konzentrationen bleibt aber interessanterweise konstant, solange man sich auf *verdünnte* Lösungen beschränkt! Das lässt sich aus dem so genannten Massenwirkungsgesetz herleiten, einer mathematischen Verfeinerung des Prinzips von Le Chatelier. Eine eingehendere Beschreibung dieses Gesetzes würde allerdings den Rahmen dieses Buches sprengen. Übernehmen wir deshalb nur das Ergebnis:

In reinem Wasser und in *verdünnten wässrigen Lösungen* von Säuren und Basen bleibt das Produkt aus H_3O^+- und OH^--Konzentration konstant.

In reinem Wasser sind die Konzentrationen gleich.

In verdünnten Säurelösungen steigt die H_3O^+-Konzentration und verringert sich entsprechend die OH^--Konzentration.

In verdünnten Basenlösungen (Laugen) steigt die OH^--Konzentration und verringert sich entsprechend die H_3O^+-Konzentration.

Eine Zahl genügt

Wir können also den sauren oder alkalischen Zustand einer wässrigen Lösung mit nur *einer* Kennzahl angeben – der Konzentration der H_3O^+-Ionen *oder* der Konzentration der OH^--Ionen. Aus historischen Gründen hat man sich für das Erstere entschieden – pH bedeutet so viel wie »das Gewicht des Wasserstoffs« (lat. *pondus hydrogenii*; manchmal auch *potentia hydrogenii*).

Der pH-Wert ist eine Maßzahl für die Konzentration der H_3O^+-Ionen in einer wässrigen Lösung. Die Konzentration der OH^--Ionen kann aus dem pH-Wert berechnet werden.

Die pH-Skala umfasst die Zahlen 0 bis 14. pH-Wert 0 bedeutet eine sehr hohe Konzentration an H_3O^+-Ionen und eine sehr geringe Konzentration an OH^--Ionen. Reines Wasser hat den pH-Wert 7. Hier ist die Konzentration der H_3O^+- und der OH^--Ionen gleich.

Bei *Erhöhung* des pH-Werts um *eine Zahl* verringert sich die Konzentration der H_3O^+-Ionen und erhöht sich die Konzentration der OH^--Ionen *jeweils um das Zehnfache.*

Eine Lösung mit pH-Wert 1 ist also eintausend Mal so sauer wie eine Lösung mit pH-Wert 4. Eine Lösung mit pH-Wert 14 ist hundertmal so alkalisch wie eine Lösung mit pH-Wert 12.

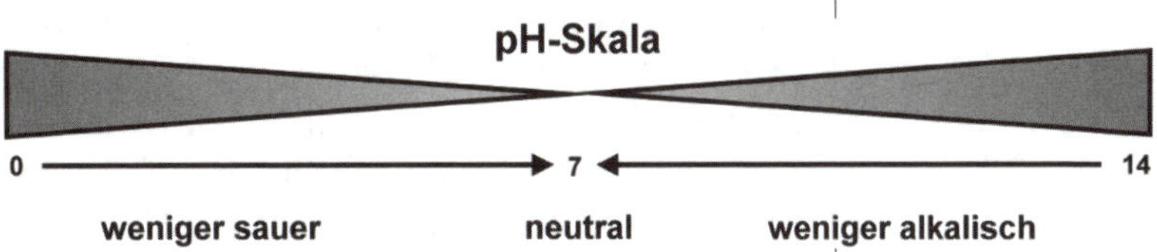

Abb. 6.11: pH-Skala

Zur Veranschaulichung: Eine Lösung von 36,5 Gramm HCl-Gas (Volumen 22,4 Liter) in einem Liter Wasser hat den pH-Wert 0. Eine Lösung von 3,65 Gramm HCl-Gas in nur 0,1 Liter Wasser hat ebenfalls den pH-Wert 0, weil die Konzentration dieselbe ist. Für noch konzentriertere HCl-Lösungen ist die pH-Skala nicht mehr anwendbar. Bei Verdünnung auf das Hundertfache ergibt sich der pH-Wert 2, auf das Zehntausendfache der pH-Wert 4.

Bei Auflösung von 4 Gramm Natriumhydroxid (NaOH, in Abflussreinigern enthalten) in 0,1 Liter Wasser ergibt sich der pH-Wert 14. Eine Lösung von 0,4 Gramm Natriumhydroxid in nur 0,01 Liter Wasser hat ebenfalls den pH-Wert 14, weil die Konzentration dieselbe ist. Für noch konzentriertere NaOH-Lösungen ist die pH-Skala nicht mehr anwendbar. Bei Verdünnung auf das Hundertfache ergibt sich der pH-Wert 12, auf das Zehntausendfache der pH-Wert 10.

Diese Beispiele zeigen noch einmal nachdrücklich, dass die pH-Skala keine lineare, sondern eine so genannte *logarithmische* Skala ist, in der sich die zugrunde liegenden Werte jeweils um den Faktor 10 unterscheiden. Ein Glas Cola mit dem pH-Wert 4 verträgst du (hoffentlich) noch ohne Gesundheitsschäden, obwohl dieser pH-Wert bereits drei Einheiten vom Neutralwert 7 entfernt ist. Ein Getränk mit pH-Wert 2 aber könnte bereits fatale Folgen haben – es ist hundertfach saurer als die Cola!

Schwefelsäure, Hydroxide und Salze

Schwefelsäure, Formel H_2SO_4, ist eine der ca. 300 »Unsterblichen«, wie sie unter Industriechemikern genannt werden – eines der 300 Grundprodukte, aus denen die chemische Industrie etwa 100.000 weitere Produkte herstellt (siehe Kapitel 1). Sie wird zur Produktion von Arzneimitteln genauso eingesetzt wie zur Herstellung von Chemiefasern oder Waschmitteln. Grund genug, stellvertretend für andere Säuren einen näheren Blick auf gerade diese Verbindung zu werfen.

Reine Schwefelsäure hat eine fast doppelt so hohe Dichte wie Wasser – eine ölige, schwere Flüssigkeit. Beim Verdünnen mit Wasser erwärmt sie sich stark – und das ist fatal. Sie siedet nämlich erst bei 338 °C, Wasser dagegen bekanntlich bereits bei 100 °C. Sie kann sich also beim Verdünnen ohne zu sieden auf weit über 100 °C aufheizen – weiter zugegebenes

Wasser wird dann sofort nahezu explosionsartig verdampfen und beim Herausspritzen die Säure mitreißen. Vermeiden lässt sich das nur durch Umkehrung des Vorgangs:

Die zu verdünnende Schwefelsäure wird langsam in Wasser gegeben, das dadurch die Wärme aufnehmen kann. Der Spruch »Erst das Wasser, dann die Säure, sonst geschieht das Ungeheure« ist unter Chemikern legendär.

Abb. 6.12: Erst das Wasser, dann die Säure!

Verkohlt durch Schwefelsäure

Konzentrierte Schwefelsäure reagiert so stark mit Wasser, dass sogar H- und O-Atome im Verhältnis 2:1 aus chemischen Verbindungen herausgerissen werden, um daraus Wasser bilden zu können. Holz, Papier oder Zucker »verkohlen« deshalb unter der Wirkung der Schwefelsäure. Von Traubenzucker bleibt bei vollständiger Reaktion nur Kohlenstoff übrig, während sich das entstandene Wasser in Schwefelsäure auflöst:

$C_6H_{12}O_6 \rightarrow 6\,C + 6\,H_2O$ (unter Einwirkung von konzentrierter Schwefelsäure)

Hergestellt wird Schwefelsäure aus einem Oxid des Schwefels, SO_3, und Wasser. Dabei wird Vanadiumoxid als Katalysator eingesetzt (Kontaktverfahren). In Kapitel 3, Abschnitt *Die Clans der Elemente*, hast du die Reaktion der Oxide mit Wasser bereits als Unterscheidungsmerkmal zwischen Metallen und Nichtmetallen kennen gelernt: Aus Nichtmetalloxiden entstehen Säuen, aus Metalloxiden Laugen.

Salze aus Metall und Säure

Mit unedlen Metallen entwickelt Schwefelsäure unter Auflösung des Metalls Wasserstoff – aber nur, wenn sie in Wasser gelöst ist. Sie zeigt damit das gleiche Verhalten wie auch die übrigen Säuren:

> Die Wasserstoffentwicklung der Säuren mit Metallen hängt offenbar von der Existenz der H_3O^+-Ionen ab, aber nicht im Sinne einer Protolyse-Reaktion!

Protolyse bedeutet ja *Ortsveränderung* von H^+-Ionen. Hier aber geht es um die *Entladung* von H^+-Teilchen zu elementarem Wasserstoff – dazu müssen andere Vorgänge ablaufen. In Kapitel 7 werden wir sie näher betrachten.

Sehen wir uns zwei Reaktionsgleichungen an:

$Mg + H_2SO_4 \rightarrow MgSO_4 + H_2$ (es entsteht Magnesiumsulfat)

$2\ Na + H_2SO_4 \rightarrow Na_2SO_4 + H_2$ (es entsteht Natriumsulfat)

Neben Wasserstoff entsteht also jeweils eine weitere Verbindung, in der die H-Atome der Säure formal durch Metall-Atome ersetzt sind. Da der verbleibende Rest der Säure – man nennt ihn wirklich *Säurerest* – aus Nichtmetall-Atomen besteht, liegt eine Ionenbindung vor. Die Metall-Atome sind an ihr in Form positiver Ionen beteiligt. Der Chemiker nennt solche ionischen Metall-Nichtmetall-Verbindungen *Salze*; diese Stoffklasse ist dir bereits aus Kapitel 5 (Ionenbindung) bekannt.

> Unedles Metall + wässrige Säurelösung → Salz + Wasserstoff

Wofür wird H_2O gebraucht?

Während du in Kapitel 5 nur einfachere Salze aus zwei verschiedenen Atomarten kennen gelernt hast (NaCl, Na_2O, $AlCl_3$ usw.), eröffnet sich hier die Möglichkeit zur Herstellung auch komplizierterer Salze. Aber auch Natriumchlorid kann auf diese Weise entstehen – nicht nur durch die Reaktion der Elemente Natrium und Chlor, wie in Kapitel 5 beschrieben:

$2\ Na + 2\ HCl \rightarrow 2\ NaCl + H_2$

Du erinnerst dich sicher (Kapitel 4, *Formeln, nichts als Formeln*): Die Verdoppelung von Na und HCl ist notwendig, weil sie zwar im Verhältnis 1:1 reagieren, aber als Produkt keine einzelnen H-Atome entstehen, sondern H_2-Moleküle.

Bei den genannten Reaktionsgleichungen fällt auf, dass Wasser in ihnen nicht vorkommt, obwohl die Reaktionen in *Abwesenheit* von Wasser gar nicht ablaufen können. Eine ähnliche Situation liegt beim Einsatz von Katalysatoren vor: Sie tauchen in den Gleichungen nicht auf, aber ohne sie läuft nichts. In Kapitel 4 haben wir bereits festgehalten, dass sie einen anderen Reaktionsverlauf bewirken, aber aus der Reaktion unverändert hervorgehen. Sollte Wasser bei den hier betrachteten Reaktionen eine ähnliche Rolle spielen? Wir werden dieser Frage in Kapitel 7 nachgehen.

Metallhydroxide bringen OH^- mit

Natriumhydroxid – ein Bestandteil von Abflussreinigern – ist neben gelöschtem Kalk ($Ca(OH)_2$) der bekannteste Vertreter der *Metallhydroxide*. Sie bestehen aus positiven Metall- und negativen Hydroxid-Ionen. Diese Verbindungen bringen ihre OH^--Ionen also bereits mit; sie müssen nicht erst durch Protolyse mit Wasser entstehen. Beweglich werden die Ionen aber erst in der Schmelze oder eben in Lösung.

Die Reaktion zwischen Metallhydroxiden und Säuren eröffnet eine dritte Möglichkeit der Salzherstellung. Dazu ist kein Wasser als Lösungsmittel erforderlich, weil zwischen Säure-Molekülen und Hydroxid-Ionen unmittelbar eine Protolyse-Reaktion stattfinden kann.

Metallhydroxid + Säure → Salz und Wasser

Beispiel mit Summenformeln:

$$NaOH + HCl \rightarrow NaCl + H_2O$$

In Form der reagierenden und entstehenden Teilchen:

$$Na^+ + OH^- + HCl \rightarrow Na^+ + Cl^- + H_2O$$

Die eigentliche Reaktion bei dieser Salzbildung ist also eine Protolyse: Ein Proton wechselt von HCl zu OH^-. Die verbleibenden Teilchen Na^+ und Cl^- schließen sich erst im festen Zustand in Form eines Ionengitters zusammen. Findet die Reaktion in Lösung oder in der Schmelze statt, bleiben sie zunächst unabhängig voneinander.

Die Formeln der Salze

Zum Abschluss dieses Kapitels bist du in der Lage, den Begriff *Salz* umfassender als bisher zu definieren:

> Salze sind Verbindungen aus positiven Metall- und negativen Säurerest-Ionen.

Formal können die Formeln der Salze durch Ersatz der Säure-H-Atome durch positive Metall-Ionen entwickelt werden. Jedes abgegebene Proton lässt ein überschüssiges Elektron beim Säurerest zurück; diese negative Ladung wird durch eine positive Ladung (des Metall-Ions) ausgeglichen. Ionen der ersten Hauptgruppe (einfach positiv geladen) können also *ein* H-Atom ersetzen, Ionen der zweiten Hauptgruppe (doppelt positiv geladen) *zwei* H-Atome, Ionen der dritten Hauptgruppe (dreifach positiv geladen) *drei* H-Atome und so weiter. Zum Ladungsausgleich zwischen Metall- und Säurerest-Ionen muss das kleinste gemeinsame Vielfache ermittelt werden. Beispiele:

- Natriumsalz der Phosphorsäure H_3PO_4: Es sind drei H-Atome zu ersetzen. Dazu sind drei Na-Ionen erforderlich. Formel des Salzes Na_3PO_4.
- Magnesiumsalz der Phosphorsäure: ein Mg-Ion kann zwei H-Atome ersetzen, drei sind insgesamt zu ersetzen. Kleinstes gemeinsames Vielfaches von 2 und 3 ist 6. Man benötigt also drei Mg-Ionen (3 * 2 = 6) und zweimal den Säurerest der Phosphorsäure (2 * 3 = 6). Formel des Salzes $Mg_3(PO_4)_2$.
- Calciumsalz der Salzsäure HCl: ein Ca-Ion kann zwei H-Atome ersetzen. Dazu wird der Säurerest Cl^- zweimal benötigt (2 * 1 = 2). Formel des Salzes $CaCl_2$.

Zusammenfassung

In diesem Kapitel hast du gelernt

- dass Säuren und Basen eigenständige Verbindungen sind und sogar einzelne Ionen als Säure oder Base reagieren können
- dass man unter Laugen wässrige Lösungen von Basen versteht und dass wässrige Säurelösungen und Laugen bewegliche Ionen enthalten

- dass Indikatoren durch Farbänderungen saure und alkalische Lösungen nachweisen können und der pH-Wert den sauren oder alkalischen Zustand einer wässrigen Lösung angibt
- dass der pH-Wert ein Maß für die Konzentration an H_3O^+-Ionen ist und sich daraus auch die Konzentration der OH^--Ionen ergibt
- dass Säuren Kalkstein auflösen und mit Metallen Wasserstoff bilden
- dass die Säureeigenschaft auf der polaren Bindung des H-Atoms an ein elektronegativeres Atom beruht, die Baseneigenschaft auf freien Elektronenpaaren
- dass Säuren als Protonenspender, Basen als Protonenempfänger reagieren und Wasser sowohl als Säure wie auch als Base reagieren kann, also *amphoter* ist
- dass man unter Neutralisation die Protolyse zwischen H_3O^+- und OH^--Ionen versteht
- dass konzentrierte Schwefelsäure stark wasseranziehend ist und Metallhydroxide ihre OH^--Ionen bereits mitbringen
- dass Salze (unter anderem) entstehen können
  - durch Reaktion von Metallen mit Säuren
  - durch Reaktion von Metallhydroxiden mit Säuren
  - durch direkte Reaktion von Metall und Nichtmetall
- dass die Formeln der Salze durch Ladungsausgleich zwischen Metall- und Säurerest-Ion ermittelt werden

Aufgaben

1. Nenne zwei Gründe, von Geschmacksproben bei unbekannten Säuren und Laugen abzusehen.
2. Nenne zwei Unterschiede zwischen Basen und Laugen.
3. Nenne drei im Haushalt verfügbare Indikatoren.
4. Nenne vier charakteristische Eigenschaften von Säuren.
5. Formuliere die Protolysereaktion.

   zwischen Kohlensäure und Ammoniak

   zwischen Salzsäure und Carbonat-Ion

6. Auch reinstes Wasser besitzt eine – wenn auch sehr geringe – elektrische Leitfähigkeit, obwohl die Wasser-Moleküle nicht geladen sind. Woher rührt diese Leitfähigkeit?

7. Nenne in den folgenden Fällen den pH-Wert, der sich ergibt:

   a. Eine Lösung mit dem pH-Wert 3 wird auf das Tausendfache verdünnt.

   b. Eine Lösung mit dem pH-Wert 9 wird auf das Zehnfache verdünnt.

   c. Eine Lösung mit dem pH-Wert 11 wird auf den zehnten Teil eingedampft. Dabei verdampft ausschließlich das Lösungsmittel Wasser.

8. a. Gramm Natriumhydroxid in einem Liter Wasser aufgelöst ergibt den pH-Wert 13. Welchen pH-Wert ergibt die Auflösung von 0,4 Gramm Natriumhydroxid in 10 Milliliter Wasser (0,01 Liter)?

   b. 3,65 Gramm HCl in 100 Milliliter Wasser (0,1 Liter) aufgelöst ergibt den pH-Wert 0. Welchen pH-Wert ergibt die Auflösung von 0,365 Gramm HCl in zehn Liter Wasser?

   c. 6,3 Gramm reine Salpetersäure (HNO_3) in einem Liter Wasser aufgelöst ergibt den pH-Wert 1. Welchen pH-Wert ergibt die Auflösung dieser 6,3 g HNO_3 in 10 Milliliter Wasser?

9. Nenne drei Möglichkeiten der Herstellung von Salzen.

10. Formuliere die Summenformeln der Salze in den folgenden Fällen:

    a. Calciumsalz der Salpetersäure (HNO_3)

    b. Kaliumsalz der Kohlensäure

    c. Magnesiumsalz der Schwefelsäure

7 Elektrizität und Chemie

In Kapitel 3 hast du aus Wasser mit Hilfe des elektrischen Stroms Wasserstoff gewonnen. In Kapitel 5 haben wir die elektrische Leitfähigkeit der Metalle untersucht und sie auf die Verschiebung von Elektronen zurückgeführt. In Kapitel 6 schließlich konntest du bei Säuren und Laugen elektrische Leitfähigkeit feststellen. Wir haben das mit der Existenz der beweglichen Ionen H_3O^+ und OH^- erklärt. Elektrizität spielt offenbar in der Chemie eine große Rolle! Auch in all den Batterien und Akkus in deiner täglichen Umgebung laufen chemische Reaktionen ab – die einen erzeugen elektrischen Strom, die anderen verbrauchen ihn. Zeit also, uns mit der Rolle von Elektronen und Ladungen bei chemischen Reaktionen zu beschäftigen.

In diesem Kapitel erfährst du

- was der Chemiker unter Reduktion und Oxidation versteht
- wie man die Metalle nach ihrem edlen Charakter anordnen kann und was das bedeutet
- wie galvanische Elemente entstehen
- wie sich der Akku(mulator) von der Batterie unterscheidet
- warum Brennstoffzellen eine große Zukunft haben
- was bei der Elektrolyse passiert

Oxidation mit Oxygenium

Reaktionen mit Sauerstoff hast du bereits kennen gelernt. Erinnere dich an Kapitel 5 (Ionenbindung) – Natrium reagiert mit Sauerstoff. Dort war zum Verständnis der Ionenbindung die Reaktion mit einem *einzelnen Sauerstoff-Atom* unter Angabe des Elektronenübergangs formuliert:

$$2\,Na \xrightarrow{2e} + \,O \longrightarrow 2\,Na^{\oplus} + O^{2\ominus}$$

Abb. 7.1: Reaktion von Natrium mit Sauerstoff

Reaktionen mit Sauerstoff werden bereits seit dem 18. Jahrhundert als *Oxidationen* bezeichnet. Unter Angabe des Sauerstoff-Moleküls als Ausgangsteilchen sieht die Reaktionsgleichung übrigens so aus:

$4\,Na + O_2 \rightarrow 2\,Na_2O$

Historische Definitionen:

Nach dem französischen Chemiker Lavoisier (1743–1794), der die Rolle des Sauerstoffs bei der Verbrennung erforschte, wird die Vereinigung eines Elements mit Sauerstoff Oxidation genannt. Dabei entstehen Oxide.

Der Entzug von Sauerstoff aus einem Oxid wird Reduktion genannt.

Die Reduktion ist die Umkehrung der Oxidation.

Beschränken wir uns zunächst auf diese historischen Definitionen. Oxidationen liegen danach auch dann vor, wenn keine Ionenbindung entsteht, also bei der Verbrennung von Nichtmetallen. Entsprechendes gilt für Reduktionen.

Die erstaunliche Magnesiumflamme

Brennendes Magnesium erzeugt ein blendend weißes Licht, in das man zur Vermeidung von Augenschäden lieber nicht direkt blicken sollte. Nach der Gleichung $2\,Mg + O_2 \rightarrow 2\,MgO$ handelt es sich um eine Oxidation des Magnesiums. Das Erstaunliche daran: Eine entzündete Magnesiumfackel brennt sogar unter Wasser weiter! Magnesium holt sich den notwendigen Sauerstoff aus den Molekülen des Wassers:

Abb. 7.2: Magnesiumverbrennung unter Wasser

Reduktion und Oxidation im Hochofen

Bei der Eisenerzeugung aus Oxiden (Erzen) laufen im Hochofen unter anderem folgende Reaktionen ab:

a) Aus Kohlenstoff und Kohlenstoffdioxid entsteht Kohlenstoffmonoxid:

$C + CO_2 \rightarrow 2\ CO$

Kohlenstoff wird oxidiert, Kohlenstoffdioxid wird reduziert. Oxidation und Reduktion sind also miteinander verknüpft; ein Stoff, der anderen Verbindungen den Sauerstoff raubt (diese reduziert), wird dabei selbst oxidiert!

Kohlenstoffmonoxid wird gebraucht, um Eisenoxid das Sauerstoff-Atom zu entreißen. Mit Kohlenstoffdioxid ginge das nicht, weil es kein zusätzliches O-Atom aufnehmen könnte.

b) $FeO + CO \rightarrow Fe + CO_2$

FeO wird reduziert, CO wird oxidiert. Auch hier wieder die Verknüpfung von Oxidation und Reduktion!

> Ein Stoff, der anderen Stoffen den Sauerstoff entzieht und sie damit reduziert, wird Reduktionsmittel genannt. Das Reduktionsmittel selbst wird bei diesem Vorgang oxidiert.
>
> Ein Stoff, der an andere Stoffe Sauerstoff abgibt und sie damit oxidiert, wird Oxidationsmittel genannt. Das Oxidationsmittel selbst wird bei diesem Vorgang reduziert.

In unserem Beispiel a) war C das Reduktionsmittel – und wurde selbst zu CO oxidiert. CO_2 fungierte als Oxidationsmittel – und wurde selbst zu CO reduziert. In Beispiel b) war CO das Reduktionsmittel – und wurde selbst zu CO_2 oxidiert. FeO war das Oxidationsmittel – und wurde selbst zu Fe reduziert.

Mache dir das am Schaubild klar:

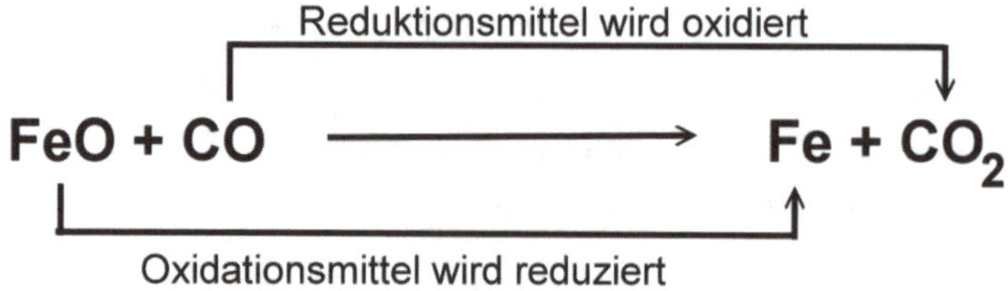

Abb. 7.3: Oxidations- und Reduktionsmittel und ihre Veränderung

Ein Reduktionsmittel wird nicht immer benötigt – instabile Oxide zerfallen bereits beim Erhitzen. Das gilt beispielsweise für Quecksilberoxid HgO:

$2\ HgO \rightarrow 2\ Hg + O_2$

Und was ist, wenn die Stoffe direkt mit Sauerstoff reagieren? Ist dann Sauerstoff das Oxidationsmittel? Und außerdem, was hat das Ganze mit Elektrizität zu tun? Berechtigte Fragen – klären wir den Sachverhalt!

Oxidation auch ohne Oxygenium?

Zur Klärung der Rolle des Sauerstoffs müssen wir uns die Reaktionen auf der Ebene der beteiligten Atome ansehen.

Tabelle 7.1: Elektronenabgabe und -aufnahme bei Reaktionen mit Sauerstoff

Reaktion	Elektronenveränderung der Metall-Atome	Elektronenveränderung der Sauerstoff-Atome
$4\ Na + O_2 \rightarrow 2\ Na_2O$	Die Na-Atome geben je ein Elektron ab	Die Sauerstoff-Atome nehmen je zwei Elektronen auf
$2\ Mg + O_2 \rightarrow 2\ MgO$	Die Mg-Atome geben je zwei Elektronen ab	Die Sauerstoff-Atome nehmen je zwei Elektronen auf
$2\ Ag_2O \rightarrow 4\ Ag + O_2$	Die Ag^+-Ionen erhalten je ein Elektron	Die Sauerstoff-Ionen geben je zwei Elektronen ab
$2\ HgO \rightarrow 2\ Hg + O_2$	Die Hg^{2+}-Ionen erhalten je zwei Elektronen	Die Sauerstoff-Ionen geben je zwei Elektronen ab

Sauerstoffaufnahme = Oxidation bedeutet für die Metall-Atome also Elektronenabgabe und Bildung eines Metall-Ions. Und umgekehrt: Sauerstoffabgabe = Reduktion bedeutet für die Metall-Ionen Elektronenauf-

nahme und Bildung eines Metall-Atoms. Empfänger und Spender der Elektronen sind in beiden Fällen die Sauerstoff-Atome bzw. Sauerstoff-Ionen.

Dieser Zusammenhang besteht allerdings auch bei anderen Reaktionen, beispielsweise mit Beteiligung von Halogen-Atomen:

Reaktion	Elektronenveränderung am Partner-Atom I	Elektronenveränderung am Partner-Atom II
$Cu + Cl_2 \rightarrow Cu^{2+} + 2\,Cl^-$	Cu: Elektronenabgabe	Cl: Elektronenaufnahme
$2\,Br^- + Cl_2 \rightarrow 2\,Cl^- + Br_2$	Br^-: Elektronenabgabe	Cl: Elektronenaufnahme
$2\,Al + 3\,Br_2 \rightarrow 2\,Al^{3+} + 6\,Br^-$	Al: Elektronenabgabe	Br: Elektronenaufnahme
$2\,I^- + Br_2 \rightarrow 2\,Br^- + I_2$	I^-: Elektronenabgabe	Br: Elektronenaufnahme

Tabelle 7.2: Elektronenaufnahme und -abgabe bei Reaktionen mit Halogen-Beteiligung

Seit Aufklärung des Atombaus bezieht man sich in der Chemie bei der systematischen Einordnung von Reaktionen vorrangig auf die zugrunde liegenden atomaren Vorgänge, weniger auf die beteiligten Atom-Arten. Das gilt auch für Oxidationen und Reduktionen: Die aktuellen Definitionen haben sich von Sauerstoff als zwingendem Reaktionspartner gelöst und gelten nun ganz allgemein für Reaktionen mit Elektronenübergängen.

Elektronenabgabe = Oxidation

Elektronenaufnahme = Reduktion

Beide Vorgänge können nur *gemeinsam in einer Redox-Reaktion* ablaufen:

*Red*uktion + *Ox*idation = *Redox*-Reaktion

Mit diesem Bezug auf Elektronenwanderungen wird der Zusammenhang mit Elektrizität schon etwas deutlicher! Und auch die Rolle des Sauerstoffs in den genannten Reaktionen können wir jetzt einordnen:

Wenn Sauerstoff-Atome Elektronen aufnehmen, werden sie reduziert. Der Reaktionspartner (der Elektronen abgibt) wird oxidiert.

Wenn Sauerstoff-Ionen Elektronen abgeben, werden sie oxidiert. Der Reaktionspartner (der Elektronen aufnimmt) wird reduziert.

Das können wir auch allgemeingültig formulieren:

Oxidationsmittel sind Stoffe, die andere Stoffe oxidieren können. Das Oxidationsmittel nimmt von anderen Stoffen Elektronen auf und wird dadurch selbst reduziert.

Reduktionsmittel sind Stoffe, die andere Stoffe reduzieren können. Das Reduktionsmittel gibt Elektronen an andere Stoffe ab und wird dadurch selbst oxidiert.

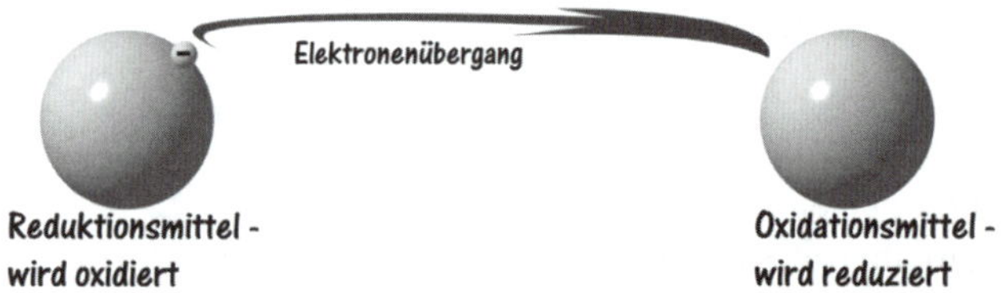

Abb. 7.4: Reduktions- und Oxidationsmittel

Oxidationsmittel in Tabelle 7.2 waren Cl_2 und Br_2 – sie wurden zu Cl^- und Br^- reduziert. Reduktionsmittel waren (von oben nach unten) Cu, Br^-, Al und I^- – sie wurden zu Cu^{2+}, Br (in Form von Br_2-Molekülen), Al^{3+} und I (in Form von I_2-Molekülen) oxidiert.

Zur besseren Übersichtlichkeit können Redox-Reaktionen auch getrennt für die Teilvorgänge Elektronenaufnahme und Elektronenabgabe formuliert werden. Man muss sich aber bewusst sein, dass diese Vorgänge tatsächlich *parallel* ablaufen. Zwei Beispiele:

Tabelle 7.3: Teilvorgänge der Oxidation und Reduktion

Vorgang	Reaktion I	Reaktion II
Oxidation	$Cu \rightarrow Cu^{2+} + 2\,e^-$	$2\,I^- \rightarrow I_2 + 2\,e^-$
Reduktion	$Cl_2 + 2\,e^- \rightarrow 2\,Cl^-$	$Br_2 + 2\,e^- \rightarrow 2\,Br^-$
Gesamtreaktion	$Cu + Cl_2 \rightarrow Cu^{2+} + Cl_2$	$2I^- + Br_2 \rightarrow 2\,Br^- + I_2$

Die Reduktion des Broms zu Br^- (in der Reaktion mit Aluminium) kann also durch eine Oxidation zu Br_2 (in der Reaktion mit Chlor) wieder rückgängig gemacht werden. Das gelingt aber nur mit Partnern, die – wie Cl_2 – stärkere Oxidationskraft als Brom selbst besitzen, also noch größeren Elektronenhunger haben. Mit der Reduktions- oder Oxidationskraft verhält es sich damit so ähnlich wie mit der Säuren- und Basenstärke in Kapitel 6. Wir werden das im nächsten Abschnitt in Zusammenhang mit der Oxidations- und Reduktionswirkung von Metallen und Metall-Ionen näher betrachten.

Und wie ist das bei Molekülen?

Bei Redox-Vorgängen mit neutralen Molekülen sind allerdings zunächst keine Elektronenübergänge erkennbar. Die Moleküle sind als Ganzes sowohl vorher als auch nachher ungeladen. Wie ist das also mit Oxidation/Reduktion bei den Reaktionen $C + CO_2 \rightarrow 2\,CO$ und $FeO + CO \rightarrow Fe + CO_2$?

Im ersten Fall haben wir formuliert: C wird oxidiert, CO_2 wird reduziert. Hat denn das C-Atom bei der Umwandlung in CO Elektronen abgegeben, hat CO_2 bei dieser Umwandlung Elektronen aufgenommen? Erinnere dich: In Kapitel 5 (Abschnitt *Reich mir die Hand fürs Leben*) hast du den Begriff der *Elektronegativität* kennen gelernt, als Anziehungskraft auf Bindungselektronenpaare. Sauerstoff hat die zweithöchste Elektronegativität – weitaus höher als Kohlenstoff.

Bei unterschiedlicher Elektronegativität der verbundenen Atome sind die Bindungselektronenpaare mehr oder weniger zum *elektronegativeren* Atom hin verschoben. Am Atom mit der geringeren Elektronegativität herrscht damit ein gewisser Elektronenmangel (positive Teilladung), am Atom mit der höheren Elektronegativität ein gewisser Elektronenüberschuss (negative Teilladung).

Die schwächer elektronegativen Atome *verlieren* damit *zum Teil* die Kontrolle über die Elektronen, die sie zu den Bindungselektronenpaaren beigesteuert haben.

Entsprechend *gewinnen* die stärker elektronegativen Atome damit *zum Teil* die Kontrolle über zusätzliche Elektronen.

Element	Elektronegativität	Element	Elektronegativität
Fluor	4,0	Kohlenstoff	2,5
Sauerstoff	3,5	Stickstoff	3,0
Chlor	3,0	Wasserstoff	2,1

Tabelle 7.4: Elektronegativitätswerte von Nichtmetallen

Wenn sich also Sauerstoff mit Kohlenstoff verbindet, dann verliert das C-Atom tatsächlich zum Teil die *Kontrolle* über seine Elektronen. Das ist zwar keine *vollständige*, aber immerhin eine *teilweise* Elektronenabgabe. Andererseits gewinnt im CO_2-Molekül das C-Atom durch den Weggang eines O-Atoms die Kontrolle über einen Teil seiner Elektronen *zurück*.

Wir können also festhalten:

In der Reaktion C + CO_2 → 2 CO wird das Ausgangs-C-Atom oxidiert, weil es wegen der höheren Elektronegativität des hinzukommenden O-Atoms Kontrolle über Elektronen verliert.

Das in CO_2 enthaltene C-Atom wird dagegen reduziert, weil es durch den Abgang eines O-Atoms Kontrolle über Elektronen zurückgewinnt.

In der Reaktion FeO + CO → Fe + CO_2 wird das in CO enthaltene C-Atom oxidiert, weil es durch das hinzukommende O-Atom weitere Kontrolle über Elektronen verliert. Das Fe^{2+}-Ion wird durch die aufgenommenen Elektronen zu Fe reduziert.

Profi-Chemiker haben sich zur Erkennung der Elektronenübergänge bei Redox-Reaktionen mit Molekülen das System der *Oxidationszahlen* ausgedacht. Dabei werden die Moleküle fiktiv in Ionen zerlegt, wobei die Bindungselektronen dem jeweils elektronegativeren Bindungspartner zugeschlagen werden. Damit können tatsächlich in beliebigen Reaktionen Elektronenübergänge erkannt werden.

Regel für Elektronenpaare

Eine detaillierte Beschreibung dieses Systems der Oxidationszahlen würde zwar den Rahmen dieses Buches sprengen. Deshalb werde ich mich bei der weiteren Erörterung von Redox-Prozessen in diesem Kapitel (vorerst) auf ionische Vorgänge beschränken. Dennoch solltest du dir eine Regel aus diesem System merken – sie wird in der organischen Chemie, der Chemie der Kohlenstoffverbindungen, von *besonderer* Bedeutung sein, aber nicht nur dort:

Bei der Bildung gemeinsamer Elektronenpaare aus ungeladenen Atomen wird

- das Atom mit der niedrigeren Elektronegativität oxidiert
- das Atom mit der höheren Elektronegativität reduziert.
- Speziell bei Kohlenstoffverbindungen gilt:
- Durch die Bildung gemeinsamer Elektronenpaare mit Sauerstoff oder Stickstoff wird das C-Atom oxidiert.
- Durch die Bildung gemeinsamer Elektronenpaare mit Wasserstoff wird das C-Atom reduziert.

Metall-Ranking: die Spannungsreihe

Sehr reines Eisen kann nicht im Hochofen gewonnen werden – das Produkt enthält relativ hohe Kohlenstoffanteile. Im Hochofen-Verfahren wird mit Koks gearbeitet, dadurch vermischt sich das entstehende flüssige Eisen mit Kohlenstoff (»Roheisen«). Man muss deshalb andere Reduktionsmittel verwenden. Beim so genannten Thermit-Verfahren wird dem Eisenoxid mit Hilfe von Aluminium der Sauerstoff entzogen:

$Fe_2O_3 + 2\,Al \rightarrow 2\,Fe + Al_2O_3$ (sehr heftige, exotherme Reaktion!)

Zur Erinnerung:

Exotherme Reaktion = Reaktion unter Wärmeabgabe

Endotherme Reaktion = Reaktion unter Wärmeverbrauch

Aluminium ist das Reduktionsmittel und wird oxidiert, die Eisen-Ionen werden reduziert. In den Teilreaktionen ist das erkennbar:

Oxidation: $2\,Al \rightarrow 2\,Al^{3+} + 6\,e^-$

Reduktion: $2\,Fe^{3+} + 6\,e^- \rightarrow 2\,Fe$

Die Sauerstoff-Ionen verändern ihren Zustand bei dieser Reaktion nicht. Wie du an dieser Gleichung übrigens erkennst, kann Eisen auch *dreifach* positiv geladene Ionen bilden; die Ladungsstufe 3+ ist sogar etwas stabiler als die Ladungsstufe 2+ (die du oben in der Verbindung FeO kennen gelernt hast).

Würde man (anstelle von Aluminium) Blei oder Kupfer verwenden, könnte allerdings kein Eisen entstehen. Die Atome dieser Metalle hängen stärker an ihren Elektronen als die Eisen-Atome – sie sind *edler.*

Sie denken also gar nicht daran, »den Eisen-Ionen zuliebe« selbst in den Ionenzustand überzugehen! Man kann auch sagen: Sie haben eine geringere Reduktionskraft.

Umgekehrt sind Kupfer-Ionen durchaus in der Lage, Eisen-*Atomen* Elektronen zu rauben (sie also zu Eisen-Ionen zu oxidieren), um selbst wieder zu ungeladenen Atomen zu werden. Wie erwähnt – Kupfer- oder auch Blei-Atome hängen stärker an ihren Elektronen als die Eisen-Atome!

Viele derartige Versuche führen zu einer Reihenfolge der Metalle, die als Spannungsreihe bezeichnet wird.

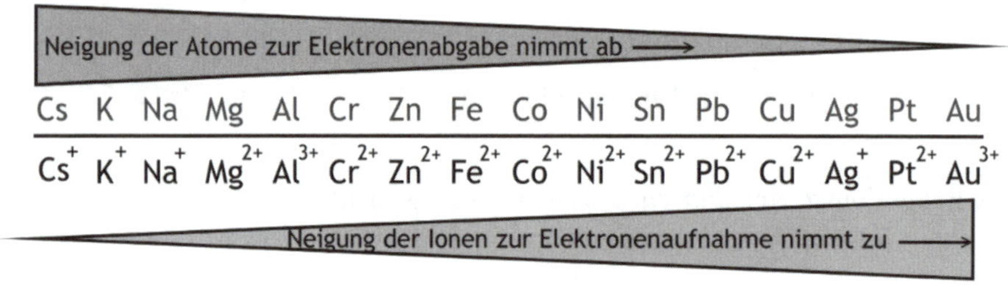

Abb. 7.5: Spannungsreihe der Metalle

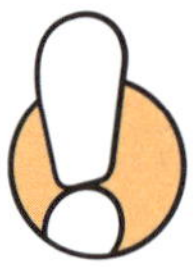

In der Spannungsreihe sind die Metalle nach abnehmender Reduktionskraft ihrer Atome und zunehmender Oxidationskraft ihrer Ionen angeordnet.

Die Alchimisten des Mittelalters, ständig auf der Suche nach dem Stein der Weisen, glaubten den Beweis für Metallumwandlungen gefunden zu haben: Eiserne Gegenstände, in eine Kupfersulfatlösung getaucht, lösten sich auf und an ihrer Stelle bildete sich elementares Kupfer. Du bist in der Lage, diese Erscheinung als Redox-Vorgang zu deuten:

Eisen steht in der Spannungsreihe links von Kupfer. Fe-Atome haben also eine stärkere Neigung zur Elektronen*abgabe* als Cu-Atome. Kupfer-Ionen haben eine stärkere Neigung zur Elektronen*aufnahme* als Eisen-Ionen.

So kommt es, wie es kommen muss:

$Fe \rightarrow Fe^{2+} + 2\,e^{-}$ (das Eisen-Atom als Reduktionsmittel wird oxidiert)

$Cu^{2+} + 2\,e^{-} \rightarrow Cu$ (das Kupfer-Ion als Oxidationsmittel wird reduziert)

Versuch 7a:

Wenn es dir gelingt, Kupfersulfat zu beschaffen, kannst du diesen Versuch selbst durchführen: Lege in einer alten Porzellantasse einen Eisennagel in eine wässrige Kupfersulfatlösung – nach einiger Zeit überzieht er sich mit einer Kupferschicht.

Die in der Spannungsreihe links stehenden – unedleren – Metalle reduzieren also die Ionen der rechts von ihnen stehenden – edleren – Metalle. Und umgekehrt: Die Ionen der edleren Metalle (weiter rechts stehend) oxidieren die Atome der unedleren Metalle (weiter links stehend).

Jedes Metall wirkt gegenüber den Ionen der edleren Metalle als Reduktionsmittel.

Jedes Ion eines Metalls wirkt gegenüber unedleren Metallen als Oxidationsmittel.

Beispiele *selbstständig* ablaufender Reaktionen (»edleres Ion« mit unedlerem Metall):

$Ag^{+} + Na \rightarrow Ag + Na^{+}$

$2\,Au^{3+} + 3\,Fe \rightarrow 2\,Au + 3\,Fe^{2+}$

Die Atome von Na und Mg wirken gegenüber den Ionen der edleren Metalle Ag und Au als Reduktionsmittel (und werden dadurch oxidiert); die Ionen der Metalle Ag und Au wirken gegenüber den Atomen der unedleren Metalle Na und Mg als Oxidationsmittel (und werden dadurch reduziert).

Während diese Reaktionen nicht erzwungen werden müssen, sondern »von selbst« (spontan) ablaufen, ist im *umgekehrten* Fall (unedleres Ion/ edleres Atom) keine freiwillige Reaktion zu beobachten.

Beispiele von Reaktionen, die *nicht* selbstständig ablaufen (»unedleres Ion« mit edlerem Metall):

$Mg^{2+} + 2\ Ag \rightarrow Mg + 2\ Ag^{+}$ – keine freiwillige Reaktion!

$3\ Zn^{2+} + 2\ Au \rightarrow 3\ Zn + 2\ Au^{3+}$ – keine freiwillige Reaktion!

Durch Stromzufuhr können solche Reaktionen allerdings *erzwungen* werden.

Unter Ausnutzung der Spannungsreihe wäre es sogar möglich, in unverfänglicher Weise Gold zu schmuggeln. Durch Einwirkung von Chlor entsteht ein Salz, das Au^{3+}-Ionen enthält. In Wasser aufgelöst und in Weinflaschen über die Grenze geschmuggelt, könnte man anschließend durch Eintauchen von Eisenteilen das edle Metall zurückerhalten!

Wasserstoff – ein Metall?

Nein, natürlich ist Wasserstoff nach allen uns bekannten Eigenschaften ein Nichtmetall. In *einer* Hinsicht allerdings ähnelt er den Metallen: Er kann positive Ionen bilden. Bestimmt man die Reduktionskraft des Wasserstoff-Moleküls H_2 und die Oxidationskraft des Protons – an Wasser gebunden, in der Form von H_3O^+ – so müsste Wasserstoff in der Spannungsreihe zwischen Blei und Kupfer eingeordnet werden. Das Interessante daran:

Wenden wir die Regeln zur Spannungsreihe auf Wasserstoff bzw. die Hydronium-Ionen an, erklärt dies sowohl die Auflösung unedler Metalle in Säuren unter Bildung von Wasserstoff als auch die Resistenz edler Metalle gegenüber Säuren.

Zwei Beispiele dazu:

Magnesium löst sich in verdünnter Salzsäure unter Bildung von Magnesiumchlorid und Wasserstoff auf. Erklärung: Magnesium ist unedler als Wasserstoff, das H_3O^+-Ion wirkt also gegenüber Mg als Oxidationsmittel. Folge: Mg wird oxidiert zu Mg^{2+}, zwei Protonen werden reduziert zu H_2.

$Mg + 2\ H_3O^+ \rightarrow Mg^{2+} + H_2 + 2\ H_2O$

Gold wird dagegen von verdünnter Salzsäure nicht angegriffen. Erklärung: Gold ist edler als Wasserstoff, Gold-Atome haben also eine geringere Neigung als Wasserstoff-Atome, Elektronen abzugeben. Gold-Ionen hätten umgekehrt eine stärkere Neigung als Wasserstoff-Ionen, Elektronen aufzunehmen. Ein Elektronenübergang von Gold-Atomen zu Wasserstoff-Ionen kann deshalb nicht stattfinden.

Elektronen auf Umwegen

Aber noch weitere Folgerungen ergeben sich aus der Spannungsreihe: Wenn es gelingt, die Elektronen vom direkten Übergang Metall-Atom → Metall-Ion abzuhalten und zu einem Umweg zu zwingen, fließt auf dieser Umwegstrecke elektrischer Strom! Dazu müssen zunächst die Orte der Oxidation und der Reduktion räumlich getrennt und – als erzwungener Elektronen-Umweg – leitend verbunden werden. Außerdem müssen die an den beiden Orten entstehenden ionischen Ladungsveränderungen ausgeglichen werden. Wie so etwas geht? Eine Beobachtung des italienischen Arztes Galvani (1737–1798) und die darauf aufbauenden Forschungen seines Landsmanns Alessandro Volta (1745–1827) wiesen den Weg.

Vom Froschschenkel zur Batterie

Luigi Galvani verwendete für medizinische Versuche frische Froschschenkel, die er mit Kupferhaken an ein Eisengitter hängte. Jedes Mal, wenn die Froschschenkel das Eisengitter berührten, führten sie Zuckungen aus. Der Physiker Volta konnte zeigen, dass die Ursache dafür die Verbindung von Kupfer und Eisen durch die Froschschenkel war. Ionen, die sich an der Oberfläche des Kupfers gebildet hatten, wurden durch Elektronen des Eisens entladen (das dadurch selbst Ionen bildete); dabei mussten die Ladungen durch den Froschschenkel fließen und verursachten die Zuckungen. Um 1800 entwickelte Volta aus solchen Beobachtungen die erste Spannungsreihe der Metalle – und den Vorläufer der heutigen Batterien, die *Voltasche Säule*.

Du kannst eine ähnliche Säule selbst bauen:

Versuch 7b:

Besorge dir zwanzig 5-Cent-Münzen sowie zwanzig verzinkte Unterlegscheiben und schneide aus Löschpapier ebenfalls zwanzig Kreise gleicher Größe aus. Besorge dir auch zwei an den Enden abisolierte Kupferkabel (siehe Versuch 6e, Kapitel 6) und lege Klebeband bereit. Wenn es dir möglich ist, besorge ein so genanntes Multimeter zur Messung kleiner Spannungen. Stelle eine konzentrierte wässrige Lösung aus Kochsalz her. Tränke die Papierkreise in der Salzlösung. Klebe ein Ende eines Kupferkabels an eine 5-Cent-Münze. Bilde dann – mit dieser Münze als unterster beginnend – einen großen Stapel immer in der Reihenfolge Münze – Papierkreis –Unterlegscheibe. In der Abfolge der Dreiergruppen berühren sich damit jeweils die Unterlegscheibe der vorangehenden Dreiergruppe mit der Münze der nächsten Dreiergruppe (Reihenschaltung; die Spannungen addieren sich). Klebe auf die oberste Unterlegscheibe ein Ende des zweiten Kupferkabels. Zur besseren Stabilität kannst du den ganzen Stapel mit Klebeband fixieren. Wenn du ein Multimeter zur Verfügung hast, kannst du zwischen den beiden freien Kabelenden eine Spannung messen. Falls nicht, verdunkle das Zimmer und führe die beiden Kabelenden zusammen – ein schwacher Funke zeigt die elektrische Spannung.

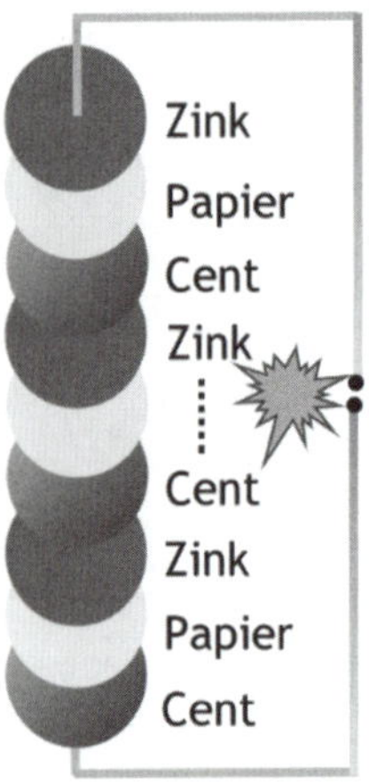

Abb. 7.6: Unsere Voltasche Säule

Wahrscheinlich verstehst du unsere Säule besser, wenn du die übliche Bauform galvanischer Elemente betrachtest:

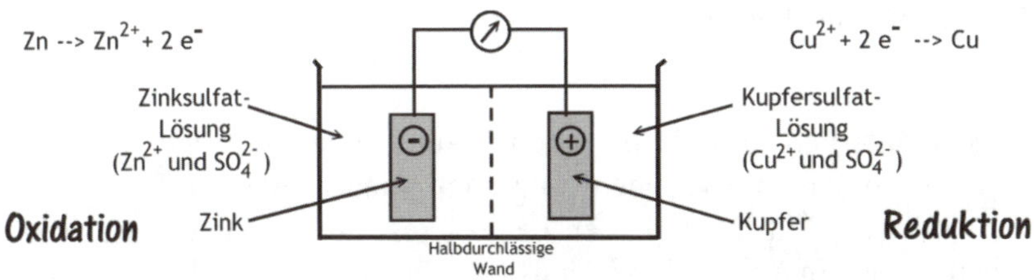

Abb. 7.7: Galvanisches Element

Die halbdurchlässige Wand (Diaphragma) verhindert einerseits die unkontrollierte Durchmischung der Zink- und Kupfersulfatlösungen, ermöglicht aber andererseits dennoch den Ausgleich der ionischen Ladungen. Schließlich entstehen in der linken »Halbzelle« immer mehr Zn^{2+}-Ionen (zum Ausgleich werden also auch immer mehr SO_4^{2-}-Ionen gebraucht), während die rechte »Halbzelle« an Cu^{2+}-Ionen verarmt (und folglich SO_4^{2-}-Ionen »übrig« hat). Und selbstverständlich dürfen sich die unterschiedlich edlen Metalle *innerhalb eines Elements* nicht direkt berühren, sonst kann der Elektronenfluss nicht nutzbar gemacht werden. Unsere Säule besteht aus zwanzig solcher Elemente.

Galvanische Zellen sind die Urformen der heutigen Batterien. In ihnen laufen entsprechend der Spannungsreihe selbständige (freiwillige) Redox-Reaktionen ab, wobei die übergehenden Elektronen als elektrische Energie genutzt werden.

Der Zusatz »freiwillige« ist wichtig – solche Redox-Prozesse können auch umgekehrt durch elektrischen Strom erzwungen werden. Darauf komme ich gleich zurück.

In heute üblichen Batterien wird oft die Kombination von Zink mit vierfach positiv geladenen Mangan-Ionen eingesetzt. Als Elektronen liefernder Prozess (Oxidation) dient der Übergang $Zn \rightarrow Zn^{2+}\ 2\,e^-$, als Elektronen verbrauchender Prozess (Reduktion) der Übergang $Mn^{4+} + 2\,e^- \rightarrow Mn^{2+}$. Das Zinkblech löst sich dabei auf, die Batterie ist danach nicht mehr zu gebrauchen. Daneben gibt es eine bunte und ständig wachsende Vielfalt von Batterie-Bauformen und Redox-Kombinationen.

Galvanische Elemente – wozu die »normalen« Batterien gehören – liefern bereits aufgrund ihres Aufbaus Strom. Sie müssen nicht erst aufgeladen werden. Durch die ablaufenden Redox-Prozesse wird die Batterie jedoch verbraucht und ist nicht mehr verwendbar.

Aber es geht auch anders:

Akkumulatoren, kurz *Akkus* genannt, können von außen zugeführte elektrische Energie speichern und dann wieder abgeben. Durch die zugeführte Elektrizität werden Redox-Prozesse erzwungen, die normalerweise (nach der Spannungsreihe) nicht ablaufen würden. Die beteiligten Stoffe reagieren danach zum normalen (entladenen) Zustand zurück und geben dabei die elektrische Energie wieder ab. Der Lade-/Entlade-Vorgang kann mehrfach wiederholt werden.

Bekanntester Akkumulator ist die »Starterbatterie« bei Motorfahrzeugen (die also eigentlich keine Batterie ist!). Hier tauchen Platten aus Blei in Schwefelsäure, wobei Bleisulfat, $PbSO_4$, ein Salz aus den Ionen Pb^{2+} und SO_4^{2-}, entsteht (kleine Anmerkung: Nach der Spannungsreihe reagiert Blei »gerade noch« mit Säure). Von außen zugeführter elektrischer Strom – das *Aufladen* – bewirkt am Minuspol die Entstehung von elementarem Blei, am Pluspol aber die Bildung von Pb^{4+}-Ionen. Eine derartige Kombination ist »unnatürlich« – sofort nach dem Ende des Ladevorgangs wird der Vorgang rückgängig gemacht.

Tabelle 7.5: Lade- und Entladevorgang beim Bleiakku

Reaktionsort	Aufladung	Entladung
Minuspol	$Pb^{2+} + 2\,e^- \rightarrow Pb$	$Pb \rightarrow Pb^{2+} + 2\,e^-$
Pluspol	$Pb^{2+} \rightarrow Pb^{4+} + 2\,e^-$	$Pb^{4+} + 2\,e^- \rightarrow Pb^{2+}$

Bleiakkus sind schwer und enthalten giftige Bestandteile (Blei, Schwefelsäure). Geht es nicht umweltfreundlicher? Die Brennstoffzelle macht dieses Versprechen!

Die Brennstoffzelle – »saubere« Energie

Wasserstoff und Sauerstoff reagieren zu Wasser: entweder in einer Knallgasreaktion oder – in unseren Körperzellen – in kontrollierter und nutzbarer Weise. Kann diese Reaktion auch zur Erzeugung von elektrischer Energie ausgenutzt werden?

Die Brennstoffzelle – »saubere« Energie

Erinnere dich an den Abschnitt »Regel für Elektronenpaare«:

Bei der Bildung gemeinsamer Elektronenpaare aus ungeladenen Atomen wird das Atom mit der niedrigeren Elektronegativität oxidiert und das Atom mit der höheren Elektronegativität reduziert. Wasserstoff hat die Elektronegativität 2,1, Sauerstoff die viel höhere Elektronegativität 3,5. Bei der Reaktion zwischen Wasserstoff und Sauerstoff wird also Ersterer oxidiert, Letzterer reduziert.

Wenn es gelingt, die ausgetauschten Elektronen nutzbar zu machen, dann – ja, dann ist man bei der Brennstoffzelle angelangt. In der Raumfahrt wurde sie bereits eingesetzt, für alltägliche Anwendungen ist sie leider (noch) Zukunftsmusik.

In der Brennstoffzelle werden die bei der Reaktion $2\,H_2 + O_2 \rightarrow 2\,H_2O$ von den Wasserstoff- zu den Sauerstoff-Atomen verschobenen Elektronen zur Erzeugung von elektrischer Energie anstelle von Wärme genutzt.

Das hört sich sehr viel einfacher an, als es tatsächlich ist. Zum einen müssen die beiden Gase strikt getrennt werden, weil es sonst zur unkontrollierten Explosion kommen könnte. Zum anderen müssen – in einer Zwischenstufe – in räumlicher Trennung Ionen gebildet und entladen werden, da sonst kein nutzbarer Elektronenstrom zustande käme. Die erste Anforderung ist ein technisches, die zweite ein chemisches Problem. Gelöst werden kann dieses chemische Problem durch zwischengeschaltete Reaktionen. Die folgenden Darstellungen beziehen sich auf *eine* der vielen möglichen Bauformen.

Im Prinzip besteht eine Brennstoffzelle aus zwei speziellen Elektroden, die ständig von gasförmigem Wasserstoff bzw. Sauerstoff umspült werden. Diese Elektroden tauchen in eine Kaliumhydroxid-Lauge ein. Unter der Wirkung von Katalysatoren (z.B. Nickel) reagieren die Gase mit Teilchen der Lauge:

$$2\,H_2 + 4\,OH^- \rightarrow 4\,H_2O + 4\,e^-$$

$$O_2 + 2\,H_2O + 4\,e^- \rightarrow 4\,OH^-$$

Gesamtreaktion:

$$2\,H_2 + O_2 \rightarrow 2\,H_2O$$

In dieser Bauform entsteht das Wasser an der Wasserstoffelektrode, während die Sauerstoffelektrode die OH^--Ionen nachliefert. Diese müssen der Minus-Elektrode durch Umwälzen der Flüssigkeit umgehend wieder zugeführt werden.

Die Brennstoffzelle unterscheidet sich prinzipiell sowohl von den Batterien als auch von den Akkumulatoren. Im Unterschied zu den Batterien wird das »Elektrodenmaterial« (also die Gase Wasserstoff und Sauerstoff) ständig erneuert, im Unterschied zu den Akkumulatoren benötigen sie keine Aufladung, um elektrische Energie abzugeben.

Eine tolle Sache also – wenn die technisch zuverlässige Umsetzung nur nicht so kompliziert wäre. Aber eines Tages werden Notebook, Handy und Auto diese Form der Energieerzeugung nutzen, da sind sich die beteiligten Forscher sehr sicher.

Die Elektrolyse – nur unter Zwang!

»Unnatürliche« Redox-Vorgänge hast du bereits beim Aufladen eines Akkumulators kennen gelernt. Niemals würden sich zwei miteinander verbundene Bleiplatten freiwillig in diese unnatürliche Kombination begeben – neutrale und vierfach positiv geladene Bleiatome! Wenn man sie lässt (also beim Entladen = Stromliefern) gleichen sie sich auch wieder an zu Pb^{2+}. Erzwungene Redox-Reaktionen sind allerdings in der chemischen Technik sehr häufig. Viele Metalle werden auf diese Weise hergestellt oder auf andere Metalle aufgebracht (Galvanisieren). Prominentes Beispiel ist die Aluminium-Erzeugung aus Aluminiumoxid, Al_2O_3. In der Schmelze werden die Aluminium- und Sauerstoff-Ionen beweglich. Freiwillig würden die Sauerstoff-Ionen niemals ihre Elektronen an Aluminium zurückgeben – schließlich haben sie durch diese Ionenbildung ihr Oktett erreicht. Freiwillig würden auch die Aluminium-Ionen niemals von Sauerstoff Elektronen zurücknehmen – auch sie haben durch die Ionenbildung das Oktett erhalten. Also muss man sie zwingen: Mit zwei Kohle-Elektroden und Gleichspannung (das heißt Pluspol bleibt Pluspol, Minuspol bleibt Minuspol) werden die Ionen in Bewegung gesetzt und schließlich entladen. Für eine schematische Darstellung sieh dir Abbildung 7.8 an.

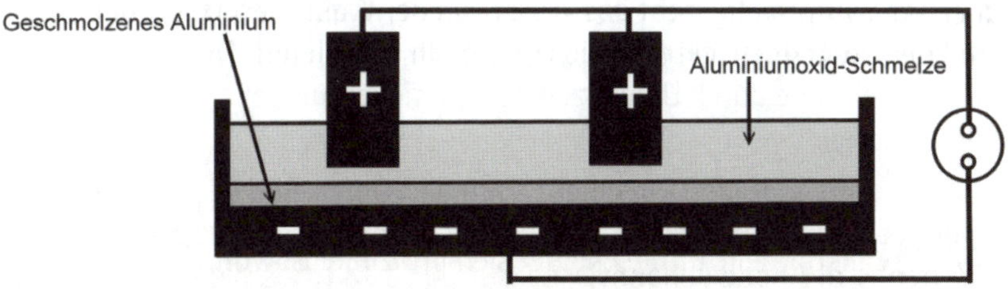

Abb. 7.8: Aluminiumgewinnung durch Elektrolyse

Am Minuspol werden die Al^{3+}-Ionen entladen, am Pluspol die O^{2-}-Ionen:

$2\ Al^{3+} + 6\ e^- \rightarrow 2\ Al$ (Reduktion)

$3\ O^{2-} \rightarrow 3\ O + 6\ e^-$(Oxidation)

Tatsächlich, es entstehen zunächst einzelne Sauerstoff-Atome. Normalerweise würden sie sich sofort paarweise zu O_2-Molekülen zusammenschließen. Unter den gegebenen Reaktionsbedingungen (fast 1000 °C) reagieren sie aber mit den C-Atomen des Elektrodenmaterials zu CO und CO_2.

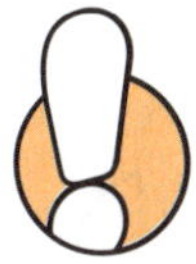

Elektrolysen sind mit Hilfe des elektrischen Stroms durchgeführte Zerlegungen von chemischen Verbindungen. Sie stellen die *Umkehrung* von selbstständig ablaufenden Redox-Vorgängen dar.

Wie bei Batterien und Akkumulatoren finden auch hier Oxidation und Reduktion an getrennten Orten statt.

Bringt man Eisen-Ionen und Zink in Kontakt, löst sich normalerweise das letztere Metall auf, weil es unedler ist (in der Spannungsreihe links von Eisen steht). Aus den Eisen-Ionen bildet sich wieder atomares Fe. Das sind – wohlgemerkt – freiwillig ablaufende Redox-Vorgänge, die noch nichts mit Elektrolyse zu tun haben.

$Fe^{2+} + 2\ e^- \rightarrow Fe$ (Reduktion)

$Zn \rightarrow Zn^{2+} + 2e^-$ (Oxidation)

Man kann diesen Vorgang zur Verhinderung der Eisenauflösung durch Rosten einsetzen: Eiserne Gegenstände werden mit einer Schicht aus Zink

überzogen; entstehende Eisen-Ionen werden nun sofort wieder zu Fe reduziert, während sich die Zinkschicht allmählich auflöst.

Man bezeichnet die Zinkschicht auch als »Opfer-Anode«, weil sie sich für das Eisen »aufopfert« (der Elektronen liefernde Pol in galvanischen Zellen wird Anode genannt).

Aber wie das Zink auf das Eisen bekommen? Eine elegante Methode ist die Elektrolyse: Die eisernen Gegenstände werden als Minuspol geschaltet und tauchen in eine Zinksalz-Lösung ein. Die enthaltenen Zn^{2+}-Ionen wandern zu diesen Gegenständen (du erinnerst dich: »Ion« bedeutet so viel wie »Wanderer«), nehmen dort Elektronen auf und werden zu elementarem Zink entladen. Das würde in Kombination mit Eisen normalerweise nicht passieren – Zink ist ja unedler. Unter »Zwang« (elektrischer Spannung) ist diese Umkehrung eines freiwilligen Redox-Vorgangs aber möglich.

Durch Elektrolyse können aber auch Nichtmetallverbindungen wie Säuren und sogar Wasser in ihre Bestandteile zerlegt werden. Derartige Versuche hast du bereits in Kapitel 3 und Kapitel 6 durchgeführt. Aus Kapitel 6 ist dir bekannt, dass sogar reinstes Wasser eine geringe Leitfähigkeit aufgrund der Autoprotolyse des Wassers besitzt. Diese Ionen können durch elektrischen Strom entladen werden:

Minuspol: $4\ H_3O^+ + 4\ e^- \rightarrow 4\ H_2O + 2\ H_2$

Pluspol: $4\ OH^- \rightarrow O_2 + 2\ H_2O + 4\ e^-$

Die Umkehrung des letzten Vorgangs (OH^--Bildung) – also den freiwilligen, Strom liefernden Ablauf – hast du bei der Brennstoffzelle kennen gelernt. In anderen Bauarten der Brennstoffzelle (»sauren« Brennstoffzellen) wird dagegen der erste Vorgang – die Reaktion von Wasserstoff mit Wasser zur Bildung von H_3O^+ – umgekehrt.

Wir sind damit am Ende des Kapitels angekommen – die Zusammenhänge zwischen Chemie und Elektrizität sind (hoffentlich) deutlicher geworden.

Zusammenfassung

In diesem Kapitel hast du gelernt

- dass Oxidation und Reduktion in historischer Sicht Sauerstoffaufnahme und -abgabe, in moderner Sicht Elektronenabgabe und -aufnahme bedeuten
- dass Reduktion und Oxidation nur gemeinsam in einer Redox-Reaktion ablaufen können
- dass wir bei Redox-Reaktionen mit Molekülen den Elektronenübergang an der unterschiedlichen Elektronegativität der beteiligten Atome erkennen können
- dass in der Spannungsreihe die Metalle nach abnehmender Reduktionskraft ihrer Atome und nach zunehmender Oxidationskraft ihrer Ionen angeordnet sind
- dass in galvanischen Elementen freiwillige Redox-Vorgänge zwischen unedleren Metallen und den Ionen edlerer Metalle ablaufen
- dass in Batterien aufgrund ihrer Bauform unter Stromlieferung selbständige Redox-Prozesse ablaufen und die Batterie dadurch verbraucht wird, während in Akkumulatoren durch Stromzufuhr zunächst ein »unnatürlicher« Ladungszustand erzwungen wird, der sich durch Entladung wieder normalisiert
- dass in Brennstoffzellen die Reaktion zwischen Wasserstoff und Sauerstoff zur Erzeugung von Elektrizität genutzt wird, die technische Umsetzung aber kompliziert ist
- dass bei der Elektrolyse durch Anlegen einer elektrischen Spannung Vorgänge erzwungen werden, die aufgrund der Spannungsreihe nicht freiwillig ablaufen

Aufgaben

1. Formuliere für die folgenden Reaktionen die Teilvorgänge der Oxidation und Reduktion und benenne die Oxidations- und Reduktionsmittel:

   $Zn + S \rightarrow ZnS$

   $F_2 + 2\ KBr \rightarrow 2\ KF + Br_2$

   $2\ Fe_2O_3 \rightarrow 4\ FeO + O_2$

2. Benenne in den folgenden Reaktionen die oxidierten und reduzierten Teilchen:

   $CO_2 + H_2 \rightarrow CO + H_2O$

   $CH_2O + 2\ H_2 \rightarrow CH_4 + H_2O$ (CH_2O = Formaldehyd, eine giftige organische Verbindung; CH_4 = Methangas)

3. Prüfe, welche der angegebenen Reaktionen aufgrund der Spannungsreihe selbständig ablaufen können. Vervollständige diese selbständig ablaufenden Reaktionen.

   $Al + 3\ AgCl \rightarrow$

   $Cu + Na_2O \rightarrow$

   $Ni + PtCl_2 \rightarrow$

   $PbO + Cr \rightarrow$

4. Nenne die Unterschiede zwischen Batterie und Akkumulator und gebe je ein Beispiel (mit den ablaufenden Redox-Prozessen) an.

5. Nenne die Merkmale, in denen sich die Brennstoffzelle von Batterien einerseits und Akkumulatoren andererseits unterscheidet.

6. Gebe die Vorgänge am Minus- und Pluspol bei der Elektrolyse der folgenden gelösten oder geschmolzenen Salze an: $CuCl_2$, MgO.

8

Rechnen in der Chemie

Wie viel Kohlenstoffdioxid bläst die Menschheit eigentlich in die Luft? In welchem Umfang sind daran die Autos beteiligt? Warum reagieren genau 12 Gramm Kohlenstoff mit 32 Gramm Sauerstoff zu Kohlenstoffdioxid (siehe Tabelle 4.2, Kapitel 4)? Und außerdem, Sauerstoff ist doch gasförmig. Was soll also diese Angabe in Gramm? Wäre es nicht einfacher, das *Volumen* des Sauerstoffs anzugeben? Wie rechnet man die Masse 32 Gramm in ein Volumen um? Was hat es mit dieser ominösen Zahl von 602 Trilliarden Teilchen auf sich, die dir in Kapitel 4 mehrfach begegnet ist?

Diese Fragen kannst du beantworten, wenn du dich näher mit den in der Chemie üblichen *Größen* und *Einheiten* beschäftigst und mit ihnen *rechnest*. Davor brauchst du keine Angst zu haben; es handelt sich nicht um höhere Mathematik. Ohne diese Berechnungen ist aber keine planvolle Arbeit mit chemischen Stoffen möglich – und letztlich auch kein Verständnis chemischer Reaktionen.

In diesem Kapitel erfährst du

- was die Chemiker unter einer Stoffportion verstehen
- welcher Zusammenhang zwischen Stoffmenge und Mol besteht
- wie man den Stoffumsatz bei chemischen Reaktionen berechnen kann
- dass Gase eine wichtige Gemeinsamkeit haben

Von Portionen und Mengen

Ein Auto rast durch die Nacht – ständig verbrennt Benzin zu gasförmigen Reaktionsprodukten. Wie oft muss der Fahrer nachtanken, wie viel Kohlenstoffdioxid gibt sein Auto in die Luft ab? Das hängt natürlich davon ab, wie viele Moleküle des Benzins pro gefahrenem Kilometer mit Molekülen des Luftsauerstoffs reagieren. Getankt werden aber keine einzelnen Teilchen, sondern *Liter* – während der Chemiker gerade das wissen will: Wie viele Teilchen sind drin, in diesen Litern?

Das ist die Crux bei allen chemischen Reaktionen:

Zur Erklärung der Vorgänge und Zusammenhänge redet der Chemiker ständig von Molekülen, Ionen oder Atomen, die zusammenstoßen und sich verbinden. Auf dem Tisch liegt aber tatsächlich ein großes Stück Magnesium, das dann mit einem ganzen Glas voll Salzsäure reagiert; oder ein großes Stück Graphit, das anschließend mit vielen Litern Sauerstoff zu einem großen Volumen Kohlenstoffdioxid verbrennt. Es muss also ein Zusammenhang hergestellt werden zwischen der Mikrowelt der kleinsten Teilchen und der tatsächlichen Welt der Reaktionsdurchführung.

Zur Herstellung dieses Zusammenhangs haben sich die Chemiker ein System von Bezeichnungen (Größen und Einheiten) ausgedacht, das vom normalen Sprachgebrauch in mancher Hinsicht abweicht und deshalb einige Umgewöhnung erfordert.

Die Portion liegt auf dem Tisch

Was der Normalmensch als die »Menge eines Stoffes« (in einem Glas oder auf einem Haufen) bezeichnen würde, muss in der Chemie einen anderen Namen tragen. Der Begriff Menge ist hier nämlich – wie du gleich sehen wirst – für den Zusammenhang mit der Mikrowelt reserviert. Also haben die Chemiker für das Stück Magnesium, für das Glas voll Salzsäure, für das Häufchen Graphit einen anderen Namen erfunden: Sie bezeichnen es als *Stoffportion.*

Abb. 8.1: Beispiele für Stoffportionen

Selbstverständlich ist es nicht falsch, anstelle von »Stoffportion« nach wie vor von einem Stück Gold, einer Probe Wein, einem Graphitklotz zu sprechen. Nur im Zusammenhang mit chemischen Berechnungen sollten wir uns eben an die Bezeichnung *Stoffportion* halten. Sonst kommen wir mit der *Menge* durcheinander, die – wie erwähnt – in diesem Zusammenhang mit anderer Bedeutung verwendet wird.

Als Stoffportion bezeichnet der Chemiker die konkret verwendete *Masse* eines Stoffes. Sie erhält das Zeichen m und wird üblicherweise in der Einheit 1 g (ein Gramm) ausgedrückt.

Die Menge wird berechnet

Diese Stoffmenge wird nämlich in *Mol* angegeben und aus *Stoffportion* und *Molmasse* berechnet. Was ist das nun wieder? Jetzt kommt endlich diese ominöse Zahl von 602 Trilliarden Teilchen ins Spiel.

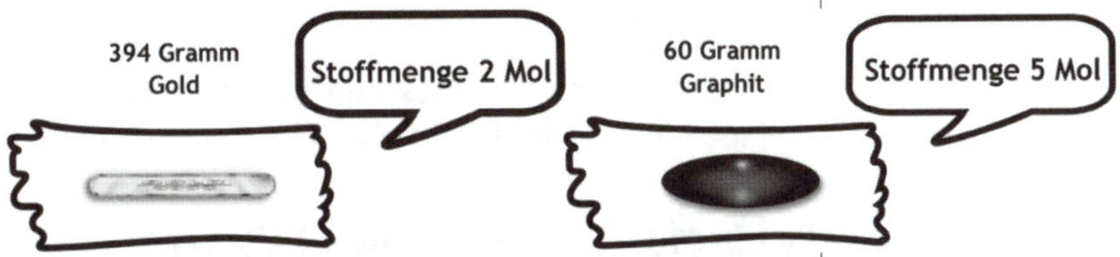

Abb. 8.2: Stoffportionen und Stoffmengen

Die Stoffportionen – 394 Gramm Gold, 60 Gramm Graphit – werden sozusagen »zerlegt« in Pakete von jeweils 602 Trilliarden Teilchen. Im Fall Gold sind das 602 Trilliarden Gold-Atome, im Fall Graphit 602 Trilliarden Kohlenstoff-Atome, im Fall Wasser wären es genauso viele H_2O-Moleküle. Jedes aus 602 Trilliarden Teilchen bestehende »Paket« wird *Mol* genannt. Anders gesagt:

Die Stoffmenge gibt an, wie viele »Mol-Pakete« in einer bestimmten Stoffportion enthalten sind. Sie erhält das Zeichen n und die Einheit mol (als eigenständige Bezeichnung groß-, als Einheit kleingeschrieben).

Ein Mol besteht aus 602 Trilliarden Teilchen. Das können Moleküle, Atome, Ionen oder auch andere Teilchen (Gruppen von Atomen oder Ionen, Protonen, Elektronen usw.) sein.

Auf die »Gruppen von Atomen oder Ionen« komme ich gleich zurück! Die Zahl 602 Trilliarden (ganz genau: $6{,}022137 \cdot 10^{23}$) wird übrigens als Avogadrosche Zahl bezeichnet, zu Ehren von Amadeo Avogadro (Professor für Mathematik, 1776–1856). Er wird dir in diesem Kapitel noch einmal begegnen.

In unseren Beispielen gilt für Gold: m = 394 g, n = 2 mol. Für Graphit gilt: m = 60 g, n = 5 mol. Damit können wir jetzt auch angeben, welcher Masse jeweils *ein* Mol – also 602 Trilliarden Gold-Atome bzw. 602 Trilliarden Kohlenstoff-Atome – entspricht: Bei Gold sind das 197 g, bei Kohlenstoff 12 g. Man bezeichnet das als *Molmasse*.

Molmassen – gleich viel drin

Die Molmasse (oder molare Masse) einer Verbindung oder eines Elements gibt die Masse pro Mol an, also die Masse pro 602 Trilliarden Teilchen. Sie erhält das Zeichen M und die Einheit g/mol (Gramm pro Mol).

Was bedeutet das alles nun praktisch für die Chemie? Es eröffnet die Möglichkeit, die Umsätze bei chemischen Reaktionen zu berechnen!

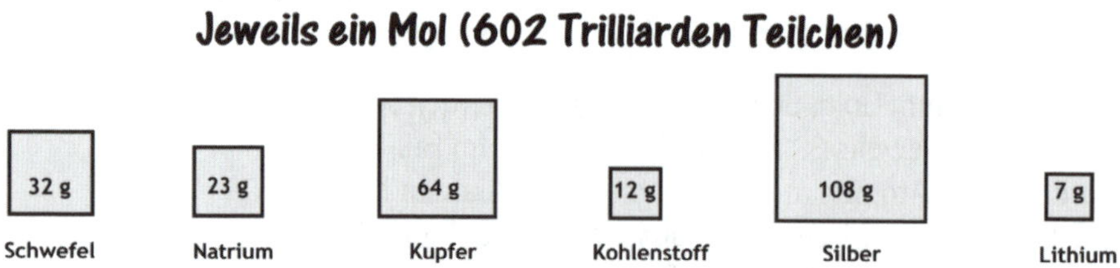

Abb. 8.3: Jede Stoffportion enthält gleich viele Teilchen.

Es fällt auf, dass die Zahlenwerte der Molmassen gleich den Zahlenwerten der Atommassen sind, die wir in Kapitel 5 verwendet und in der Einheit »u« ausgedrückt haben (siehe Kapitel 5, *Atome sind teilbar*). Das gilt auch für Molekülverbindungen. Die Molekülmasse ergibt sich aus der Addition der Atommassen. Diese können dem Periodensystem entnommen werden (im Anhang des Buches).

Tabelle 8.1: Zusammenhang zwischen Teilchenmasse und Molmasse

Formel	Art des Teilchens	Masse eines Teilchens [u]	Masse von 1 mol Teilchen [g/mol]
Ne	Ne-Atome	20,2	20,2
Na	Na-Atome	23	23
Al	Al-Atome	27	27

Formel	Art des Teilchens	Masse eines Teilchens [u]	Masse von 1 mol Teilchen [g/mol]
Si	Si-Atome	28,1	28,1
H_2	H_2-Moleküle	2 (1+1)	2
O_2	O_2-Moleküle	32 (16+16)	32
Cl_2	Cl_2-Moleküle	71 (35,5+35,5)	71
H_2O	H_2O-Moleküle	18 (1+1+16)	18
CO_2	CO_2-Moleküle	44 (12+16+16)	44
C_8H_{18}	C_8H_{18}-Moleküle	114 ((8*12)+(18*1))	114
HCl	HCl-Moleküle	36,5 (1+35,5)	36,5
H_2SO_4	H_2SO_4-Moleküle	98 ((2*1)+32+(4*16))	98
NaCl	(Na^++Cl^-)-Ionenpaare	58,5 (23+35,5)	58,5
Na^+	Na^+-Ionen	23	23
Cl^-	Cl^--Ionen	35,5	35,5
SiC	(Si+C)-Atompaare	40,1 (28,1+12)	40,1

Ein Dutzend Äpfel, ein Dutzend Birnen ...

Das ist für Äpfel- oder Birnenliebhaber ein gewaltiger Unterschied! Du wirst also sicher beim Einkaufen im Obstgeschäft nicht einfach »ein Dutzend« verlangen, sondern angeben, *welche* Früchte du meinst. In der Chemie sollten wir mindestens genauso exakt sein. Ein Mol ist zunächst mal nur »irgendetwas«, das eine bestimmte (riesige) Zahl von Teilchen enthält. Das können – wie in der Tabelle ersichtlich – auch diejenigen Ionen- oder Atomgruppen sein, die sich aus den *Verhältnisformeln* von *Gitterverbindungen* ergeben (Ionen- oder Atomgitter). Natürlich liegen im Kochsalz-Kristall keine »Ionenpaare« Na^+ + Cl^- vor. Aber diese Ionen sind im Verhältnis 1:1 im Gitter enthalten, woraus sich die Formel ergibt (siehe Kapitel 5). Bei SiC (Siliciumcarbid; ebenfalls in Kapitel 5 vorgestellt) sind die Zahlenverhältnisse ebenso, nur sind hier die Gitterbausteine über Elektronenpaare verbunden. Man spricht deshalb von *Formeleinheiten*.

Bei der Angabe der Molmasse muss die *Art* der Teilchen genau bezeichnet werden. Neben Atomen und Molekülen können das auch Formeleinheiten oder einzelne Ionen sein.

Nach all diesen begrifflichen Klarstellungen bist du jetzt sicher mühelos in der Lage, die Umsätze bei chemischen Reaktionen zu berechnen.

Wie viel Luft verbraucht das Benzin?

Benzin enthält eine Mischung von Kohlenwasserstoffen, also Verbindungen aus C und H. Octan, C_8H_{18} (siehe Tabelle 8.1) ist eine dieser Verbindungen. Da die Formel recht große Zahlen enthält, wollen wir als Vorübung ein leichteres Beispiel wählen. Beliebt im Chemieunterricht ist die Reaktion von Eisen mit Schwefel zu Eisensulfid. Wir haben in Kapitel 4 bereits die Reaktionsgleichung aufgestellt:

$Fe + S \rightarrow FeS$

Bisher (siehe Kapitel 4, *Formeln, nichts als Formeln*) haben wir die Symbole in Reaktionsgleichungen als Stellvertreter für jeweils ein *Atom*, die Summenformeln als Stellvertreter für jeweils ein *Molekül* oder für eine *Formeleinheit* (aus Ionen oder Atomen) gesehen. Da chemische Reaktionen in der Realität aber nicht mit *einzelnen*, sondern mit Riesenzahlen von Atomen durchgeführt werden (eben mit *Stoffportionen*), müssen wir für Berechnungszwecke diese Sichtweise ändern. Wir »erweitern« die Gleichung einfach mit der Zahl 602 Trilliarden!

Zur Berechnung der Umsätze bei chemischen Reaktionen werden die Symbole und Formeln in Reaktionsgleichungen als Stellvertreter für jeweils die Stoffmenge 1 mol betrachtet.

Im Eisen-/Schwefel-Fall heißt das:

Ein mol Fe-Atome reagieren mit einem mol S-Atomen zu einem mol Formeleinheiten FeS.

55,8 g Fe reagieren mit 32 g S zu 87,8 g FeS (Molverhältnis 1:1).

Natürlich wird diese Reaktion in der Regel mit anderen Stoffportionen durchgeführt. Wir sind aber dann in der Lage, die konkret verwendeten Stoffmengen in mol anzugeben und damit zu rechnen – das Molverhältnis bleibt ja unverändert. Die verwendeten Stoffportionen oder Molzahlen werden im Dreisatz eingesetzt.

Einfache Rechenbeispiele

a) 11,16 g Fe reagieren mit Schwefel zu FeS. Welche Stoffportion Schwefel wird für die Reaktion gebraucht? Welche Stoffportion FeS entsteht?

Stoffportion-Lösung I:

Für 55,8 g Fe werden 32 g S gebraucht. Für 11,16 g Fe werden x g S gebraucht.

$x = (32*11,16)/55,8 = 6,4$

Für 11,16 g Fe werden 6,4 g S zur Umsetzung zu FeS gebraucht.

Die entstehende Stoffportion FeS können wir jetzt direkt durch Addition der eingesetzten Stoffportionen Fe und S zu 17,56 g ermitteln. Es gilt ja das Gesetz der Erhaltung der Masse (Kapitel 4, Abschnitt »Auch Stoffe haben Verhältnisse«) – kein Teilchen geht verloren und keines fällt vom Himmel.

Zu Übungszwecken wollen wir aber auch die Stoffportion FeS aus der Angabe der Stoffportion Fe nach dem Dreisatz-Verfahren berechnen:

Stoffportion-Lösung II:

Aus 55,8 g Fe entstehen 87,8 g FeS. Aus 11,16 g Fe entstehen x g FeS.

$x = (87,8*11,16)/55,8 = 17,56$ (wie sollte es anders sein?)

Aus 11,16 g Fe entstehen in der Reaktion mit Schwefel 17,56 g FeS.

Die gestellte Aufgabe kann auch unter Verwendung von Stoffmengen (Molzahlen) gelöst werden. Dazu werden zunächst mittels der Formel $n = m / M$ (Masse der Stoffportion geteilt durch Molmasse) die Molzahlen ermittelt.

Molzahl- (Stoffmengen-)Lösung I:

$n(Fe) = 11,16\ g / (55,8\ g/mol) = 0,2\ mol$

1 mol Fe reagiert mit 1 mol S. 0,2 mol Fe reagieren mit x mol S.

$x = 0,2$ (das Molverhältnis gilt ja unverändert!)

Für 0,2 mol Fe werden 0,2 mol S zur Umsetzung zu FeS gebraucht.

Masse der Stoffportion S: $m = n * M = 0,2\ mol * 32\ g/mol = 6,4\ g$

Molzahl-(Stoffmengen-)Lösung II:

1 mol Fe reagiert mit Schwefel zu 1 mol FeS. 0,2 mol Fe reagieren zu x mol FeS.

x = 0,2 (siehe oben)

Aus 0,2 mol Fe entstehen in der Reaktion mit Schwefel 0,2 mol FeS.

Masse der Stoffportion FeS: m = n * M = 0,2 mol * 87,8 g/mol = 17,56 g

b) 16 g Sauerstoff reagieren mit Kohlenstoff zu CO_2. Welche Stoffportion Kohlenstoff wird für die Reaktion gebraucht? Welche Stoffportion CO_2 entsteht?

Erster Schritt: Aufstellen der Reaktionsgleichung.

$C + O_2 \rightarrow CO_2$ (Molzahlverhältnis 1:1)

Ein mol C-Atome reagiert mit einem mol O_2-Moleküle zu einem mol CO_2-Moleküle.

Molzahl-(Stoffmengen-)Lösung I:

Ermitteln der Molzahl der gegebenen Sauerstoff-Stoffportion:

n = m / M = 16 g / (32 g/mol) = 0,5 mol

1 mol O_2 reagiert mit 1 mol C. 0,5 mol O_2 reagieren mit x mol C.

x = 0,5 (da das Molzahlverhältnis 1:1 ist)

Für 0,5 mol O_2 werden 0,5 mol C zur Umsetzung zu CO_2 gebraucht.

Masse der Stoffportion C: m = n * M = 0,5 mol * 12 g/mol = 6 g.

Molzahl-(Stoffmengen-)Lösung II:

1 mol O_2 reagiert mit Kohlenstoff zu 1 mol CO_2. 0,5 mol O_2 reagieren zu x mol CO_2.

x = 0,5 (siehe oben)

Aus 0,5 mol O_2 entstehen in der Reaktion mit Kohlenstoff 0,5 mol CO_2.

Masse der Stoffportion CO_2: m = n * M = 0,5 mol * 44 g/mol = 22 g.

Das waren – wie erwähnt – einfache Beispiele. Aber gerade deshalb konnten sie (hoffentlich) die Rechenwege verständlich machen. Jetzt aber Ende der Vorübung, gehen wir das Benzin-Problem an!

Das vergängliche Octan

Das Zahlwort *octa* ist dir bereits vom Elektronenoktett geläufig. Hier bezeichnet es die acht C-Atome in der Kohlenwasserstoff-Verbindung (im nächsten Kapitel werden wir uns näher mit solchen »organischen« Verbindungen befassen). Als (bei Zimmertemperatur) flüssige Verbindung von nichtmetallischen Elementen liegt Octan auf der Teilchenebene in Form von Molekülen vor. Octan, C_8H_{18}, dient uns als Stellvertreter für das Stoffgemisch Benzin – dieses enthält viele ähnliche Verbindungen (vielleicht hast du schon von der *Octan-Zahl* gehört, die eine Verbrennungseigenschaft des Benzins kennzeichnet).

Aus den C-Atomen des Octans entsteht bei der Verbrennung CO_2, aus den H-Atomen entsteht H_2O. Es entstehen also aus einem Mol Octan acht Mol CO_2 und neun Mol H_2O. Weil dies eine ungerade Zahl von O-Atomen pro Octan-Molekül erfordert (nämlich 25), Sauerstoff aber nur in Form zweiatomiger Moleküle in der Luft auftritt, muss die Reaktionsgleichung entsprechend angepasst werden:

$$2\ C_8H_{18} + 25\ O_2 \rightarrow 16\ CO_2 + 18\ H_2O$$

2 mol Octan + 25 mol Sauerstoff reagieren zu 16 mol CO_2 und 18 mol H_2O.

Wie viel CO_2 produziert unser Auto? Nehmen wir einmal an, es verbraucht acht Liter Benzin pro 100 km. Aus Tabellenwerken kann man als Dichte von Benzin 0,78 kg/l entnehmen. Die den acht Litern entsprechende Masse (unsere Stoffportion) erhält man durch Multiplikation der Dichte mit dem Volumen: 0,78 kg/l * 8 l = 6,24 kg oder 6240 Gramm (siehe Kapitel 2, *Dichte – eine Stoffeigenschaft*).

Molmasse von CO_2: $M(CO_2) = 44$ g/mol

Molmasse von Octan: M(Octan) = 114 g/mol (siehe Tabelle 8.1)

Molzahl der gegebenen Octan-Portion:

n = m / M = 6240 g / 114 g/mol = 55 mol (gerundet)

2 mol Octan reagieren zu 16 mol CO_2.

55 mol Octan reagieren zu (16 * 27,5) mol CO_2 = 440 mol CO_2 (vereinfachter Dreisatz).

Aus acht Litern Benzin entstehen also bei der Verbrennung 440 mol CO_2! Welcher Masse entspricht diese Stoffmenge?

$m = n * M = 440 \text{ mol} * 44 \text{ g/mol} = 19360 \text{ g}$

Tatsächlich – das ist kein Rechenfehler. Auf hundert Kilometer produziert unser Auto fast zwanzig Kilogramm Kohlenstoffdioxid!

Wenn du mir immer noch nicht glaubst: Besuche ein Autohaus und betrachte die ausliegenden Beschreibungen der Neuwagen. Laut einer EU-Vorschrift müssen sie den CO_2-Ausstoß pro km angeben. Du wirst in der Tat Angaben etwa zwischen 140 g CO_2/km und 200 g CO_2/km finden – unsere Rechnung war korrekt. Da wird man bei den zahlreichen Meldungen über die Erderwärmung und den Treibhauseffekt des Kohlenstoffdioxids doch nachdenklich ...

Die idealen Gase

Nun, ideal sind Gase nicht immer, wie du gleich sehen wirst. Aber wenn sie es sind, dann machen sie uns das Leben leichter. Das verdanken wir einem Gesetz unseres italienischen Rechenkünstlers Amadeo Avogadro, nach dem bereits die Zahl von 602 Trilliarden benannt ist. Aufbauend auf Forschungen des französischen Naturwissenschaftlers Gay-Lussac, Professor für Chemie und Physik (1778–1850), formulierte Avogadro im Jahr 1811:

Gleiche Volumina aller Gase enthalten bei gleicher Temperatur und gleichem Druck die gleiche Zahl von Teilchen.

Eine sehr bedeutsame Feststellung – in einem Liter Sauerstoff und einem Liter Wasserstoff sind demnach genau gleich viele Moleküle enthalten! Und in einem Liter Helium finden wir genau die gleiche Zahl von Helium-Atomen!

Genauere Untersuchungen haben ergeben, dass die Avogadro-Feststellung nur in so genannten idealen Gasen gültig ist.

In idealen Gasen ziehen sich die Teilchen gegenseitig nicht mehr an, weil sie zu weit voneinander entfernt sind, sich zu schnell bewegen und nur noch gelegentlich »elastisch« zusammenstoßen.

Praktisch kommen bei 0 °C (273 K) und normalem Luftdruck die Gase Wasserstoff, Stickstoff, Sauerstoff und Fluor/Chlor sowie die leichteren Edelgase diesem Zustand so nahe, dass die Avogadro-Feststellung für sie recht gut erfüllt ist. In schwereren Gasen jedoch, die erst wenig unter 0 °C zu sieden beginnen, beeinflussen sich die Teilchen gegenseitig noch so stark, dass man von *realen* Gasen spricht und die Avogadro-Feststellung nicht gilt. Prominentes Beispiel ist Ammoniak, NH_3: Der Siedepunkt liegt bei –33 °C; Ammoniak verhält sich erst oberhalb von 500 °C »ideal«.

Das Molvolumen

Aber wo liegt der Zusammenhang mit unserer Stoffmengen-Einheit, dem Mol? Nun, man bemühte sich herauszufinden, in welchen (idealen) Gasvolumina denn eigentlich genau die Stoffmenge 1 mol enthalten sei, und dieses Bemühen war von Erfolg gekrönt:

22,4 Liter aller idealen Gase enthalten bei 0 °C und normalem Luftdruck in Meereshöhe genau ein Mol Teilchen (Molvolumen).

Abb. 8.4: Gleiche Volumina idealer Gase – gleiche Teilchenzahl

Damit können wir jetzt einige Rechenbeispiele auf die Volumenverhältnisse ausdehnen, z.B. unser Octan-Problem. Es sind auf 100 km Fahrstrecke 440 mol CO_2 entstanden. Das entspricht bei einem Molvolumen von 22,4 l/mol:

440 mol CO_2 * 22,4 l/mol = 9856 l CO_2 – fast zehn Kubikmeter CO_2 also! Bei einem einzigen Auto, über eine Strecke von 100 km! Es gibt in Deutschland 42 Millionen Autos, weltweit sind es etwa 700 Millionen. Jeder Deutsche ist täglich durchschnittlich 32 km im eigenen Auto unterwegs – das CO_2-Problem wird anschaulich.

Volumenverhältnisse bei Gasreaktionen

Sie lassen sich nach Kenntnis des Molvolumens viel leichter angeben als die Massenverhältnisse. Beispiel Knallgasreaktion:

$2\ H_2 + O_2 \rightarrow 2\ H_2O$

Zwei mol Wasserstoff reagieren mit einem mol Sauerstoff – also (bei 0 °C und normalem Luftdruck) 44,8 l Wasserstoff mit 22,4 l Sauerstoff. Da bei den entstehenden Temperaturen Wasser gasförmig entsteht, könnten wir auch angeben, dass 44,8 l Wasser entstehen – aber das gilt nur umgerechnet auf die Temperatur 0 °C. Die Reaktion verläuft damit nur bei so genannter isothermer Reaktionsführung (also bei Konstanthaltung der Temperatur während der Reaktion) unter Volumenverminderung von 67,2 l Sauerstoff-/Wasserstoffgemisch zu 44,8 l Wasser-Gas. In realen Knallgasreaktionen dehnt sich das Reaktionsprodukt durch die hohe Explosionstemperatur stark aus.

Ein zweites, prominentes Beispiel ist die Ammoniak-Synthese. Reaktionsgleichung:

$N_2 + 3\ H_2 \rightarrow 2\ NH_3$

Hier ist in der chemisch-technischen Praxis eine isotherme Reaktionsführung (bei 500 °C) gegeben. Aus einem Raumteil Stickstoff und drei Raumteilen Wasserstoff entstehen damit zwei Raumteile Ammoniak – eine starke Volumenabnahme, die nach dem Prinzip des kleinsten Zwangs zur Anwendung hohen Drucks bei der Ammoniak-Produktion führt (siehe Kapitel 4, *Die Jagd nach der Ausbeute*).

Zusammenfassung

Wir sind damit am Ende dieses Rechen-Kapitels angekommen. Hoffentlich war es nicht so schlimm! In Kapitel 8 hast du gelernt

- dass der Chemiker unter Stoffportion die konkret verwendete Masse eines Stoffes versteht

- dass die Stoffmenge die Anzahl der »Mol-Pakete« in einer Stoffportion angibt
- dass ein Mol aus 602 Trilliarden Teilchen besteht
- dass die Molmasse die Masse von 602 Trilliarden genau bezeichneter Teilchen einer Verbindung oder eines Elements ist
- dass die Molmassen im *Zahlenwert* gleich den Atom- und Molekülmassen aus Kapitel 5 sind
- dass sich der Stoffumsatz bei chemischen Reaktionen unter Verwendung von Molzahlen und Molmassen und Anwendung der Dreisatzrechnung ermitteln lässt
- dass ideale Gase unter gleichen äußeren Bedingungen die gleiche Zahl von Teilchen enthalten
- dass ein Mol idealer Gase bei 0 °C und normalem Luftdruck das Volumen von 22,4 Litern einnimmt
- dass manche Gase bei 0 °C nicht ideale, sondern reale Gase sind

Aufgaben

1. Vervollständige in der Tabelle jeweils die fehlenden Einträge.

Stoff	Molmasse M [g/mol]	Stoffmenge n [mol]	Stoffportion m [g]
Li_2O	30		6
Au		0,4	78,8
$C_6H_{12}O_6$	180	1,8	
$CuCl_2$	134,5		33,63

2. Gebe die Art der Teilchen bei Li_2O und $CuCl_2$ an, die in den jeweils in der Tabelle angegebenen Molmassen 602 Trilliarden Mal enthalten sind. Zusätzliche Angaben: M(Li) = 7 g/mol; M(Cu) = 63,5 g/mol; M(Cl) = 35,5 g/mol.
3. Gebe die Molmassen der Verbindungen C_2H_6O (Alkohol) und H_3PO_4 (Phosphorsäure) an. M(P) = 31 g/mol.
4. 2,4 kg Holz mit einem durchschnittlichen Kohlenstoffgehalt von 50% werden im Ofen verbrannt. Nehme vereinfachend an, dass nur die C-

Atome oxidiert werden. Berechne die notwendige Stoffportion Sauerstoff in Gramm und in Litern.

5. Ein Erwachsener gibt täglich etwa 360 Liter CO_2 an die Umwelt ab. Berechne, welcher Menge (Stoffportion) an C-Atomen das entspricht, die in diesem Menschen oxidiert wird.

6. Aus Stickstoff (N_2) kann mit Sauerstoff die Verbindung N_2O_3 erzeugt werden. Stelle die Reaktionsgleichung auf und nenne die Volumina von Stickstoff, Sauerstoff und N_2O_3, wenn 35 g Stickstoff eingesetzt werden. M(N) = 14 g/mol.

9

C gleich organische Chemie

Das Element Kohlenstoff darf für sich in Anspruch nehmen, eine eigene Fachrichtung der Chemie begründet zu haben – und auch noch die vielfältigste von allen. Mehr als zwanzig Millionen chemische Verbindungen sind bekannt, etwa 97 Prozent davon sind Kohlenstoffverbindungen! Wie ist so etwas möglich, woher kommt der Name »organische« Chemie? Wie kann man über eine so riesige Zahl von Verbindungen den Überblick behalten? In welchem Maße sind natürliche Vorgänge an dieser Vielfalt beteiligt, in welchem Maße die chemische Industrie? Diesen Fragen wollen wir auf der Grundlage des bereits erworbenen Wissens nachgehen.

In diesem Kapitel erfährst du

- woher die grundsätzliche Unterscheidung zwischen anorganischer und organischer Chemie rührt
- warum so wenige Elemente so viele verschiedene Verbindungen bilden können
- welche weiteren besonderen Merkmale organische Verbindungen besitzen
- woraus die fossilen Rohstoffe bestehen und wie sie verarbeitet werden
- in welche Stoffklassen organische Verbindungen eingeteilt werden
- welche Produkte die chemische Industrie aus organischen Verbindungen herstellt

Lebenskraft aus dem Reagenzglas

Der deutsche Chemiker Friedrich Wöhler (1800–1882) staunte nicht schlecht: War es wirklich Harnstoff, was er da im Jahr 1828 aus ganz gewöhnlichen Chemikalien hergestellt hatte? Eine Verbindung, die doch nur durch lebende Organismen im Stoffwechsel erschaffen werden konnte? Aufgeregt schrieb er an seinen Freund, den berühmten schwedischen Chemieprofessor Berzelius:

> »Ich muss Ihnen sagen, dass ich Harnstoff machen kann, ohne dazu Nieren oder überhaupt ein Tier, sei es Mensch oder Hund, nötig zu haben.«

Das Pikante daran: Besagter Professor Jöns Jakob Berzelius (1779–1848) hatte die damals gültige Lehrmeinung begründet, dass solche *organischen* Stoffe nur durch eine geheimnisvolle »Lebenskraft« (vis vitalis) entstehen könnten, niemals jedoch auf künstlichem Wege. Auch Justus von Liebig, der Chemielehrer Wöhlers, war bis dahin ein prominenter Vertreter der »Lebenskrafttheorie«. Aber das war nun vorbei! Angeregt durch das Beispiel Wöhlers synthetisierten Chemiker in aller Welt fast am Fließband organische Verbindungen – aus der *vis vitalis* wurde die *organische Chemie*.

> Stoffe wie Fette, Eiweiße, Kohlenhydrate, Fruchtsäuren, Alkohole und viele mehr galten als *organische* Verbindungen, die nur durch eine besondere »Lebenskraft« in lebenden Organismen entstehen konnten. 1828 wurde diese Theorie durch Friedrich Wöhler widerlegt.

Die prinzipielle Schranke zwischen *unbelebten* (anorganischen) und *belebten* (organischen) Verbindungen war damit gefallen. Organische Verbindungen konnten (grundsätzlich) wie alle anderen im Labor hergestellt werden. Dennoch blieb die Unterscheidung zwischen den beiden Verbindungsarten bis in unsere Zeit erhalten, erfolgt die Beschäftigung mit ihnen bis heute in unterschiedlichen Fachrichtungen. Sehen wir uns die Gründe für diese Sonderbehandlung näher an – betreten wir das Reich des C-Atoms, des »Herrschers der organischen Chemie«.

Von Ketten und Ringen

Eigentlich könnte es auch eine »Wasserstoffchemie« geben. Wasserstoff ist höchstwahrscheinlich an noch mehr Verbindungen beteiligt als Kohlenstoff; auch fast alle organischen Verbindungen enthalten das H-Atom. Warum gelten trotzdem die C-Atome als kennzeichnend für die organische Chemie?

Die Sonderstellung des C-Atoms ergibt sich aus seinen Eigenschaften. Mit einer Elektronegativität von 2,5 liegt es im Mittelfeld und kann daher relativ unpolare (stabile, energiearme) Bindungen mit anderen Nichtmetall-Atomen ausbilden. Mit vier Außenelektronen liegt es ebenfalls im Mittelfeld. Es kann sich damit an vier Elektronenpaarbindungen (auch mit unterschiedlichen Partnern) beteiligen.

Darin ähnelt es Silizium, das allerdings bereits stärkere metallische Eigenschaften hat (stärker zur Ionenbildung neigt). Entsprechend gibt es auch von Silizium eine Vielzahl von Verbindungen (Silikone), die aber sowohl nach der absoluten Zahl also auch nach der Bindungsvielfalt meilenweit von Kohlenstoff entfernt sind.

Die organische Chemie ist die Chemie der Kohlenstoffverbindungen.

C-Atome sind in der Lage, in fast jeder denkbaren Kombination und Molekülgröße Ketten und Ringe untereinander und unter Beteiligung einiger anderer Atom-Arten (O, N und S) zu bilden. Darüber hinaus können sie Bindungen vor allem mit Wasserstoff-, Phosphor- und Halogen-Atomen eingehen. Aus der Vielfalt der möglichen Molekülgrößen, Strukturen und Zusammensetzungen ergibt sich die riesige Zahl organischer Verbindungen.

Als Bindungsart liegt in organischen Verbindungen fast ausschließlich die Elektronenpaarbindung vor.

Sehen wir uns Beispiele dieser Vielfalt an:

Abb. 9.1: Beispiele einfacher organischer Verbindungen

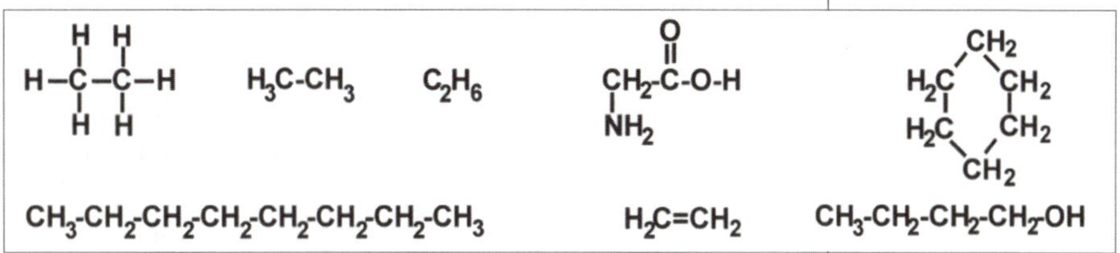

An der Verbindung C_2H_6 – Ethan (ein Erdgasbestandteil) – werden unterschiedliche Möglichkeiten der Formelschreibweise sichtbar: die ausführliche Strukturformel, aus der alle gemeinsamen Elektronenpaare ersichtlich sind; die vereinfachte (rationelle) Strukturformel, in der Bindungen zu Gruppen zusammengefasst sind (insbesondere diejenigen mit Wasserstoff) und schließlich die Summenformel.

Sicher ist die Summenformel am einfachsten zu handhaben, aber gerade in der organischen Chemie kommt es sehr auf die Struktur an. So existieren bereits 24.894(!) verschiedene Verbindungen mit der Summenformel $C_{17}H_{36}$ – und es gibt noch weit größere und kompliziertere Moleküle.

Ein guter Kompromiss ist daher die vereinfachte Strukturformel, die in diesem Buch weitgehend verwendet wird.

Naturstoffe, Kunststoffe, künstliche Stoffe

Die Herstellung von Naturstoffen wie z.B. Alkohol – ohne natürliche Gärung – ist heutzutage kein Problem mehr. Aber auch Vitamine, Fette und vieles mehr kann synthetisiert werden. Es gibt, wie erwähnt, keine *prinzipielle* Schranke mehr (das hat nicht nur positive Aspekte). Daneben produziert die organisch-chemische Industrie Lösungsmittel, Medikamente, Farbstoffe, Kunststoffe und Abertausende Wirkstoffe, die in der Natur nicht vorkommen.

Angesichts der ungeheuren Zahl und Vielfalt bereits bekannter und noch möglicher organischer Verbindungen ist eine Ordnung nach *Produktarten* – etwa nach Medikamenten, Kunststoffen etc. – für den Chemiker nicht sinnvoll.

Sehr unterschiedliche Produkte können ganz ähnliche Wirkstoff-Moleküle enthalten. Die Klassifizierung (Einteilung) organischer Verbindungen muss nach Kriterien der *Molekülstruktur* erfolgen.

Aromatisch, cyclisch, carbo, hetero?

Zunächst bietet es sich an, nach Ketten- und Ringformen der Moleküle zu unterscheiden. Insbesondere bei ringförmigen (cyclischen) Molekülen kommt es aber sehr auf die Zusammensetzung an: Sind neben C-Atomen auch Sauerstoff-, Stickstoff- oder Schwefel-Atome beteiligt? Daneben

sind weitere Unterscheidungsmerkmale möglich: So sind z.B. in manchen Ringen die Bindungselektronen zu absonderlichem Verhalten fähig. Der Chemiker nennt diese Verbindungen »Aromaten« (was nichts mit Aroma zu tun hat); du wirst im nächsten Abschnitt den prominentesten Vertreter dieser Sondergruppe kennen lernen. Beschränken wir uns bis dahin auf die einfachstmögliche Systematik:

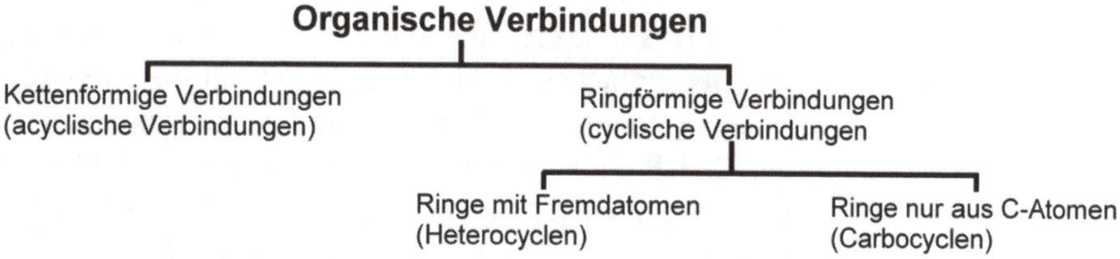

Abb. 9.2: Einteilung organischer Verbindungen

Nicht alle Kohlenstoffverbindungen werden zur organischen Chemie gezählt:

Kohlensäure, CO, CO_2, Carbonate (Salze der Kohlensäure, z.B. Kalkstein, Marmor) sowie Verbindungen des C-Atoms mit Metall-Atomen (Carbide, z.B. SiC) werden als anorganische Verbindungen bezeichnet.

Angesichts der ungeheuren Vielfalt organischer Verbindungen muss ich mich in diesem Kapitel auf die beispielhafte (exemplarische) Beschreibung ausgewählter Stoffklassen beschränken. Im nächsten Kapitel ergänze ich den Überblick durch die Betrachtung wichtiger Naturstoffe. Du bist mir sicher nicht böse, wenn wir unseren Rundgang bei den einfachsten Vertretern beginnen. Sie bestehen nur aus zwei Atomarten, aber sie haben gewaltige wirtschaftliche Bedeutung.

Kohlenwasserstoffe – verbrannt in alle Ewigkeit?

Der Verbrennungstod ist ihr häufigstes Schicksal: Kohlenwasserstoffe. Das ist sehr schade, denn sie können auch zu Höherem berufen sein. Als Rohstoff für die chemische Industrie sind sie nahezu unersetzlich.

Quelle der Kohlenwasserstoffe sind die so genannten fossilen Rohstoffe Erdöl, Erdgas und Kohle. Die Verbindungen bestehen – wie ihr Name schon sagt – nur aus Kohlenstoff- und Wasserstoff-Atomen. Leider macht sie

das nicht völlig unkompliziert. Es gibt zwar nur zwei unterschiedliche Moleküle (*Isomere*) mit der Summenformel C_4H_{10}, aber deren 366.319 mit der Summenformel $C_{20}H_{42}$. Jedes hinzukommende C-Atom erhöht die Zahl möglicher Atomkombinationen.

Die einfachste organische Verbindung

Kohlenwasserstoffe sind die »einfachsten« organischen Verbindungen, und der einfachste Kohlenwasserstoff hat die Formel CH_4 – Methan, der Hauptbestandteil des Erdgases. An Methan kann man die Besonderheiten der C-H-Bindung am leichtesten studieren. C bildet mit den H-Atomen vier Elektronenpaare aus, die sich natürlich gegenseitig abstoßen. Die sich aus diesen Abstoßungskräften ergebende Form ist ein Tetraeder (eine »Dreiecks-Pyramide«), in dessen Zentrum das C-Atom sitzt und dessen Ecken von den H-Atomen gebildet werden. Die Winkel zwischen den Atomen betragen 109,5°.

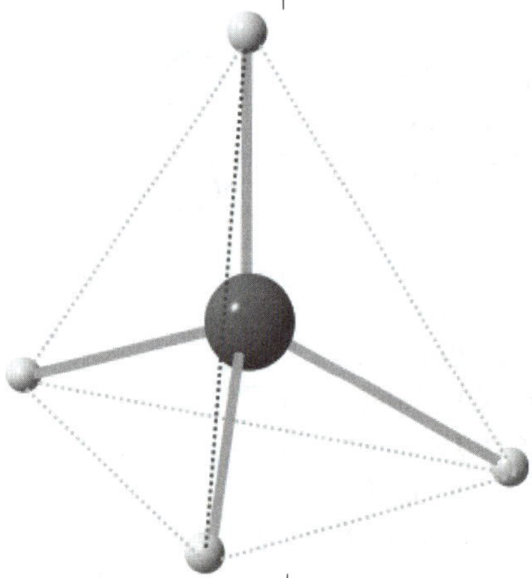

Abb. 9.3: Tetraederform des Methans

Die Kette wächst: Alkane

Methan ist der erste Vertreter der Kohlenwasserstoff-Untergruppe *Alkane*.

Kennzeichen der Alkane: Ketten aus C-Atomen, die durch jeweils *ein* gemeinsames Elektronenpaar verbunden sind (*Einfachbindungen*).

Bei der Verlängerung der Kette wird ein H-Atom des Methans durch ein C-Atom ersetzt. Jedes C-Atom kann vier Elektronenpaare bilden, jeweils eines davon wird für die C-C-Bindung gebraucht, die anderen für die H-Atome: Aus CH_4 wird H_3C-CH_3, einfacher geschrieben CH_3-CH_3, Summenformel C_2H_6, Name Ethan. Weitere Verlängerung: CH_3-CH_2-CH_3, Summenformel C_3H_8, Name Propan. Aus dem Vergleich Ethan – Propan ist erkennbar, dass dabei (formal) eine Atomgruppe CH_2 eingefügt wird. Propangas ist bei Camping-Freunden wohlbekannt.

Wiederholen wir den CH_2-Einfüge-Schritt: CH_3-CH_2-CH_2-CH_3, Summenformel C_4H_{10}, Name Butan. Es wird in Feuerzeugen verwendet (durch Druck verflüssigt, entströmt es dem Ventil wieder gasförmig). Abbildung 9.4 gibt zwei unterschiedlich detaillierte Strukturdarstellungen des Butans wieder, wie sie sich aus dem Tetraederwinkel ergeben.

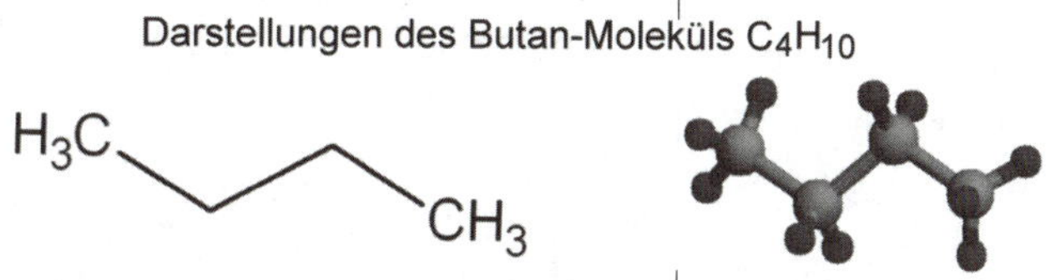

Abb. 9.4: Darstellung des Butan-Moleküls mit Kettenformel und räumlicher Formel

Jede »Ecke« in der Kettendarstellung steht für die Atomgruppe CH_2. Die Fortführung der (formalen) CH_2-Gruppen-Einfügung ergibt schließlich die »homologe Reihe der Alkane«:

Eine homologe Reihe ist eine Reihe von Verbindungen, die sich jeweils um die Atomgruppe CH_2 unterscheiden.

Tabelle 9.1: Homologe Reihe der Alkane mit Schmelz- und Siedepunkten

Name	Summenformel	Schmelzpunkt °C	Siedepunkt °C
Methan	CH_4	–183	–162
Ethan	C_2H_6	–183	-89
Propan	C_3H_8	–188	-42
Butan	C_4H_{10}	–138	-1
Pentan	C_5H_{12}	–130	+36
Hexan	C_6H_{14}	–95	+69
Heptan	C_7H_{16}	-91	+98
Octan	C_8H_{18}	-57	+126

Name	Summenformel	Schmelzpunkt °C	Siedepunkt °C
Nonan	C_9H_{20}	–54	+150
Decan	$C_{10}H_{22}$	–30	+173
Undecan	$C_{11}H_{24}$	–26	+196
...	...	...	...
Hexadecan	$C_{16}H_{34}$	+18	+287
Heptadecan	$C_{17}H_{36}$	+23	+303

Wie bereits aus der Definition der *homologen Reihe* hervorgeht, nimmt in den Summenformeln von Verbindung zu Verbindung die Zahl der C-Atome um eins, die der H-Atome um zwei zu. Am Anfang und am Ende der Kette tritt jeweils ein weiteres H-Atom hinzu: $H\text{-}[CH_2]_n\text{-}H$. So lässt sich eine allgemeine Formel aufstellen:

Allgemeine Summenformel der Alkane: C_nH_{2n+2}

Weitere Erkenntnisse aus der Tabelle:

Bis Butan sind die Alkane bei Zimmertemperatur gasförmig, von Pentan bis etwa Hexadecan flüssig, darüber fest.

Das Glasperlenspiel der Isomerie

Ab Butan haben die C-Atome – unter Beibehaltung der Kettenform – mehrere Verknüpfungsmöglichkeiten. Der Chemiker spricht von *Kettenverzweigungen*, wodurch *Isomere* entstehen:

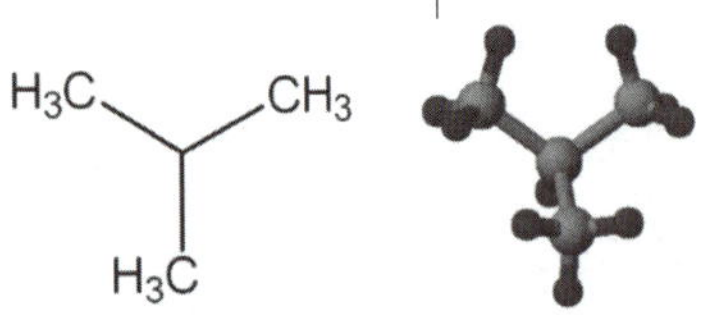

iso-Butan (Siedepunkt -12 °C)

n-Butan (Siedepunkt -1 °C)

Abb. 9.5: Räumliche Darstellungen der Butan-Isomeren

Wie aus den unterschiedlichen Siedepunkten ersichtlich ist, handelt es sich nicht um eine rein theoretische Spitzfindigkeit.

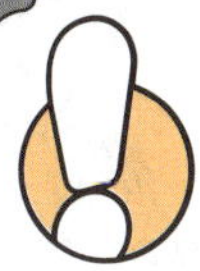

Unter Isomerie versteht man die Existenz von Molekülen mit gleicher Summenformel, aber verschiedener Struktur (Atomverknüpfung) oder verschiedener räumlicher Atom-Anordnung. Diese Moleküle werden Isomere genannt, sie sind isomer zueinander.

Isomere sind tatsächlich unterschiedliche Verbindungen mit unterschiedlichen Eigenschaften. Das Phänomen der Isomerie trägt damit wesentlich zur Vielfalt organischer Verbindungen bei.

Die korrekte Bezeichnung der Isomeren ist bis Pentan (drei Isomere) noch auf einfache Weise möglich (die unverzweigte Kette erhält den vorangestellten Buchstaben n, die Isomeren die Vorsilben *iso* und *neo*). Grundsätzlich existiert jedoch für die eindeutige Bezeichnung aller organischen Verbindungen ein komplettes, teilweise recht kompliziertes Benennungsregelwerk, die so genannte *systematische Nomenklatur organischer Verbindungen*. Im Pentan-Beispiel (Abbildung 9.6) wurden die Isomere nach diesen Regeln benannt; darüber hinaus soll es in diesem einführenden Kapitel zur organischen Chemie aber nicht vertieft werden.

Hermann Hesse (1877–1962), bedeutender deutscher Schriftsteller und Literatur-Nobelpreisträger von 1946, nannte einen seiner Romane »Das Glasperlenspiel«. Daran fühlt man sich bei der Befassung mit den möglichen Isomeren organischer Verbindungen gelegentlich erinnert – die »Glasperlen« (C-Atome) werden auf immer neue Weise kombiniert und schließlich sieht man den Wald vor lauter Bäumen nicht mehr. Wir wollen dieses Glasperlenspiel den Profis überlassen und hier nicht zu weit treiben. Abbildung 9.6 mit den drei möglichen Isomeren des Pentans und eine Übersicht der möglichen Isomerenzahlen sollen genügen.

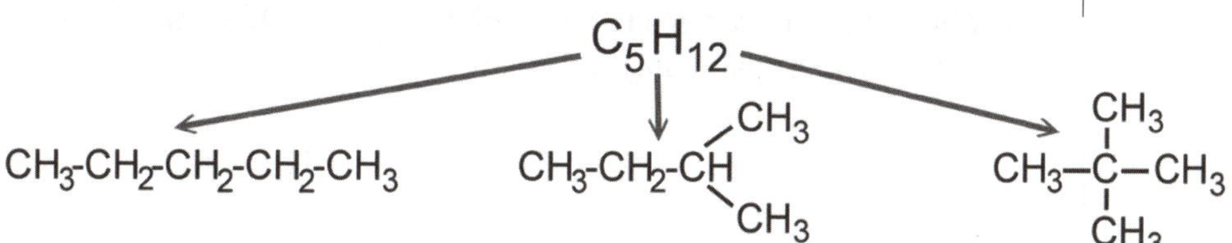

n-Pentan, Sdp. +36°C | Methylbutan, Sdp. +28°C | Dimethylpropan, Sdp. +9°C

Abb. 9.6: Isomere des Pentans mit Siedepunkten

Tabelle 9.2: Isomerenzahlen einiger Alkane

Name	Summenformel	Isomerenzahl
Methan	CH_4	1
Ethan	C_2H_6	1
Propan	C_3H_8	1
Butan	C_4H_{10}	2
Pentan	C_5H_{12}	3
Hexan	C_6H_{14}	5
Heptan	C_7H_{16}	9
Octan	C_8H_{18}	18
Nonan	C_9H_{20}	35
Decan	$C_{10}H_{22}$	75
...	...	...
Hexadecan	$C_{16}H_{34}$	10.359
...	...	...
Eicosan	$C_{20}H_{42}$	366.319
...	...	...
Triacontan	$C_{30}H_{62}$	4.111.846.763

Van der Waals und der Siedepunkt

Woraus ergibt sich eigentlich der Anstieg der Siedepunkte in der Reihe der Alkane? Und woraus ergeben sich die Siedepunktsunterschiede zwischen den Butan- und Pentan-Isomeren? Allgemeiner gefragt: Wie ergeben sich *überhaupt* die Siedepunktsunterschiede zwischen verschiedenen Verbindungen?

Bereits in Kapitel 3 wurde der Übergang vom festen zum flüssigen und gasförmigen Aggregatzustand mit dem daltonschen Atommodell kugelförmiger Teilchen anschaulich gemacht:

Alle Teilchen eines Stoffes sind bei *jeder* Temperatur über dem absoluten Nullpunkt (-273,15 °C) in ständiger Bewegung. Im festen Zustand ist das eine Zitterbewegung. Mit steigender Temperatur wird die Bewegung stärker, so dass sich die Teilchen zwar von ihrem festen Platz lösen und umherwandern können, aber immer noch zusammenbleiben. Der Stoff schmilzt. Bei weiterem Temperaturanstieg schließlich bewegen sich die Teilchen so stark, dass sie die gegenseitigen Anziehungskräfte vollständig überwinden können und sich voneinander entfernen. Der Stoff geht vom flüssigen in den gasförmigen Zustand über, er siedet.

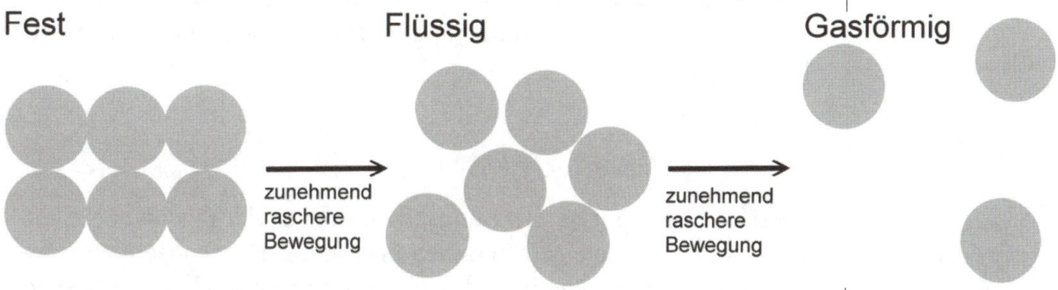

Abb. 9.7: Aggregatzustände im daltonschen Teilchenmodell

Schwerere Moleküle bewegen sich bei gleicher Temperatur langsamer als leichtere. Das könnte bereits ein Teil der Antwort auf unsere Fragen sein – aber eben nur ein *Teil*. Denn die Butan- und Pentan-Isomeren haben ja gleiche Masse, aber dennoch verschiedene Siedepunkte. Wir müssen uns deshalb die *Art* der Anziehungskräfte zwischen den Teilchen chemischer Verbindungen näher ansehen.

Ionische Anziehungskräfte sind sehr stark. *Salze* haben deshalb im Allgemeinen hohe Schmelz- und Siedepunkte. Beim Schmelzen und Sieden müssen sich die entgegengesetzt geladenen Ionen voneinander entfernen und die starken gegenseitigen Anziehungskräfte überwinden. Dazu muss man sie aber stark »schütteln« (durch hohe Temperatur)!

Bei Molekülverbindungen sieht das anders aus: Zwar ist auch die Elektronenpaarbindung sehr fest, doch beim Schmelzen/Sieden spielt sie überhaupt keine Rolle! Die Moleküle verändern sich dabei nämlich gar nicht. Es geht vielmehr um die Kräfte *zwischen* den Molekülen!

Beim Schmelzen und Sieden von Molekülverbindungen müssen *zwischenmolekulare* Kräfte überwunden werden. Diese Kräfte sind viel schwächer als die Bindungskräfte der Ionen-, Metall- und Elektronenpaarbindung. Molekülverbindungen haben deshalb im Allgemeinen *niedrigere* Schmelz- und Siedepunkte als Salze und Metalle.

Zwischenmolekulare Kräfte hast du bereits in Kapitel 5 kennen gelernt: Der Zusammenhalt zwischen Wasser-Molekülen beruht auf so genannten *Wasserstoffbrücken* und erklärt den relativ hohen Siedepunkt von 100 °C. Wasserstoffbrücken sind Anziehungskräfte zwischen den Dipol-Molekülen des Wassers.

Zur Wiederholung (siehe Kapitel 5):

Bei unterschiedlicher Elektronegativität der an der Bindung beteiligten Atome sind die gemeinsamen Bindungselektronenpaare in Richtung des elektronegativeren Atoms verschoben. Dadurch entstehen Teilladungen im Molekül, das folglich zum *Dipol* wird. Besonders starken Dipolcharakter haben alle Bindungen des H-Atoms an Sauerstoff (z.B. im Wasser, H_2O) und die Wasserstoffverbindungen von Fluor und Chlor, HF und HCl.

Diese Dipole bilden sich – wie erwähnt – aufgrund des hohen Elektronegativitätsunterschieds zwischen den Atomen O und H; sie sind deshalb beständig (*permanent*).

Dipolkräfte, wie sie zwischen Wasser-Molekülen wirken, liegen bei Alkanen mit Sicherheit *nicht* vor. Zum einen erkennt man das bereits an den viel niedrigeren Siedepunkten bei vergleichbarer Molekülmasse (Methan, CH_4, Molekülmasse 16 u: Siedepunkt –162 °C; Wasser, H_2O, Molekülmasse 18 u: Siedepunkt +100 °C). Zum anderen ist der Elektronegativitätsunterschied zwischen C und H mit 0,4 viel kleiner als der zwischen O und H (1,4).

Zur Wiederholung (siehe Kapitel 5):

Elektronegativität ist die Anziehungskraft des Atoms auf bindende Elektronenpaare. Sie ist bei Fluor, gefolgt von Sauerstoff und Chlor, am größten. Die Elektronegativität wird mit einem Zahlenwert angegeben.

Was aber hält die Alkan-Moleküle zusammen? Hier kommt der holländische Physik-Professor Johannes van der Waals (1837–1923) ins Spiel. Er erforschte die Kräfte zwischen solchen ungeladenen und unpolaren Teilchen; ihm zu Ehren werden sie *van-der-Waals-Kräfte* genannt. In Kürze zusammengefasst:

Auch in ungeladenen, unpolaren Molekülen entstehen durch Schwingungen der Atome sowie durch Ladungseinflüsse der Nachbar-Moleküle kurzzeitige, ständig wechselnde Unregelmäßigkeiten in der Elektronenverteilung. Dadurch bilden sich kurzzeitige, schwache und ständig wechselnde Dipole, die im zeitlichen Mittel an der *gesamten Moleküloberfläche* wirksam sind. Diese kurzzeitigen (*temporären*) Dipole bewirken schwache Anziehungskräfte zwischen den Molekülen. Man nennt diese Kräfte van-der-Waals-Kräfte.

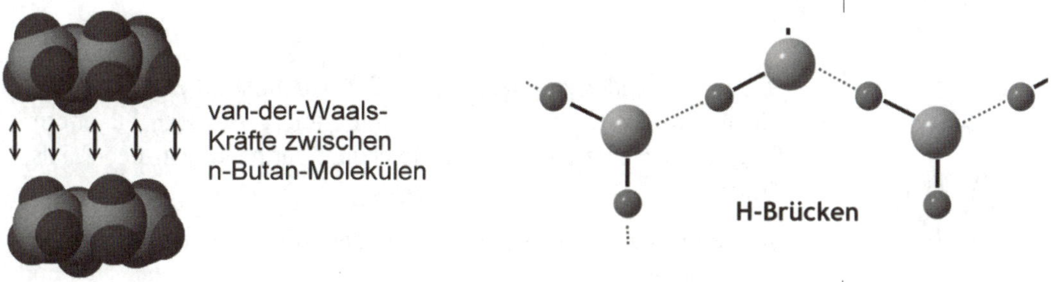

Abb. 9.8: Van-der-Waals-Kräfte und H-Brücken im Vergleich

In Abbildung 9.8 sind die Butan-Moleküle in ihrer (annähernd) tatsächlichen Gestalt dargestellt. Es ist deutlich sichtbar, dass die Wirksamkeit der van-der-Waals-Kräfte direkt von der Oberfläche abhängig ist. Zum besseren Verständnis kann man sich die Moleküloberfläche mit einem schwachen »Leim« überzogen vorstellen. Je größer die Oberflächen der benachbarten Moleküle, desto besser hält dieser »Leim«.

Je größer die Moleküloberfläche, desto stärker die van-der-Waals-Kraft. In der homologen Reihe der Alkane nimmt deshalb mit wachsender Kettenlänge der Siedepunkt zu.

Damit sind wir jetzt auch in der Lage, die unterschiedlichen Siedepunkte der Butan- und Pentan-Isomeren zu erklären. Sie ergeben sich aus den unterschiedlichen *Oberflächen* der Moleküle.

Abb. 9.9: Abhängigkeit der van-der-Waals-Kräfte von der Moleküloberfläche

Mit zunehmender Verzweigung der C-Kette nimmt die Moleküloberfläche ab. Die Gestalt der Isomeren nähert sich der Kugelform. Dadurch wirken zwischen den Molekülen geringere van-der-Waals-Kräfte.

Bei den Isomeren eines Alkans sinkt deshalb mit zunehmender Verzweigung der Siedepunkt.

Van der Waals und die Löslichkeit

Aus dem Vergleich der van-der-Waals-Kräfte mit denjenigen der Wasserstoffbrücken erklären sich auch die unterschiedlichen Löslichkeiten. In »echten« Lösungen (Kapitel 2) vermischen sich die Stoffe auf Teilchenebene. Dazu müssen die zwischenmolekularen Kräfte zwischen *gleichartigen* Teilchen überwunden und durch Kräfte zwischen *ungleichen* Teilchen ersetzt werden. Die Kräfte zwischen permanenten Wasserdipolen sind aber viel stärker, als sie zwischen (unpolaren) Kohlenwasserstoff- und (polaren) Wasser-Molekülen je sein könnten. Deshalb bleiben die Teilchen lieber unter sich.

Emulgatoren (siehe Kapitel 2) können diesen Zustand teilweise aufheben. Man könnte sie als »gespaltene Persönlichkeiten« bezeichnen: an einer Stelle polar, das übrige Molekül unpolar.

Emulgatoren gaukeln sowohl unpolaren als auch polaren Stoffen vor, sie seien »einer von ihnen«. Die unpolare Seite der Emulgator-Moleküle besteht im Allgemeinen aus CH_2-Ketten, wie sie auch in Alkanen vorliegen, die polare Stelle aus einer ionischen Ladung. Der bekannteste Emulgator ist *Seife*. In Kapitel 10 werden die Eigenschaften von Seife beschrieben.

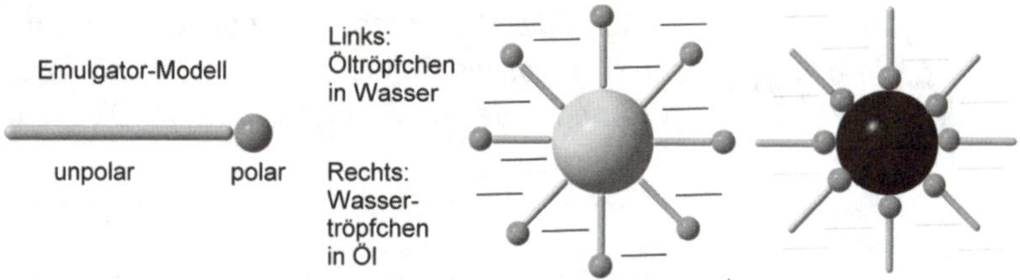

Abb. 9.10: Wirkungsweise eines Emulgators

Ringe, Alkene, Alkine

Da beißt sich die Katze in den Schwanz: Alkane mit mindestens drei C-Atomen können auch Ringe bilden. Stabil sind solche Ringe aber erst ab fünf C-Atomen.

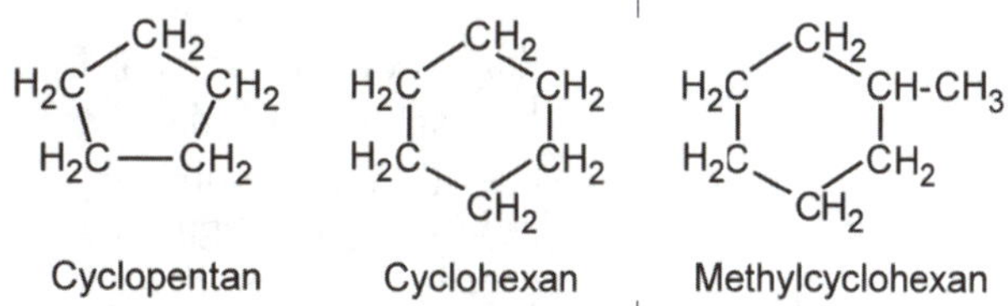

Abb. 9.11: Cyclische Alkane (Cycloalkane)

Wie zu sehen ist, können auch in cyclischen Kohlenwasserstoffen Verzweigungen auftreten. In ihrem chemischen Verhalten ähneln die Cycloalkane ihren kettenförmigen Verwandten.

Durch den Ringschluss haben Cycloalkane zwei H-Atome verloren. Ihre allgemeine Summenformel lautet daher C_nH_{2n}.

C-Atome können sich aber auch durch Doppelbindungen, also durch zwei gemeinsame Elektronenpaare, zusammenschließen, und zwar in Ketten und in Ringen. Sogar drei gemeinsame Elektronenpaare (Dreifachbindungen) sind möglich. Für jedes zusätzliche gemeinsame Elektronenpaar werden zwei H-Atome geopfert.

Tabelle 9.3: Alkan, Alken, Alkin

Formel	CH_3-CH_3	CH_2=CH_2	CH≡CH
Name	Ethan	Ethen	Ethin
Bindungsart	Einfachbindung	Doppelbindung	Dreifachbindung
Summenformel	C_2H_6	C_2H_4	C_2H_2

Merksatz: Von jedem gebundenen C-Atom gehen in der Strukturformel *genau vier* Bindungsstriche aus, weil das C-Atom genau vier Elektronenpaare bilden muss, um das Oktett (gefüllte Außenschale) zu erreichen.

Ethen ist ein wichtiger Rohstoff für die Kunststoffherstellung (Polyethen, PE), Ethin auch unter dem Namen Acetylen bekannt. Es findet unter anderem beim Schweißen Verwendung (schon wieder ein Feuertod!).

Kohlenwasserstoffe mit Mehrfachbindungen werden als *ungesättigt* bezeichnet, weil sie (verglichen mit den »gesättigten« Alkanen) weniger H-Atome enthalten.

Kohlenwasserstoffe mit Doppelbindung erhalten die Endung -en, mit Dreifachbindung die Endung -in. Mehrfach vorkommende Doppel- oder Dreifachbindungen werden durch die Vorsilben di-, tri-, tetra- usw. angegeben. Beispiele:

Butadien = kettenförmiger Kohlenwasserstoff mit vier C-Atomen und zwei Doppelbindungen (gesprochen »...di-en«)

Nonatriin = kettenförmiger Kohlenwasserstoff mit neun C-Atomen und drei Dreifachbindungen (gesprochen »...tri-in«)

Cyclopentadien = ringförmiger Kohlenwasserstoff mit fünf C-Atomen und zwei Doppelbindungen

Durch die Mehrfachbindungen sind Alkene und Alkine sehr viel reaktionsfähiger als Alkane. Dies beruht auf der Möglichkeit, die *zusätzlichen* Bindungen wieder für andere Atome zu öffnen.

Bei ringförmigen Verbindungen mit Doppelbindungen kann ein Sonderfall auftreten, der bereits vorgestellte »aromatische Zustand«. Diese Bezeichnung hat historische Ursachen und nichts mit irgendeinem »Aroma« zu tun (die meisten der so genannten *Aromaten* riechen recht widerwärtig und sind hochgiftig).

Die Besonderheit bei Aromaten liegt im Verhalten der zur Einfachbindung hinzugetretenen Doppelbindungselektronen. Sie können sich vom zugehörigen C-C-Atompaar lösen und in einer Kreisbahn »delokalisieren«. Der so genannte *aromatische Zustand* ist nur in ringförmigen Verbindungen mit einer bestimmten Elektronenzahl möglich.

Dieser Spezialfall ist besonders deutlich sichtbar bei *Benzen* (früher Benzol genannt), dem einfachsten Aromaten, einer hochgiftigen und Krebs erregenden Verbindung. Es handelt sich nur scheinbar um Cyclohexatrien, C_6H_6. Zwar kann die Formel mit drei Doppelbindungen geschrieben werden und ergibt auch die korrekten Atomzahlen, im realen Molekül sind jedoch *keine Doppelbindungen* zu finden.

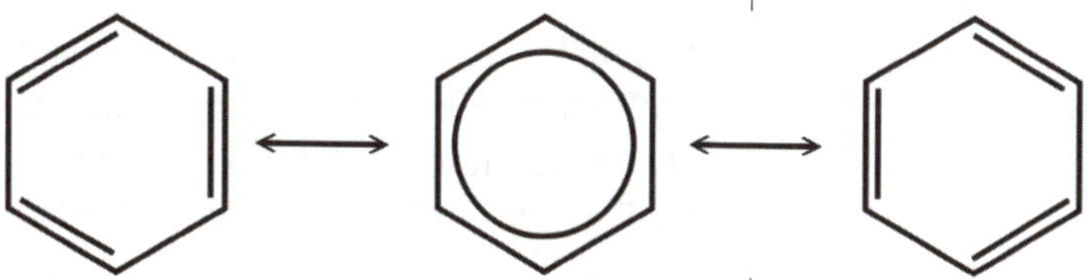

Abb. 9.12: Verschiedene Schreibweisen des Benzen-Moleküls

In Abbildung 9.12 ist die einfachstmögliche Schreibweise des Moleküls gewählt, wie sie von Chemikern üblicherweise verwendet wird. Jede »Ecke« steht für ein C-Atom, die H-Atome sind weggelassen. Die Schreibweisen links und rechts geben nur die theoretisch möglichen Bindungsstrukturen wieder. Die tatsächliche Struktur wird üblicherweise mit einem Ring innerhalb des Moleküls gekennzeichnet.

Der Friedhof der Organismen

Vor Hunderten von Millionen Jahren abgestorbene tierische und pflanzliche Organismen sind die Quelle unseres heutigen Wohlstands. Unter Luftabschluss verwesten sie zu den Substanzen, die wir heute Erdöl, Erdgas und Kohle nennen. Oft wird darüber spekuliert, in welchem Zeitalter wir eigentlich leben: dem Industriezeitalter? Dem Zeitalter der Informatik oder der Mobilität? Ich bin sicher: In ferner Zukunft wird man das 20. und 21. Jahrhundert das *Zeitalter des Erdöls* nennen. In atemberaubender Geschwindigkeit werden die Lagerstätten ausgebeutet – doch noch in diesem Jahrhundert wird es damit ein Ende haben. Kommt dann das Kohlezeitalter?

Erdöl und Erdgas sind aus tierischen und pflanzlichen Meeresorganismen entstanden. Kohle ist überwiegend aus Pflanzen entstanden.

Erdöl besteht fast ausschließlich aus Kohlenwasserstoffen und enthält kleine Mengen an Schwefel- und Stickstoffverbindungen (sie stammen aus dem Eiweiß der abgestorbenen Organismen). Erdgas besteht hauptsächlich aus Methan.

Kohle ist wesentlich komplizierter zusammengesetzt und deshalb schwerer zu verarbeiten. Die Kohlevorräte sind allerdings wesentlich größer als die Erdöl- und Erdgasvorräte.

Nach Förderung und Transport wird Erdöl in riesigen Raffinerien durch Destillation (siehe Kapitel 2) in die Verbindungen der einzelnen Siedebereiche zerlegt. Auf diese Weise gewinnt man die »Fraktionen« Leichtbenzin, Schwerbenzin, Kerosin, Gasöl und schwerere Bestandteile (z.B. Schmieröle, Bitumen).

Letztlich verwendet die chemische Industrie nur 7,5% des Rohöls (zum größten Teil für die Kunststoffproduktion), der große Rest wird verbrannt. Man wird dieses Verhältnis in nicht zu ferner Zukunft ändern müssen – vielleicht mit Hilfe der Brennstoffzelle (Kapitel 7)?

Benzin: Verzweigt ist besser

Mit der Destillation ist es noch nicht getan: Durch allerlei chemische Veränderungen muss die so genannte »Benzin-Fraktion« des Rohöls in einen für moderne Motoren verträglichen Zustand umgewandelt werden. Optimal dafür sind cyclische (ringförmige), verzweigte und aromatische Kohlenwasserstoffe mit fünf bis neun C-Atomen. Der größte Teil des im Nahen Osten und in Europa geförderten Erdöls enthält aber überwiegend unverzweigte Alkane. Auch die übrigen, für andere Zwecke genutzten Bestandteile werden chemisch aufbereitet.

Cracken und Reformieren

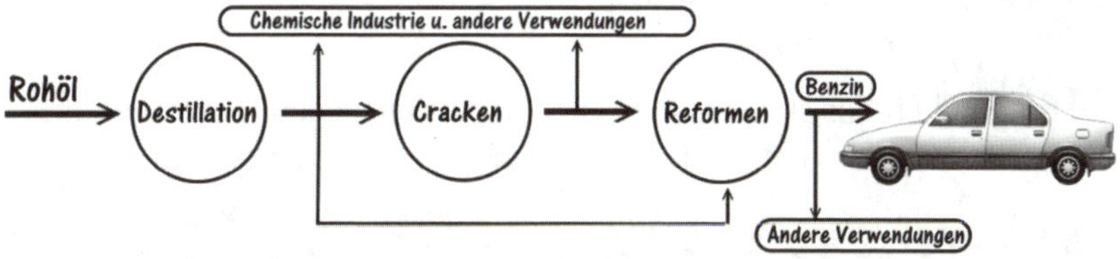

Abb. 9.13: Verarbeitung des Rohöls

Beim Cracken werden vor allem große Moleküle zerlegt (Steigerung der Ausbeute) sowie Kettenverzweigungen und Ringbildungen angeregt. Dies geschieht durch Temperaturen zwischen 450 °C und 3000 °C, hohem Druck und teilweise unter Einsatz von Aluminiumkatalysatoren.

Beispiel eines Crack-Vorgangs:

$C_{20}H_{42}$ (Eicosan) + 2 H_2 → 2 C_7H_{16} +C_6H_{14}

Beim Reformieren geht es vorwiegend um die Steigerung der Benzinqualität. Mit Hilfe von Metallkatalysatoren, unter hohem Druck und bei einer Temperatur von ca. 500 °C werden Kettenverzweigungen und Ringbildungen erzwungen.

Beispiel eines Reforming-Prozesses:

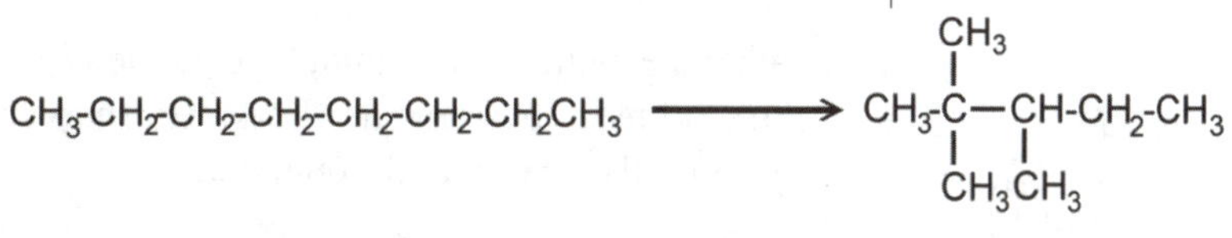

Abb. 9.14: Isomerisierung durch Reforming

n-Octan
(niedrige Octanzahl)

2,2,3-Trimethylpentan
(hohe Octanzahl)

Eine Warnung ist noch angebracht: Benzin enthält erhebliche Mengen der hochgiftigen, Krebs erregenden aromatischen Verbindung Benzen (»Benzol«). Unbedingt Hautkontakt und Einatmen von Benzindämpfen vermeiden!

Abb. 9.15: Hände weg von Benzen!

Wenn der Wein sauer wird

Für den (nüchternen) Chemiker ist »Weingeist« nur eine Verbindung aus der *homologen Reihe der Alkanole*, der einfachsten organischen Sauerstoffverbindungen. Für viele Normal-Sterbliche (und auch für trinkfeste Chemiker) hat er größere Bedeutung. Welche Überraschung muss es wohl gewesen sein, als Menschen zum ersten Mal von vergorenen Kohlenhydraten kosteten! Aber sie gewöhnten sich schnell an die Wirkung: Alkohol spielt in der Kulturgeschichte der Menschheit eine bedeutende und nicht immer rühmliche Rolle.

Alkanole – nicht nur Genussmittel

Unser »Weingeist«, der Trink-Alkohol, trägt den korrekten Namen *Ethanol* und besitzt die Formel CH_3-CH_2-OH, üblicherweise abgekürzt zu C_2H_5OH. Im Grunde genommen ist er ein Gift, das Leber- und Nervenzellen zerstört. Auf dieser Giftwirkung beruht auch die Verwendung als Desinfektionsmittel (in etwa 70%iger wässriger Lösung). Formal ist Ethanol aus Ethan mittels Ersatz eines H-Atoms durch die Atomgruppe OH entstanden. Dies gilt auch für die übrigen Glieder der homologen Reihe.

Alkanole bilden eine homologe Reihe. Sie entstehen formal durch Ersatz eines H-Atoms der entsprechenden Alkane durch die Atomgruppe OH (Hydroxil-Gruppe).

Aus der allgemeinen Summenformel der Alkane – C_nH_{2n+2} – ergibt sich dadurch die allgemeine Summenformel der Alkanole: $C_nH_{2n+1}OH$

Tabelle 9.4: Einige Alkanole und ihre Eigenschaften

Name	Formel	Siedepunkt [°C]	Wasserlöslichkeit
Methanol	CH_3OH	65	Sehr gut
Ethanol	C_2H_5OH	78	Sehr gut
Hexanol	$C_6H_{13}OH$	157	Gering
Dodecanol	$C_{12}H_{25}OH$	259	Unlöslich

Die Veränderungen gegenüber den Alkanen durch die Einführung des elektronegativen O-Atoms sind frappierend:

Alkanole haben wesentlich höhere Siedepunkte als die Alkane, aus denen sie gebildet werden. Durch die OH-Gruppe können sie Wasserstoffbrücken ausbilden. Die niederen Alkanole (bis etwa vier C-Atome) sind gut wasserlöslich, während bei den höheren Alkanolen der Einfluss der unpolaren C-Kette überwiegt.

Abb. 9.16: Wasserstoffbrücken zwischen Alkanol- und Wasser-Molekülen

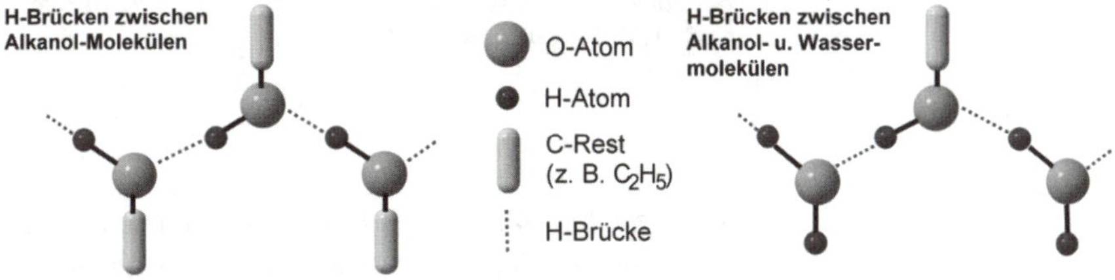

Beachte, dass sich die OH-Gruppe der Alkanole (*Hydroxilgruppe*) prinzipiell vom OH-Ion der Metallhydroxide (*Hydroxid*-Ion) unterscheidet. Die Hydroxil-Gruppe ist durch eine Elektronenpaarbindung mit einem C-Atom verbunden und kann sich nicht als Ion ablösen.

Ethanol – der Weingeist

Ethanol, der bekannteste Vertreter der Alkanole, enthält in seinem Molekül sowohl unpolare (C_2H_5) als auch polare Anteile (OH). Er ist deshalb zwar noch kein Emulgator (dafür ist die C-Kette zu kurz, das heißt zu wenig unpolar, die OH-Gruppe nicht polar genug). Er erhält dadurch aber nützliche Lösungseigenschaften. So ist er als Reinigungsmittel recht gut in der Lage, sowohl polare als auch unpolare Verschmutzungen zu entfernen.

Ethanol kann durch Gärung aus Kohlenhydraten (Zuckern) entstehen:

$$C_6H_{12}O_6 \rightarrow 2\ C_2H_5OH + 2\ CO_2$$

Aus Traubenzucker entsteht mit Hilfe von Hefe-Enzymen Ethanol und Kohlenstoffdioxid.

Alkoholische Getränke ab ca. 40 Volumenprozent Ethanol-Gehalt sind brennbar (»flambieren«). Das bei der Ethanol-Verbrennung entstehende

Wasser zeigt sich durch Kondensation an einem kühlen Glas. Entstehendes Kohlenstoffdioxid erstickt die Flamme, wenn die Verbrennung auf dem Boden eines hohen Glases durchgeführt wird (CO_2 ist schwerer als Luft).

Verbrennungsgleichung des Ethanols:

$C_2H_5OH + 3\ O_2 \rightarrow 2\ CO_2 + 3\ H_2O$

Von Verbrennungsversuchen mit Ethanol rate ich dir aber dringend ab, weil sich durch Entzündung von Ethanoldämpfen gefährliche Stichflammen ergeben können.

Methanol – der Holzgeist

Der kleinere Verwandte des Ethanols, der »Holzgeist« Methanol (CH_3OH), ist noch wesentlich giftiger und führt insbesondere bereits in kleinen Mengen zur Erblindung. Gelegentliche Berichte aus fernen Ländern über die Folgen entsprechend verunreinigter Getränke zeigen das nachdrücklich. Als Genussmittel spielt Methanol deshalb glücklicherweise keine (beabsichtigte) Rolle. Seinen »geistigen Namen« erhielt Methanol aufgrund seiner Entstehung bei der Erhitzung (trockenen Destillation) von Holz. Bedeutend ist es als Zwischenprodukt der chemischen Industrie. Dort ist Methanol beispielsweise an der Entstehung von Kunststoffen beteiligt.

Glycerol – schmeckt süß

»Es heilt die Kamille, es pflegt Glycerin«, lautete einst ein Werbespruch für eine Handcreme. Die heute Glycerol genannte Substanz pflegt durch ihre stark wasseranziehende (hygroskopische) Wirkung tatsächlich die Haut. Es handelt sich um eine süß schmeckende und fast honigartig zähe (viskose), wasserklare Flüssigkeit. Glycerol kann mit weiteren Verbindungen Fette bilden und ist uns in diesem Zusammenhang bereits in Kapitel 1 begegnet. In Zusammenhang mit der Stoffklasse der Alkanale und in Kapitel 10 werde ich darauf zurückkommen.

Die außerordentlich gute Wasserlöslichkeit des Glycerols und der ungewöhnlich hohe Siedepunkt von 290 °C beruhen auf dem Vorhandensein von gleich drei OH-Gruppen (in einem Molekül von ebenfalls drei C-Atomen). Glycerol stammt also von Propan ab; die korrekte Bezeichnung lau-

tet *Propantriol*. Es ist ein prominenter Vertreter der so genannten *mehrwertigen Alkohole*.

Alkohole mit mehreren OH-Gruppen im Molekül werden *mehrwertige* Alkohole genannt. Dabei kann jedes C-Atom nur *eine* OH-Gruppe tragen.

Ein weiterer bekannter Vertreter ist das in Kaugummis enthaltene Xylit, das sogar fünf OH-Gruppen enthält.

Tabelle 9.5: Einfluss der OH-Gruppen auf den Siedepunkt

Name	Formel	Siedepunkt [°C]
Ethanol	CH_3-CH_2-OH	+78
Ethandiol	HO-CH_2-CH_2-OH	+197
Propanol	CH_3-CH_2-CH_2-OH	+97
Propandiol	HO-CH_2-CH_2-CH_2-OH	+215
Propantriol	HO-CH_2-CH(OH)-CH_2-OH	+290

Die Tabelle zeigt sehr eindrücklich den Einfluss von Atomgruppen, die in Alkan-Molekülen einzelne H-Atome ersetzen. Solche eigenschaftsbestimmenden Atomgruppen werden deshalb allgemein *funktionelle Gruppen* genannt.

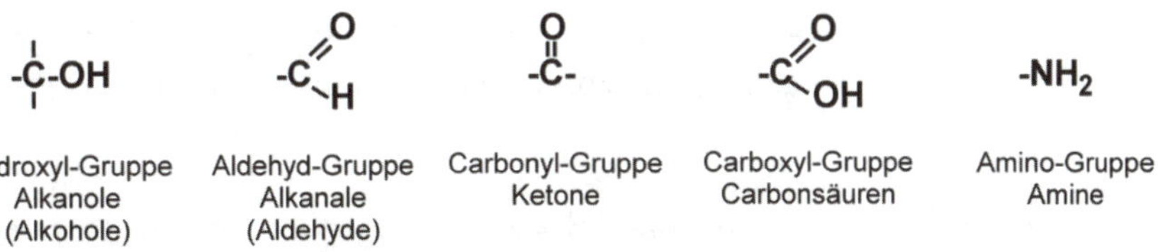

Abb. 9.17: Beispiele funktioneller Gruppen

Atomgruppen, die überwiegend die Eigenschaften einer organischen Verbindung bestimmen, werden funktionelle Gruppen genannt.

Carbonyl- und Carboxyl-Gruppen bzw. die Stoffklassen der Alkanale und Carbonsäuren sehen wir uns gleich näher an. Auch die Reaktion zwischen Carbonsäuren und Alkoholen wird uns noch beschäftigen. In Kapitel 10 geht es dann um Naturstoffe wie Fette, Eiweiße und Kohlenhydrate – dort wirst du noch weitere funktionelle Gruppen kennen lernen.

Formaldehyd und Acrolein

Vom giftigen Formaldehyd, das der Chemiker Methanal nennt, hat wohl jeder schon gehört. Es steht in begründetem Verdacht, Krebs auszulösen, und wurde deshalb weitgehend aus Konsumartikeln (z.B. Pressspanplatten) verbannt. Kleiner Hinweis an Aktiv- und Passiv-Raucher: Methanal ist auch in Zigarettenrauch enthalten; der amtliche Grenzwert für Innenräume wird durch Zigarettenrauch in der Regel überschritten.

Chemisch ist Methanal der erste Vertreter der homologen Reihe der Alkanale. Sie enthalten die Aldehyd-Gruppe (übliche Schreibweise -CHO) mit einem doppelt gebundenen Sauerstoff-Atom. Diese Gruppe ersetzt ein H-Atom der Alkane (allgemeine Summenformel C_nH_{2n+2}).

Die allgemeine Summenformel der Alkanale lautet also $C_nH_{2n+1}CHO$.

Methanal nimmt bei der Anwendung dieser allgemeinen Summenformel eine Sonderstellung ein: Es enthält nur ein einziges C-Atom; in der *vorangestellten* Gruppe C_nH_{2n+1} ist deshalb n = 0 zu setzen. Daraus ergibt sich die Methanal-Formel zu H-CHO.

In dieser Stoffklasse begegnet uns ein Bekannter wieder: Es ist Acrolein, ein giftiger, stechend riechender Stoff, der bei der Überhitzung von Fett frei wird (siehe Kapitel 1). Die chemisch korrekte Bezeichnung lautet Propenal – das Molekül besteht also aus drei C-Atomen (von Propan abgeleitet, daher die Vorsilbe Prop-), enthält eine Doppelbindung (durch die Silbe -en angegeben) und die Atomgruppe -CHO (durch die Endung -al angegeben). Die Formel ist nach diesen Informationen kein Problem mehr:

Propenal, CH_2=CH-CHO, gehört genau genommen zur Stoffklasse der Alkenale. Propenal entsteht durch Wasserabspaltung aus Glycerol:

$$HO\text{-}CH_2\text{-}CH(OH)\text{-}CH_2OH \rightarrow CH_2\text{=}CH\text{-}CHO + 2\ H_2O$$

Da in Alkanal-Molekülen zwar eine polare Bindung zwischen C und O vorliegt, aber keine zwischen O und H, sind sie nicht in gleichem Maße wie Alkanole zu zwischenmolekularen Dipol-Wechselwirkungen fähig. Sie können sozusagen nur *die Hälfte* einer Wasserstoffbrückenbindung – nämlich das negativ polarisierte O-Atom – beisteuern. Unvermeidliche Folge sind geringere Siedepunkte und schlechtere Wasserlöslichkeit.

Ameisensäure, Essigsäure, Buttersäure

Mit Essigsäure hast du ja bereits in den Kapiteln 3 und 6 experimentiert, aber mit Ameisen- und Buttersäure hattest du hoffentlich noch nichts zu tun. Diese Begegnungen sind unvergesslich – das eine Mal für die Haut, das andere Mal für die Nase.

Ameisensäure, chemisch korrekte Bezeichnung *Methansäure*, löst ähnlich wie ein Alkanal Oxidationsprozesse aus und verursacht dadurch Verätzungen der Haut (auf die Oxidationsprozesse komme ich gleich zurück). Es kommt tatsächlich in Ameisen, aber auch in Brennnesseln vor.

Gelegentlich ist Ameisensäure auch noch in Entkalkungsmitteln für Haushaltsgeräte enthalten.

Wegen der stark hautschädigenden Wirkung rate ich von Ameisensäure enthaltenden Mitteln ab, insbesondere wenn im Haushalt kleine Kinder leben.

Zitronen- oder Essigsäure tut es auch!

Chemisch ist Methansäure der erste Vertreter der homologen Reihe der Alkansäuren (eine der möglichen Carbonsäure-Arten). Sie leiten sich – wie die Alkanole und Alkanale – von den Alkanen ab und enthalten die Carboxyl-Gruppe (übliche Schreibweise -COOH) mit einem doppelt gebundenen Sauerstoff-Atom und einer zusätzlichen Hydroxilgruppe. Allgemeine Summenformel: $C_nH_{2n+1}COOH$.

Durch die Carboxylgruppe erhalten Carbonsäuren vergleichsweise hohe Siedepunkte und – bei nicht zu langer C-Kette – sehr gute Wasserlöslichkeiten. Sie können H-Brücken ausbilden und enthalten sozusagen die Summe der Alkanol- und Alkanal-Polarität.

Auch bei den Carbonsäuren nimmt der erste Vertreter bei der Anwendung der allgemeinen Summenformel eine Sonderstellung ein: Bei nur einem einzigen enthaltenen C-Atom ist in der vorangestellten Gruppe C_nH_{2n+1} wiederum n = 0 zu setzen. Die Methansäure-Formel ergibt sich daraus zu HCOOH.

Unsere altbekannte Essigsäure trägt den korrekten Namen *Ethansäure* und besitzt die Formel CH_3-COOH. Auch sie hat – wie Methansäure – einen stechenden Geruch.

Speiseessig enthält zwischen fünf und zehn Prozent Ethansäure. Auch in unserem Stoffwechsel spielen Ethansäureverbindungen eine wichtige Rolle.

Gelegentlich begegnet uns die Ethansäure auch unverhofft: Alter Wein hat sich durch Sauerstoffzutritt unversehens in Essig verwandelt. Derartige Oxidationsprozesse sind völlig natürlich, aber nicht an jeder Stelle erwünscht! Ich werde gleich darauf zurückkommen.

Buttersäure, korrekt *Butansäure*, Formel C_3H_7COOH, dürfte wohl die übelste Vertreterin der Alkansäuren sein. Sie ist sowohl in Schweiß als auch in ranziger Butter enthalten.

Wer sich je gefragt hat, wie wohl die Achselhöhlen eines in schwüler Sommerhitze seit vier Wochen ungewaschenen Menschen riechen, findet hier die Antwort. Kein Wunder, dass diese Substanz auch in Stinkbomben eingesetzt werden kann.

Vom Alkohol zur Säure

Wasser zu Wein gelingt nicht jedem – aber Wein zu Essig ist eine leichtere Übung.

Aus vergorenen Fruchtsäften oder Wein und mit Hilfe von Essigsäurebakterien bildet sich unter Luftzutritt – über Ethanal – Ethansäure.

Reaktion: $CH_3\text{-}CH_2\text{-}OH + O_2 \rightarrow [CH_3\text{-}CHO + 2\ H] \rightarrow CH_3\text{-}COOH + H_2O$

Während man früher zur Essigherstellung Wein über gut belüftete Buchenzweige rieseln ließ, die mit Essigsäurebakterien belegt waren, wird heute in Stahltanks Sauerstoff durch eine alkoholische, bakterienhaltige Flüssigkeit geblasen. Chemisch liegt eine *Oxidation* vor, wie du nach den

Regeln in Kapitel 7 wahrscheinlich bereits erkannt hast. Weil sie so wichtig sind, sollen sie hier wiederholt werden:

Bei der Bildung gemeinsamer Elektronenpaare aus ungeladenen Atomen wird

- das Atom mit der niedrigeren Elektronegativität oxidiert
- das Atom mit der höheren Elektronegativität reduziert.

Speziell bei Kohlenstoffverbindungen gilt:

- Durch die Bildung gemeinsamer Elektronenpaare mit Sauerstoff oder Stickstoff wird das C-Atom oxidiert.
- Durch die Bildung gemeinsamer Elektronenpaare mit Wasserstoff wird das C-Atom reduziert.

Zur Erinnerung: Das H-Atom besitzt die Elektronegativität 2,1, das C-Atom 2,5, das O-Atom 3,5.

In der Reaktion Alkanol → Alkanal verliert das C-Atom der funktionellen Hydroxilgruppe des Alkohols zwei H-Atome (sie werden zwischenzeitlich an ein Enzym gebunden und deshalb als einzelne H-Atome dargestellt). Es wird dadurch oxidiert. Im nächsten Schritt Alkanal + Sauerstoff → Carbonsäure erhält es eine Bindung zu einem zusätzlichen Sauerstoff-Atom. Es wird dadurch ein weiteres Mal oxidiert.

Ist noch eine weitere Oxidation möglich? Sicher – wenn auch die übrig gebliebenen Bindungen zum Nachbar-C-Atom und zu H-Atomen durch Bindungen an Sauerstoff-Atome ersetzt werden. Das gelingt zum Beispiel durch Verbrennung an der Luft; der Chemiker spricht von *Totaloxidation*:

$2\ H\text{-}COOH + O_2 \rightarrow 2\ CO_2 + 2\ H_2O$

$CH_3\text{-}COOH + 2\ O_2 \rightarrow 2\ CO_2 + 2\ H_2O$

Buttersäure + Methanol → riecht gut!

Tatsächlich, die üble Buttersäure lässt sich entschärfen. Mit Methanol chemisch umgesetzt, entsteht ein Stoff mit Ananas-, mit Ethanol ein Stoff mit Pfirsich-Aroma. Wie ist so etwas möglich?

> Durch Reaktion der Carbonsäuren mit Alkanolen entstehen Ester. Sie haben andere physikalische und chemische Eigenschaften als die Ausgangsstoffe.

Wenn sich die Eigenschaften so stark ändern, muss das an Veränderungen der funktionellen Gruppen liegen. Tatsächlich reagieren genau diese miteinander: die Carboxylgruppe der Säure mit der Hydroxilgruppe des Alkohols. Neben dem Ester entsteht auch Wasser.

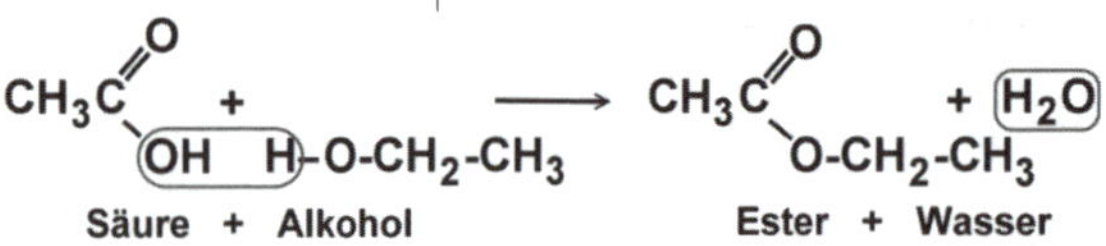

Abb. 9.18: Bildung von Ethansäureethylester aus Ethansäure und Ethanol

Durch die Reaktion hat sowohl der Säure- als auch der Alkoholteil die Fähigkeit zur Wasserstoffbrückenbindung verloren. Folgen sind erheblich geringere Wasserlöslichkeit (dafür bessere Löslichkeit in unpolaren Stoffen) und niedrigere Siedepunkte der entstandenen Ester. Die Duftwirkung der Ester beruht genau auf diesen niedrigen Siedepunkten. Sie verdunsten zum großen Teil schon bei Raumtemperatur.

> Der in Abbildung 9.18 entstandene Ethansäureethylester wird als Lösungsmittel in Klebstoffen verwendet (»Uhu«). Weitere Ester haben beispielsweise Apfel-, Bananen-, Erdbeer- und Pfefferminz-Aromen. Auch der frische »Wintergrün«-Geruch von Kaugummis beruht auf dem Zusatz eines synthetisch hergestellten Esters. Ester finden auch als Sprengstoff (Nitroglycerin, ein Ester aus Glycerol und Salpetersäure) und in der Kunststoffproduktion (Polyester) Verwendung.

Kunststoffe – ohne sie geht nichts

In einem bekannten amerikanischen Chemielehrbuch wird in einer Karikatur der moderne Mensch in seinem Drang »Zurück zur Natur« sanft auf die Zusammensetzung seiner Bergsteiger-Utensilien hingewiesen: Nylonseil, Neopren, Polyacrylnitril, Polyethen und so weiter. Diese Karikatur hat einen wahren Kern: Ohne Kunststoffe geht nichts mehr, ob es uns gefällt oder nicht.

Abb. 9.19: Beispiele für Kunststoffprodukte

Allein die deutsche chemische Industrie produzierte im Jahr 2004 Kunststoffe im Wert von 21,8 Milliarden Euro. Das sind ca. 23 Prozent der gesamten Wertschöpfung (Pharmazeutika und Spezialchemikalien sind jeweils mit etwa dem gleichen Anteil an der Wertschöpfung beteiligt).

Die Kunststoffherstellung erfolgt zum größten Teil vollsynthetisch aus einfachen Bausteinen, zum Teil werden natürliche Vorprodukte chemisch umgewandelt (z.B. Naturkautschuk). Aus Gründen der Übersichtlichkeit beschränke ich mich in diesem Kapitel auf vollsynthetische Produkte.

Grundsätzlich werden bei der Kunststoffherstellung aus vielen kleinen Molekülen (Monomere) wenige große Moleküle (Makro-Moleküle) hergestellt. Diese können bis zu ca. 30.000 C-Atome enthalten.

Polymerisation und Polykondensation

Ein einfaches Beispiel ist die Entstehung von Polyethen (PE) aus Ethen-Molekülen. Dieser Kunststoff wird z.B. unter dem Handelsnamen »Hostalen« vertrieben und sowohl für Plastiktragetaschen als auch für Getränkekisten verwendet.

$n * H_2C{=}CH_2 \rightarrow ...-CH_2-CH_2-CH_2-CH_2-CH_2-CH_2-...$ (n bis 10000)

Auch Polystyrol, das dir sicher in Form von Styropor (mit Luft aufgeschäumt) ein Begriff ist, kann so hergestellt werden. Es wird hauptsächlich als Verpackungs- und Isoliermaterial verwendet. Auch Joghurtbecher bestehen meistens aus Polystyrol.

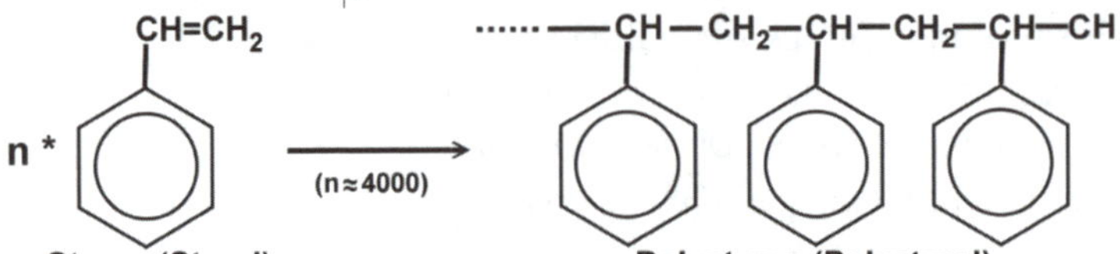

Styren (Styrol) Polystyren (Polystyrol)

Abb. 9.20: Entstehung von Polystyrol

»Teflon« ist ein Sonderfall. Es wird nicht nur im Haushalt (die berühmte Teflonpfanne), sondern z.B. auch für Dichtungen verwendet. Dieses *Polytetrafluorethen* entsteht zwar in gleicher Weise wie Polyethen:

$n * F_2C{=}CF_2 \rightarrow ...\text{-}CF_2\text{-}CF_2\text{-}CF_2\text{-}CF_2\text{-}CF_2\text{-}CF_2\text{-}...$

Kohlenstoff ist hier aber bereits mit dem elektronegativsten aller Elemente verbunden. Die Fluor-Atome werden deshalb auch beim Erhitzen an der Luft nicht durch Sauerstoff-Atome ersetzt. Folge: Teflon ist unbrennbar.

Bei der Polymerisation verbinden sich die Monomere durch Einfachbindungen zwischen C-Atomen. Diese Einfachbindungen werden durch Aufspaltung von Doppelbindungen oder durch die Umwandlung von C-Ringen in Ketten frei.

Zur Erinnerung: Jedes C-Atom bildet genau vier gemeinsame Elektronenpaare mit anderen Atomen aus. Wenn eine Doppelbindung zwischen zwei C-Atomen aufgelöst wird, kann danach jedes dieser C-Atome eine weitere Bindung eingehen.

Eine weitere Möglichkeit sind *Polykondensationen.* Du erinnerst dich, bei der Esterbildung wurde Wasser frei (es »kondensierte«). Nehmen wir nun eine Säure, die an beiden Enden eine Carboxylgruppe besitzt, und einen Alkohol, der an beiden Enden eine OH-Gruppe besitzt: Unter jeweiliger Wasserabspaltung kann sich eine lange Kette bilden!

Bei der Polykondensation verbinden sich die Monomere durch Reaktion zwischen funktionellen Gruppen unter Abspaltung von Wasser (oder anderen kleinen Molekülen).

Beispielsweise wird so Polyethylenterephthalat hergestellt, Handelsnamen (als Chemiefasern) *Trevira*, *Diolen*. In letzter Zeit wird »PET« aber auch zu Getränkeflaschen verarbeitet.

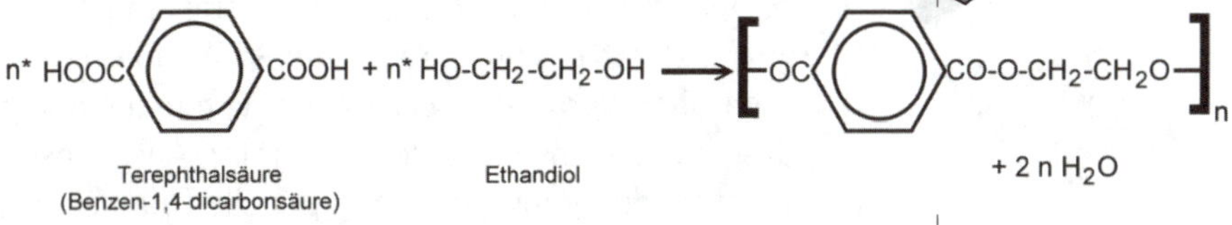

Abb. 9.21: Polyethylenterephthalat durch Polykondensation

Thermoplaste, Duroplaste und Elastomere

Manche Kunststoffe sind in der Wärme beliebig oft formbar. Zu dieser Gruppe gehören die meisten bekannten Produkte, z.B. Polyethen (PE), Polyvinylchlorid (PVC) und Polystyrol.

In Thermoplasten liegen die Molekülketten unabhängig voneinander vor; sie sind nicht »vernetzt«. Dadurch können die Makro-Moleküle ohne Zerstörung in der Wärme neu geordnet werden. Auch die Löslichkeit in organischen Lösungsmitteln ergibt sich aus der Unabhängigkeit (Trennbarkeit) der Molekülketten.

Häufig werden in Thermoplasten auch so genannte *Weichmacher* verarbeitet, die das Material schmiegsamer machen (z.B. bei Folien). Weichmacher-Moleküle lagern sich zwischen die Makro-Moleküle.

Nachteil, z.B. bei Plastik-Gegenständen in der Hand von Kindern: Manche Weichmacher können aus dem Kunststoff auch wieder austreten und gesundheitliche Schäden verursachen. Die Weichmacher können auch beim Erwärmen austreten; entsprechende Versuche solltest du deshalb nicht durchführen (auch bei der Zersetzung von Kunststoffen – siehe unten – können gesundheitsgefährdende Verbindungen entstehen).

Für viele Zwecke sind mechanische Belastbarkeit und Resistenz gegenüber Lösungsmitteln wichtiger als plastische Verformbarkeit. Das gilt beispielsweise für Treibstofftanks, Bootskörper oder so genannte Massivwerkstoffe. Entsprechende Kunststoffe sind z.B. Melaminharze oder vernetzte Polyurethane.

In Duroplasten werden die Molekülketten räumlich stark vernetzt. Diese Kunststoffe sind spröde, unlöslich und zersetzen sich beim Erhitzen ohne vorheriges Erweichen. Voraussetzung der Vernetzung ist, dass mindestens einer der beteiligten Ausgangsstoffe auch nach der Kettenbildung noch freie funktionelle Gruppen besitzt, mit denen er reagieren kann.

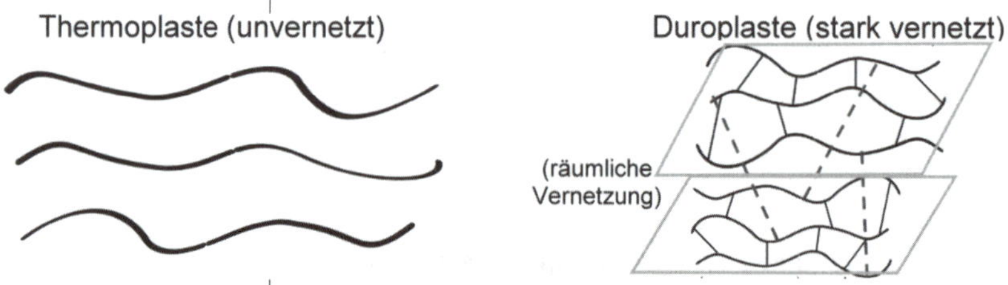

Abb. 9.22: Makro-Molekülketten bei Thermoplasten und Duroplasten

Auch eine Zwischenform ist möglich:

Sind die Makro-Molekülketten nur schwach vernetzt, spricht man von Elastomeren. Schwämme und elastische Schaumstoffe bestehen aus solchen Kunststoffen. Die schwache Vernetzung genügt bereits, Elastomere unschmelzbar und unlöslich zu machen.

Abb. 9.23: Elastomere

Mit diesen Beispielen wollen wir unseren Rundgang durch die Welt der Kunststoffe beenden. Im nächsten Kapitel lernst du auch größere »natürliche« Moleküle kennen!

Zusammenfassung

In diesem Kapitel hast du gelernt

- dass organische Verbindungen im Wesentlichen nur die Elemente C, H, O, S, N, P und Halogene enthalten und auch ohne geheimnisvolle »Lebenskraft« wie alle anderen Stoffe im Labor hergestellt werden können
- dass C-Atome wie kein anderes Atom Ketten und Ringe in nahezu allen Größen und Formen ausbilden können
- dass in organischen Stoffen fast ausschließlich Elektronenpaarbindungen sowie die Sonderform des »aromatischen Zustands« vorliegen
- dass Kohlenwasserstoffe unpolare Verbindungen sind und ihre zwischenmolekularen Wechselwirkungen auf der van-der-Waals-Kraft beruhen
- dass sich »homologe Reihen« um die Atomgruppe CH_2 unterscheiden und Moleküle mit gleicher Summenformel, aber verschiedener Struktur möglich sind (Isomerie)
- dass Erdöl, Erdgas und Kohle überwiegend aus Kohlenstoffverbindungen bestehen, durch *Cracken* und *Reformen* verarbeitet werden und die Quelle unseres Wohlstands sind
- dass die Eigenschaften organischer Verbindungen überwiegend durch ihre funktionellen Gruppen bestimmt werden
- dass sauerstoffhaltige organische Verbindungen unter anderem die Stoffklassen der Alkanole, Alkanale und Carbonsäuren bilden, die durch stufenweise Oxidation aus den entsprechenden Alkanen entstehen
- dass Carbonsäuren und Alkanole in einer chemischen Reaktion die Stoffklasse der Ester bilden können
- dass Kunststoffe eine wichtige Produktklasse der chemischen Industrie darstellen und unter anderem durch Polymerisation und Polykondensation hergestellt werden können
- dass Kunststoffe nach ihren Eigenschaften in die Gruppen der Thermoplaste, Duroplaste und Elastomere eingeordnet werden

Aufgaben

1. Ordne die folgenden Stoffe nach anorganischen und organischen Verbindungen.

   C_2F_4, CaC_2, CS_2, CO_2, $MgCO_3$, H_2CO_2

2. Begründe die Unlöslichkeit von Hexan in Salzsäure (HCl).
3. Gebe die Strukturformeln der möglichen Hexan-Isomeren (Summenformel C_6H_{14}) an.
4. Ordne die folgenden Verbindungen nach zunehmendem Siedepunkt und begründe die Reihenfolge.

   Butanol, n-Butan, Butanal, iso-Butan, Butansäure

5. Gebe die Strukturformeln aller theoretisch möglichen organischen Verbindungen aus drei C-Atomen und einer beliebigen Anzahl von H-Atomen an. Weitere Atomarten sollen nicht beteiligt sein.
6. Stelle die Reaktionsgleichung für die Bildung eines Esters aus Propansäure und Pentanol auf.
7. Stelle die Reaktionsgleichung für die Bildung von Methansäure aus Methanol und Sauerstoff auf.
8. Stelle die Reaktionsgleichung für einen Crackprozess auf, in dem aus Triacontan unter Zufuhr von Wasserstoff zwei Octan- und zwei Heptan-Moleküle entstehen.
9. Nenne zwei grundsätzliche Unterschiede zwischen Polymerisations- und Polykondensationsreaktionen.
10. Erläutere den Vorgang, in dem aus einem thermoplastischen Kunststoff ein Duroplast entsteht.
11. Nenne die Unterschiede in den Eigenschaften von Thermoplasten und Duroplasten.

10

Nahrung, Haushalt und Chemie

Die in unserer Nahrung enthaltenen chemischen Verbindungen gehören zweifellos zu den ursprünglichen »organischen« Verbindungen des Professors Jöns Jakob Berzelius. Sie entstehen in der Tat durch eine »Lebenskraft« (*vis vitalis*, siehe Kapitel 9), nämlich durch den Stoffwechsel der Pflanzen und Tiere. Nach der Harnstoffsynthese von Friedrich Wöhler haben sie allerdings ihre geheimnisvolle Aura ebenso eingebüßt wie alle anderen organischen Verbindungen. *Kohlenhydrate, Fette und Eiweiße* lassen sich prinzipiell ebenso im Labor herstellen wie Kunststoffartikel oder Medikamente. Dennoch bilden sie aufgrund ihrer Bedeutung, Herkunft und Vielfalt eine Sondergruppe innerhalb der organischen Chemie. Mit ihnen beschäftigt sich der speziell ausgebildete Lebensmittelchemiker, sie werden durch spezielle Methoden der Lebensmittelanalytik untersucht. Obwohl sie nicht Nahrungszwecken dienen, beschreibe ich aufgrund des engen chemischen Zusammenhangs mit Fetten in diesem Kapitel zusätzlich die *natürlichen Seifen.*

In diesem Kapitel erfährst du

- welche grundlegenden chemischen Merkmale Kohlenhydrate, Eiweiße und Fette auszeichnen
- welche Eigenschaften und Strukturen die unterschiedlichen Kohlenhydrat-Arten besitzen

- warum es so viele verschiedene Eiweiß-Arten gibt
- warum es unter den Fetten zwar viele Gemeinsamkeiten, aber auch für unsere Ernährung wichtige Unterschiede gibt
- wie Kohlenhydrate, Eiweiße und Fette in Lebensmitteln, vor allem in Milch, nachgewiesen werden können
- wie man aus Fett eine Seife herstellt
- wie es beim Waschen mit Seife den Schmutzteilchen ergeht

Kohlenhydrate – nicht immer süß

Sie gehören zu den nachwachsenden Rohstoffen. Im Sinne eines »nachhaltigen Wirtschaftens« haben sie zunehmende Bedeutung auch für die chemische Industrie. Aus pflanzlichen Inhaltsstoffen werden mittlerweile viele Kunststoffe hergestellt, z.B. Werkstoffe für Brillenfassungen sowie Chemiefasern. Dennoch denken wir nach alter Gewohnheit in erster Linie ans Essen, wenn die Rede von Kohlenhydraten ist.

Abb. 10.1: Kohlenhydrate in unserer Nahrung

Aber woher kommt eigentlich dieser Name »Kohlenhydrate«? Er deutet sowohl auf Kohlenstoff als auch auf Wasser hin (hydro = Wasser):

> Fast alle Kohlenhydrate enthalten neben Kohlenstoff-Atomen Wasserstoff- und Sauerstoff-Atome im Verhältnis 2:1, wie es auch im Wassermolekül der Fall ist.
>
> Allgemeine Summenformel der Kohlenhydrate: $C_mH_{2n}O_n$ oder vereinfacht $C_m(H_2O)_n$.

Bereits bei der Beschreibung der Schwefelsäure (Kapitel 6) habe ich auf diesen zahlenmäßigen Zusammenhang der H- und O-Atome in Kohlenhydraten hingewiesen. Konzentrierte Schwefelsäure ist so stark hygroskopisch (Wasser anziehend), dass sie aus Zucker die H- und O-Atome im Verhältnis 2:1 herauslösen und daraus Wasser bilden kann. Übrig bleibt Kohlenstoff.

Glucose und Co. – die Einfachzucker

Die kleinsten für unsere Ernährung wichtigen Kohlenhydrat-Moleküle enthalten sechs C-, zwölf H- und sechs O-Atome. Aufgrund ihrer sechs C-Atome werden sie *Hexosen* (hexa = sechs) genannt; bezüglich ihrer funktionellen Gruppen und ihrer Form begegnen wir alten Bekannten wieder:

Unverbundene Kohlenhydrat-Moleküle (Einfachzucker) können in Ketten- und in Ringform vorliegen, verbundene (Mehrfachzucker) liegen in Ringform vor.

Sie enthalten *immer mehrere* OH-Gruppen und – solange sie *kettenförmig* und *unverbunden* sind – genau *ein* doppelt gebundenes O-Atom in Form einer Aldehyd- oder Keto-Gruppe.

Durch die *Ringbildung* des Kohlenhydrat-Moleküls sowie beim Zusammenschluss mit weiteren Kohlenhydrat-Molekülen kann die Aldehyd- oder Ketogruppe verloren gehen.

Zur Wiederholung: Die Aldehyd-Gruppe wird üblicherweise –CHO geschrieben und enthält ein doppelt gebundenes O-Atom (Carbonyl-Gruppe) und ein zusätzliches H-Atom. Es kann deshalb nur noch *eine* weitere Bindung eingehen und steht daher immer am *Ende* einer Kette von C-Atomen.

Die Keto-Gruppe –CO– (also ebenfalls eine Carbonyl-Gruppe) enthält *kein* H-Atom. Das C-Atom dieser funktionellen Gruppe kann also noch *zwei* weitere Bindungen eingehen und steht deshalb immer *inmitten* einer Kette von C-Atomen.

In Kapitel 9 ist dir bereits eine süß schmeckende Verbindung begegnet – Glycerol (Propantriol). Diese Verbindung ist zwar wegen der fehlenden

Carbonylgruppe kein Kohlenhydrat, zeigt aber mit seinen drei OH-Gruppen ähnliche physikalische Eigenschaften wie die Einfachzucker:

> Einfachzucker sind aufgrund ihrer OH-Gruppen gut wasserlöslich und bilden untereinander mehrfache H-Brücken aus. Sie zersetzen sich deshalb beim Erhitzen, ohne zuvor ihren Siedepunkt erreicht zu haben (Bildung von »Zuckercouleur«).

Betrachten wir ein Hexose-Molekül. Gegeben sind zunächst sechs C-Atome. Zur Erinnerung: Ein C-Atom kann jeweils nur mit *einer* OH-Gruppe verbunden sein. Es gibt dann in der Kettenform zwei Möglichkeiten:

- das Molekül enthält eine Aldehyd-Gruppe. Diese kann nur am *Ende* der C-Kette stehen.
- das Molekül enthält eine Keto-Gruppe. Diese Gruppe steht im Unterschied zur Aldehyd-Gruppe immer *innerhalb* einer C-Kette. Sie kann also theoretisch – bei Durchnummerierung der Kette – an den C-Atomen Nr. 2 bis 4 zu finden sein (Nr. 5 ist dasselbe wie Nr. 2 – von der anderen Seite gezählt). Tatsächlich befindet sie sich bei den Hexosen immer am *zweiten* C-Atom der Kette.

Nach diesen Angaben ist es dir möglich, die Strukturformeln von zwei Hexosen aufzustellen.

$HOCH_2\text{-}CHOH\text{-}CHOH\text{-}CHOH\text{-}CHOH\text{-}C(=O)H$ $\quad C_6H_{12}O_6$ Glucose (Traubenzucker)

$HOCH_2\text{-}CHOH\text{-}CHOH\text{-}CHOH\text{-}C(=O)\text{-}CH_2OH$ $\quad C_6H_{12}O_6$ Fructose (Fruchtzucker)

Abb. 10.2: Kettenform von Trauben- und Fruchtzucker

Sie sind sich formelmäßig sehr ähnlich, unsere beiden Hexosen. In den Eigenschaften gibt es aber deutliche Unterschiede, wie du gleich sehen wirst. Neben diesen beiden Einfachzuckern gibt es noch einen weiteren namens *Galactose*, der in Form einer Verbindung mit Glucose (als Milchzucker) Bedeutung für unsere Ernährung hat. Dieser dritte Einfachzucker unterscheidet sich aber lediglich in einer räumlichen, sehr speziellen Hinsicht von Glucose; die vereinfachten Strukturformeln sind identisch.

> Beim Ringschluss reagiert das C-Atom der C=O-Gruppe mit dem O-Atom der zweitletzten OH-Gruppe. Es entsteht ein Fünf- oder Sechsring, der ein Sauerstoff-Atom enthält. Aus dem vorher doppelt gebundenen O-Atom wird eine zusätzliche OH-Gruppe.

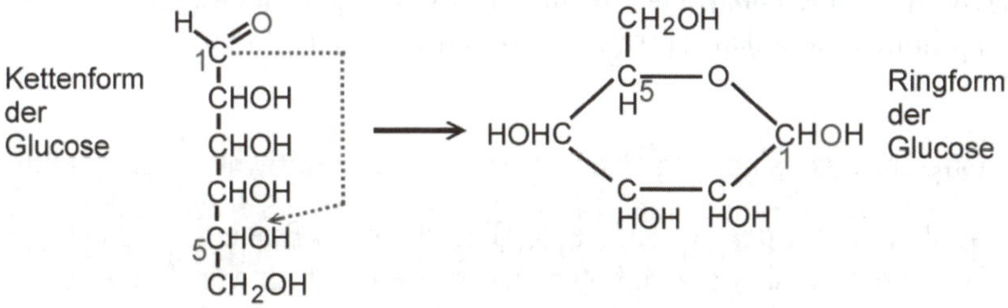

Abb. 10.3: Ringbildung bei Glucose

In kristalliner (fester) Form liegen die Einfachzucker in Ringform vor, in Lösung stehen sie im Gleichgewicht mit der Kettenform.

Rübenzucker ist Doppelzucker

Beim Zusammenschluss zweier Einfachzucker (Monosaccharide; sacchar = Zucker) entstehen Doppelzucker (Disaccharide). Bekannte Doppelzucker sind Haushaltszucker (Saccharose), Malzzucker (Maltose) und Milchzucker (Lactose).

Allgemeine Reaktionsgleichung in Summenformeln:

$2\ C_6H_{12}O_6 \rightarrow C_{12}H_{22}O_{11} + H_2O$

Die Verknüpfung erfolgt durch Reaktion zwischen Hydroxilgruppen:

---C-OH (Monosacch. 1) + HO-C--- (Monosacch. 2) → ---C-O-C--- + H_2O

Im Einzelnen bilden sich

- aus Glucose + Glucose: Malzzucker (Maltose)
- aus Glucose + Fructose: Haushaltszucker (Saccharose)
- aus Galactose + Glucose: Milchzucker (Lactose).

Versuch 10a:

Erhitze in einem alten (!) Topf und bei geöffnetem Fenster/eingeschaltetem Abzug kräftig etwas auf dem Topfboden fein verteilten, trockenen Haushaltszucker. Halte in die aufsteigenden Dämpfe ein kühles Glas.

Der Zucker schmilzt und wird über bräunliche Farbtöne schließlich schwarz. Am Glas kondensiert Wasser. Damit sind Kohlenstoff, Wasserstoff und Sauerstoff als Bestandteil der Zucker-Moleküle nachgewiesen.

Während dieser Versuch mit allen Zuckern das gleiche Ergebnis erbringt, zeigt der nächste Versuch Eigenschaftsunterschiede.

Versuch 10b:

Stelle in nicht gekennzeichneten Glasschälchen Proben von Frucht-, Trauben-, Haushalts- und Milchzucker bereit und lasse die Proben von einer Freundin/einem Freund in der Reihenfolge vertauschen. Versuche dann, die Zucker durch Geschmacksproben zu identifizieren.

Lebensmittelchemiker haben die Süßkraft der Zucker auf Saccharose (= 100) bezogen; Messungen ergaben die folgende Reihenfolge:

Fructose (Fruchtzucker) 120 – Saccharose (Haushaltszucker) 100 – Glucose (Traubenzucker) 50 – Lactose (Milchzucker) 27

Wie ist dein Ergebnis?

Nach Abtrennung von Eiweiß und Fett kann Milchzucker selbstverständlich auch aus dem Namensgeber Milch isoliert werden. Der entsprechende Versuch findet sich im Abschnitt *Eiweiß*.

Honig selbst gemacht

Bereits vor Tausenden von Jahren wurde Verstorbenen eine Schale Honig als »Seelenspeise« ins Grab gestellt. Auch heute noch ziehen viele Menschen die »natürliche Süßkraft« des Honigs den so genannten »Industriezuckern« vor. Eine Analyse des Honigs ergibt ca. 70–80% Invertzucker (Mischung aus gleichen Teilen Glucose und Fructose), 17% Wasser sowie in sehr geringen Anteilen organische Säuren, Mineralstoffe, Enzyme und Aromastoffe.

Honig hat damit zwar einen höheren Genuss-, aber gegenüber herkömmlichem Zucker vermutlich keinen höheren Gesundheitswert. Insbesondere hat er nicht weniger »Kalorien«.

Vielmehr verleitet er aufgrund seiner gegenüber Saccharose geringeren Süßkraft leicht zu erhöhter Kohlenhydratzufuhr. Die verringerte Süßkraft ergibt sich aus der lebensmittelchemisch bestimmten Süßkraft-Tabelle: Haushaltszucker – die *Verbindung* aus Fructose und Glucose – erhält den Wert 100, Fructose und Glucose *einzeln* erhalten die Werte 120 und 50. Ein Gemisch aus Fructose und Glucose hat damit den geringeren mittleren

Süßkraft-Wert 85. Dieses Gemisch (Invertzucker, also *Kunsthonig*) kannst du durch chemische Zerlegung von Saccharose selbst herstellen.

Versuch 10c:

Löse 50 g Haushaltszucker (Saccharose) in 0,1 Liter Wasser und füge den Saft einer Zitrone hinzu. Bringe die Lösung zum Sieden und dampfe sie auf die Hälfte ein.

Es entsteht eine zähe, klare Flüssigkeit, von der du kosten kannst: Invertzucker, auch Kunsthonig genannt. Saccharose wurde durch die Säure in Glucose (Traubenzucker) und Fructose (Fruchtzucker) gespalten.

Spüle den Topf gut aus, solange der Invertzucker noch sehr warm und flüssig ist! Nach dem Erkalten ist die Reinigung viel mühsamer!

Bauen, Ernähren, Vorrat halten: Vielfachzucker

Zwischen den Doppel- und den eigentlichen Vielfachzuckern (*Polysacchariden*) stehen die so genannten *Oligosaccharide* (Mehrfachzucker) und Dextrine. Letztere sind ein Abbauprodukt der Vielfachzucker und enthalten etwa vier bis 35 Einfachzucker-Bausteine. Sie schmecken schwach süß und finden sich z.B. in der Brotkruste.

Üblicherweise werden die miteinander verbundenen Ringe als Sechsecke dargestellt. Diese Darstellung hast du bereits in Kapitel 9 bei Benzen kennen gelernt.

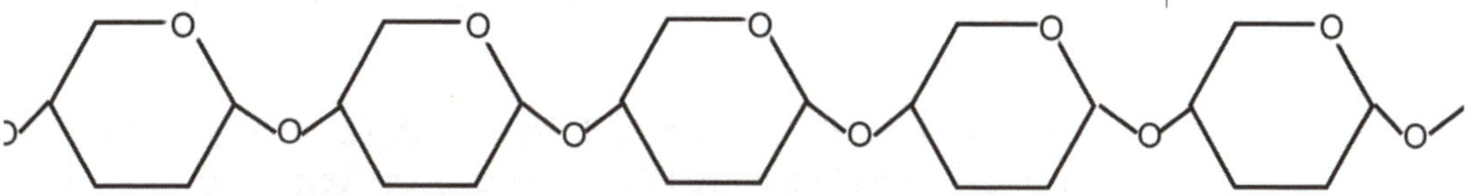

Vereinfachte Darstellung einer Kette verbundener Glucose-Einheiten in einem Mehrfach- oder Vielfachzucker (Oligosaccharid oder Polysaccharid)

Abb. 10.4: Verbundene Glucoseringe in Sechseck-Darstellung

Die für uns wichtigsten Polysaccharide sind Stärke, Cellulose und Glykogen. An diesen Vielfachzuckern zeigt sich die ganze Genialität der Natur. Sie verwendet denselben Grundstoff – das Glucose-Molekül – einmal für Bauzwecke (*Baustoff*) und einmal als Energievorrat (so genannter *Reservestoff*). Aus Cellulose wird das »Pflanzen-Haus« gebaut, Stärke (oder Gly-

kogen bei Menschen/Tieren) ist die Energiereserve – alle drei Verbindungen bestehen aus Glucose-Bausteinen! Sehen wir uns diesen genialen Trick der Natur näher an.

Der geniale Klebstoff

Stelle dir vor: Du hast eine große Menge an identischen Schokoladentafeln. Die Hälfte dieser Schokoladentafeln bestreichst du *von oben* mit Kleber und baust damit – als Ziegelstein-Ersatz – ein stabiles Haus. Die Tafeln sind allerdings durch die spezielle Verklebung (»*von oben*«) ungenießbar geworden. Der Vorteil: Auch der böse Nachbar kann dir nicht heimlich das Haus wegessen.

Die andere Hälfte der Tafeln bestreichst du *von unten* mit demselben (!) Kleber, fügst sie zusammen und legst sie in die Vorratskammer. Zu jeder Mahlzeit kannst du dir künftig ein großes Stück aus dem entstandenen Schokoladentafel-Klotz abschneiden und mit Genuss verzehren.

Eine sehr unglaubwürdige, wirre Geschichte? Genauso macht es die Natur! Sie fügt Glucose-Bausteine einmal *von oben* mit dem »Kleber« Sauerstoff zusammen, das andere Mal *von unten*.

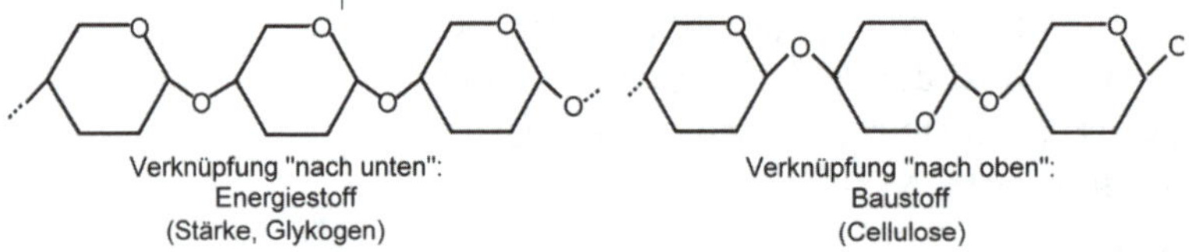

Abb. 10.5: Glucoseverknüpfung in Polysacchariden

Stärke und Glykogen sind in der so genannten α-Form, Cellulose in β-Form verknüpft. Der Unterschied besteht in der räumlichen Orientierung des O-Atoms am C-Atom Nr. 1 (siehe Abbildung 10.5) – das ist alles!

Cellulose, der Pflanzenfaserstoff, ist Hauptbestandteil der pflanzlichen Zellwände. Baumwolle und medizinische Verbandwatte bestehen fast nur aus Cellulose. Sie ist für uns nicht als Energiequelle zu verwerten, weil uns das entsprechende Enzym für die Kettenzerlegung fehlt (Kühe können allerdings mit Hilfe von Bakterien Cellulose zu Glucose abbauen und so schließlich doch in menschliche Nahrung umwandeln). Cellulosefasern dienen in der menschlichen Ernährung als *Ballaststoffe*. Als solche regen sie die Darmbewegungen an und beugen Darmerkrankungen vor.

Die für uns als Energiespender wichtigen Polysaccharide Stärke und Glykogen haben aufgrund ihrer Glucose-Verknüpfung auch eine andere Form als Cellulose: Sie bilden keine Fasern, sondern (mehr oder weniger schöne) *Spiralen.*

Stärke ist der Energiespeicher (Reservestoff) in pflanzlichen Zellen und der Hauptbestandteil von Mehl. Sie wird während der Verdauung in Glucose zerlegt.

Glykogen ist der Kohlenhydrat-Energiespeicher bei Tieren und Menschen. Speicherort sind Leber (ca. 150 Gramm) und Muskulatur (ca. 200 Gramm; Werte beim Erwachsenen). Beim Absinken des Blutglucosespiegels wird Leberglykogen zu Glucose abgebaut und ins Blut abgegeben.

Abb. 10.6: Spaltung der Reservestoffe Stärke und Glykogen durch Enzyme oder Erhitzen

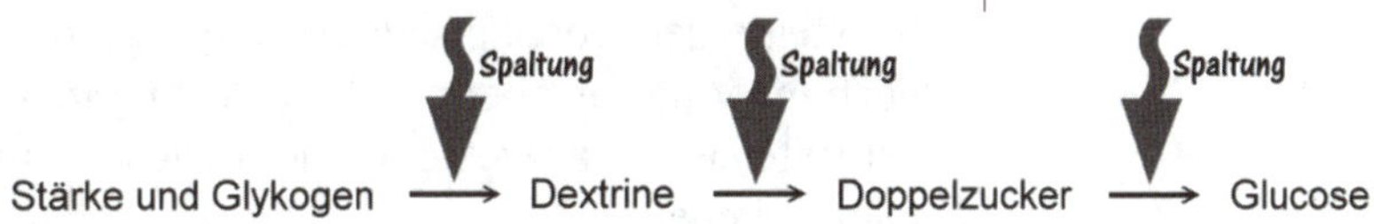

Bei den Polysacchariden handelt es sich um riesige Moleküle: Stärke besteht aus bis zu 6.000, Glykogen aus bis zu 100.000 verbundenen Glucose-Ringen. Cellulose kann aus mehr als 10.000 Glucose-Einheiten aufgebaut sein.

Mehl enthält nicht nur Stärke, sondern auch Eiweiß, den zweiten unverzichtbaren Grundnährstoff. Er bietet neben einer ungeheuren Vielfalt möglicher Verbindungen auch neue funktionelle Gruppen.

Eiweiß – das 20-Buchstaben-Alphabet

Während jedenfalls die für die Ernährung wichtigen Kohlenhydrate aus chemischer Sicht eine überschaubare Gruppe bilden, glänzen die Eiweiße mit Kombinationsmöglichkeiten, die das Herz des Mathematikers höher schlagen lassen. Damit beim Kombinieren nichts schief geht, enthält jeder Mensch in seinen Zellkernen genaue Baupläne. Diese Baupläne sind nur bei eineiigen Zwillingen identisch, ansonsten bilden sie einen »genetischen Fingerabdruck«.

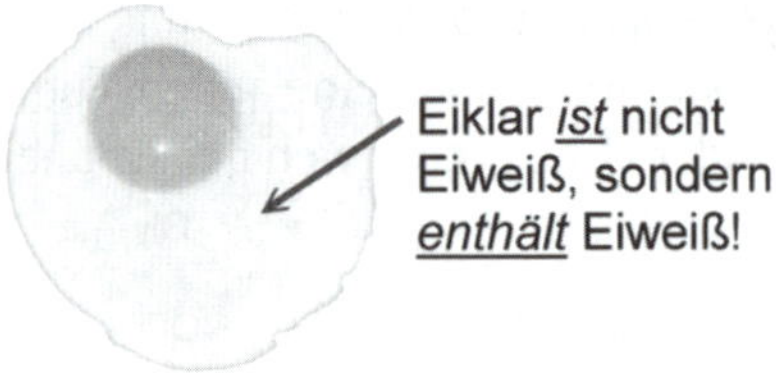

Abb. 10.7: Eiweiß und Protein

Der Chemiker nennt Eiweißstoffe Proteine. Der menschliche Organismus enthält etwa 50.000 verschiedene Protein-Moleküle.

Proteine sind zunächst die »Cellulose des Menschen« – vergleichbar den Pflanzenfasern bilden sie die Grundstruktur. Darüber hinaus aber erfüllen sie zahlreiche lebenswichtige Sonderaufgaben, z.B. als Enzym oder in der Immunabwehr.

Bausteine der Proteine sind 20 so genannte *Aminosäuren*. Es gibt zwar noch mehr davon, aber nur diese 20 sind in den Bauplänen unserer Körperproteine enthalten. Der grundsätzliche Aufbau dieser Aminosäuren ist relativ simpel:

Allgemeiner Aufbau: Die beiden einfachsten Aminosäuren:

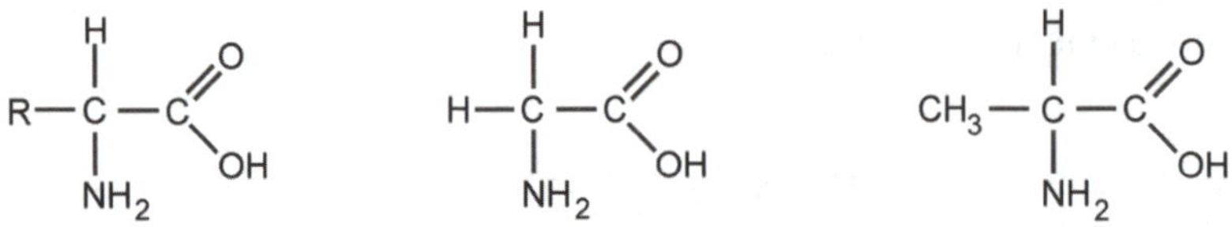

R= Weitere Atome | Glycin | Alanin

Abb. 10.8: Aufbau der Aminosäuren

Aminosäuren sind Carbonsäuren, die (mindestens) eine Aminogruppe NH_2 enthalten. Bei den 20 proteinbildenden Aminosäuren ist diese Aminogruppe an das Nachbar-C-Atom der Carboxylgruppe gebunden (α-Aminosäure). Zwei der Aminosäuren enthalten außerdem Schwefel.

Üblicherweise werden die Aminosäuren mit drei Buchstaben abgekürzt: Ala für Alanin, Gly für Glycin, Lys für Lysin und so weiter.

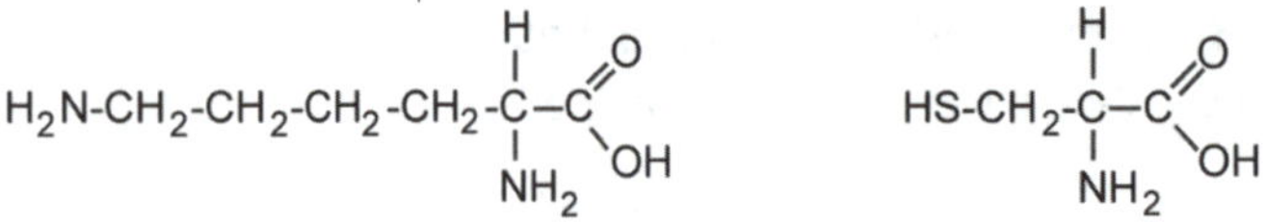

Lysin (Lys) | Cystein (Cys)

Abb. 10.9: Lysin (zwei NH_2-Gruppen) und Cystein (S-haltig)

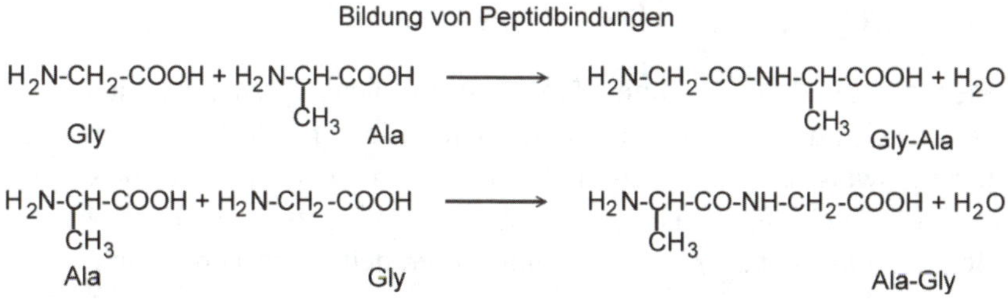

Abb. 10.10: Peptidbindungen zwischen Alanin und Glycin

Wenn sich zwei Aminosäuren zusammenschließen, entsteht ein *Dipeptid*, drei Aminosäuren würden ein *Tripeptid* bilden und so weiter. Die Verknüpfungsstelle wird *Peptidbindung* genannt.

Ala-Gly oder Gly-Ala?

Es macht einen Unterschied, in welcher Reihenfolge sich die Aminosäuren verbinden. In »Ala-Gly« hat die Aminogruppe des Glycins reagiert, in »Gly-Ala« diejenige des Alanins. Die beiden Dipeptide haben dadurch unterschiedliche Eigenschaften.

Bei der Bildung einer Aminosäurenkette entstehen schließlich aus bis zu 220.000 Aminosäuren riesige *Protein-Moleküle*. Dabei ist die *Reihenfolge* der Aminosäuren entscheidend für die Eigenschaften:

Die so genannte *Aminosäurensequenz* unserer Proteine ist in der Erbsubstanz festgelegt.

Die Sequenz (Reihenfolge) --- Ala-Gly-Lys --- bewirkt also andere Eigenschaften als die Sequenz --- Gly-Ala-Lys ---. Es ist wie in unserer Sprache. Aus einer begrenzten Anzahl von Buchstaben können fast unendlich viele Wörter, Sätze und Erzählungen gebildet werden. Für jedes Lebewesen hat die Natur mit diesem 20-Buchstaben-Alphabet ein eigenes Buch geschrieben.

Übrigens: Tierische Wolle und Seide bestehen ebenfalls aus solchen Aminosäureketten – und auch unsere Haare bilden eine besondere Eiweiß-Art (Keratin). Bei der Dauerwelle werden die Eiweiße chemisch umgebaut.

Die Quelle der Proteine

Menschen und Tiere können Aminosäuren nicht selbst herstellen – sie können sie nur *umbauen*. Selbst das klappt nicht in jedem Fall. So können beispielsweise die Aminosäuren Alanin, Glycin und Cystein in den Körperzellen bei Bedarf problemlos aus anderen Aminosäuren erzeugt werden. Bei Lysin und sieben weiteren Aminosäuren gelingt es jedoch nicht.

Acht proteinbildende Aminosäuren (von insgesamt 20) können im menschlichen Organismus *nicht* durch Umbau aus anderen Aminosäuren hergestellt werden. Sie müssen über die Nahrung zugeführt werden, sonst entstehen Mangelerscheinungen.

Man nennt diese Aminosäuren *essenziell*.

Auf diesem Umstand beruhen die Unterschiede in der Qualität der verschiedenen Eiweiß-Arten. Immerhin verliert ein Erwachsener jeden Tag ca. 30 g Eiweiß, das ersetzt werden muss, sonst drohen Gesundheitsschäden. Bei dir ist der Eiweißbedarf durch den Wachstumsprozess noch höher. Beispielsweise gilt Milcheiweiß als hochwertig, Weizen-Eiweiß (Kleber-Eiweiß) als geringwertig. Grund:

Milcheiweiß enthält die essenziellen Aminosäuren etwa in dem Verhältnis, in dem sie im menschlichen Körper zum Aufbau arteigener (»menschlicher«) Proteine benötigt werden. In Weizen-Eiweiß dagegen mangelt es vor allem an der essenziellen Aminosäure Lysin.

Es ist wie bei einem Kochrezept: Fehlt nur eine einzige wichtige Zutat, nützen auch die anderen, reichlich vorhandenen Zutaten nichts (ohne Würstchen keine Hotdogs – und wenn noch so viele Brötchen da sind!). Während also Milcheiweiß zu ca. 90% in Körper-Eiweiß umgebaut werden kann, gelingt das bei Weizeneiweiß nur zu 44%. Die ausreichenden Anteile anderer essenzieller Aminosäuren im Weizenbrötchen müssen leider ungenutzt bleiben (wohlgemerkt: Ungenutzt zum *Proteinaufbau* – der *Abbau*, also die Verbrennung im Stoffwechsel oder der Umbau zu Fett, ist dagegen immer möglich!). Aber Gott sei Dank ernährt sich der Mensch ja nicht ausschließlich von Brötchen. Durch die Kombination unterschiedlicher Lebensmittel können sich die essenziellen Aminosäuren gegenseitig ausgleichen und ergänzen. So kann auch aus biochemischer Sicht die alte Volksweisheit bestätigt werden: Einseitige Kost ist schädlich, gemischte Kost ist gesund. Aber wo liegt denn nun letztendlich die Quelle der Proteine?

Schon wieder: Fotosynthese

Die Quelle der Proteine sind einige Bakterien und die Pflanzen. Nur sie können Luftstickstoff oder Stickstoffverbindungen des Bodens zum Proteinaufbau nutzbar machen. An diesem Prozess sind die Produkte der Fotosynthese beteiligt. Sie ist also nicht nur durch ihre Kohlenhydrat-, sondern auch durch ihre Proteinproduktion die Grundlage des Lebens.

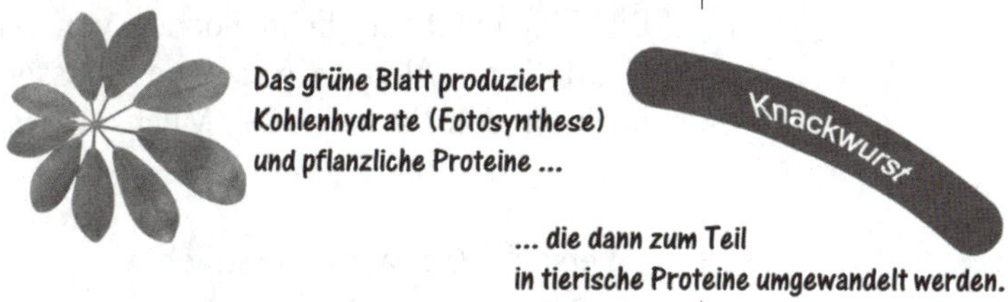

Abb. 10.11: Fotosynthese ist auch die Quelle der Proteine.

In der Nahrungskette landen diese Proteine irgendwann beim Menschen – sei es direkt als pflanzliches oder indirekt (nach Umwandlung durch Pflanzen fressende Tiere) als tierisches Eiweiß. Ein solches Pflanzen fressendes Tier ist die Kuh, und sie produziert neben Fleisch das Lebensmittel Milch.

0,1 Liter enthalten durchschnittlich	
Eiweiß	3,3 g
Kohlenhydrate	4,7 g
Fett	1,5 g
Calcium	118 mg

Abb. 10.12: Milch – nicht nur Eiweiß!

Sehen wir uns dieses Lebensmittel näher an (übrigens: Milch ist das einzige natürliche Lebensmittel, das *zum Zweck des Verzehrs* produziert wird!).

Milch für Muskeln und Knochen

Versuch 10d: Casein-Eiweiß in Milch

Versetze drei Schnapsgläser Milch (ca. 0,06 Liter) in einem Topf mit etwas Essig und erwärme bis ca. 40 °C. Filtriere dann die ausgeflockte Milch durch einen Kaffeefilter in eine Tasse und bewahre das Filtrat (Molke) auf.

Erklärung: Casein, das Protein in der Milch, aus dem Käse gewonnen wird, ist nur durch eine Verbindung mit Calcium löslich. Durch die Säuerung wird unlösliches Casein freigesetzt.

Aber Milch enthält noch eine andere Eiweiß-Art:

Versuch 10e: Albumin-Eiweiß in Milch

Erhitze die Molke aus Versuch 10d vorsichtig bis zum Sieden. Ab etwa 70 °C treten Flocken auf.

Erklärung: Albumin, das lösliche Milcheiweiß, gerinnt ab etwa 70 °C (wird unlöslich).

Die Milchhaut, die beim Kochen von Milch entsteht, besteht übrigens ebenfalls aus Albumin mit eingeschlossenen Fettkügelchen. Jetzt geht es noch um den Nachweis des Milchzuckers, der *Lactose*.

Versuch 10f: Lactose in Milch

Filtriere die Molke aus Versuch 10e und erhitze das Filtrat in einem möglichst kleinen Topf vorsichtig (!) ohne Kochen, bis sie zu einer zähen Flüssigkeit geworden ist. Beim langsamen Abkühlen bilden sich schwach süß schmeckende Kristalle.

Erklärung: Es bilden sich Lactose-Kristalle.

Zum Thema Proteine wäre noch viel zu sagen – aber ich will darüber den dritten Grundnährstoff, das Fett, nicht vergessen.

Fett hat auch gute Seiten

Fett ist uns bereits begegnet – als unerwünschter Nahrungsbestandteil, durch Emulgatoren den Blicken entzogen, aber trotzdem durch einen Fettfleck leicht nachweisbar (Kapitel 2). Wir wollen dieser Stoffgruppe aber nicht unrecht tun: Eine fettfreie Ernährung ist ebenso wenig vorstellbar wie ein fettfreier menschlicher Körper.

Nach Ratschlägen der Ernährungswissenschaft sollten etwa 30% des täglichen Energiebedarfs durch (überwiegend pflanzliche) Fette gedeckt werden; dies entspräche etwa 70–80 g reinem Fett. Ein Verzicht auf Fett in der Nahrung (der wegen »versteckter Fette« und aus Geschmacksgründen ohnehin praktisch nicht möglich ist) wäre auch ein Verzicht auf fettlösliche Vitamine und essenzielle Fettsäuren.

Weil Fett mehr als doppelt so viel Energie pro Gramm liefert wie Kohlenhydrate und Eiweiße, müsste dieser Verzicht zur Deckung des Energiebedarfs auch eine entsprechende Erhöhung der verzehrten (fettfreien) Nahrungsmittelmengen zur Folge haben.

Aus chemischer Sicht beschränke ich mich in diesem Kapitel auf den Bereich der »eigentlichen« Fette (so genannte *Neutralfette).* Glycerol als Bestandteil dieser Verbindungen hast du bereits in den Kapiteln 1 und 9 kennen gelernt. Die weiteren Bestandteile sind dir als Stoffklasse ebenfalls vertraut:

Neutralfette sind Ester des dreiwertigen Alkohols Propantriol (Glycerol) mit drei langkettigen Carbonsäuren, so genannten *Fettsäuren.*

Zur Wiederholung:

Ester entstehen aus Carbonsäuren und Alkoholen.

Carbonsäure + Alkohol → Ester + Wasser

Das Wassermolekül wird aus der OH-Gruppe der Säure und dem H-Atom der Hydroxilgruppe des Alkohols gebildet.

Gesättigt – ungesättigt

Diese Fettsäuren enthalten im häufigsten Fall 16 oder 18 C-Atome. Zur besseren Übersichtlichkeit stelle ich deshalb die Formeln in vereinfachter Schreibweise dar (siehe Abbildung 10.13).

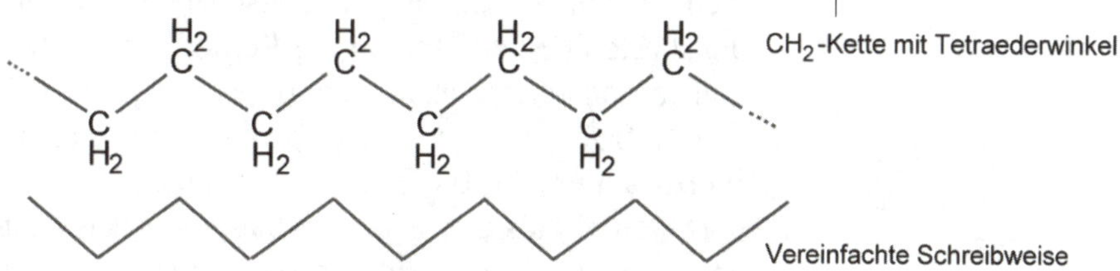

Abb. 10.13: Vereinfachte Schreibweise der C-Ketten

Die Fettsäuren können auch Doppelbindungen enthalten; man nennt sie dann ungesättigt.

Tabelle 10.1: Typische gesättigte und ungesättigte Fettsäuren

Trivialname	Formel	Doppelbindungen	Bezeichnung
Palmitinsäure	$C_{15}H_{31}COOH$	keine	gesättigt
Stearinsäure	$C_{17}H_{35}COOH$	keine	gesättigt
Ölsäure	$C_{17}H_{33}COOH$	eine	einfach ungesättigt
Linolsäure	$C_{17}H_{31}COOH$	zwei	doppelt ungesättigt
Linolensäure	$C_{17}H_{29}COOH$	drei	dreifach ungesättigt

Ein typisches Neutralfett könnte also aus folgenden Verbindungen entstehen:

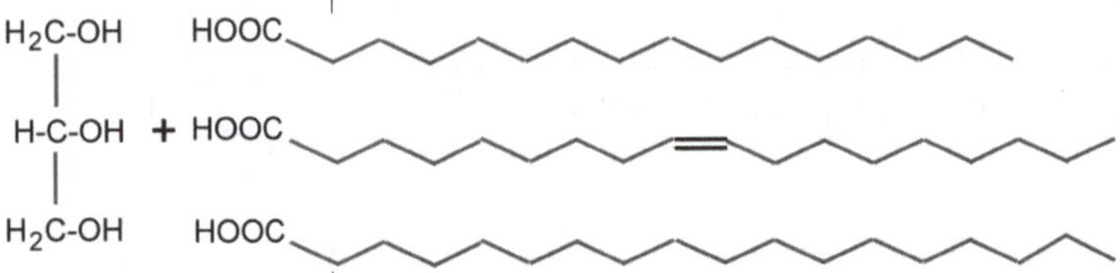

Abb. 10.14: Glycerol reagiert mit drei Fettsäuren.

Bei den drei Fettsäuren in Abbildung 10.14 handelt es sich – von oben nach unten – um Palmitinsäure ($C_{15}H_{31}COOH$), Ölsäure ($C_{17}H_{33}COOH$; eine Doppelbindung) und Stearinsäure ($C_{17}H_{35}COOH$). Bei der Esterbildung werden drei Moleküle Wasser frei. Das entstehende Nahrungsfett-Molekül besitzt in vereinfachter Schreibweise die folgende Formel:

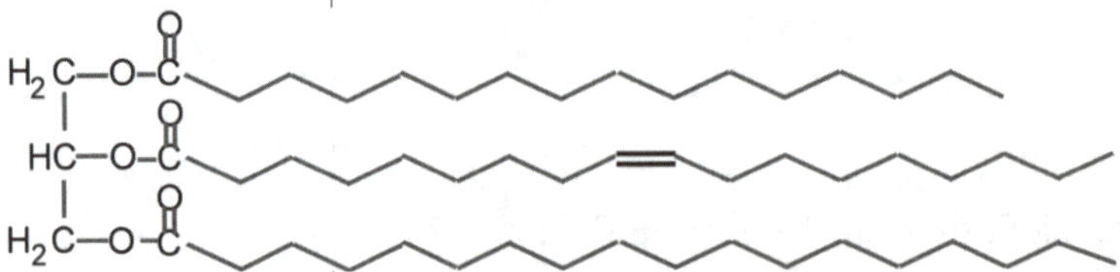

Abb. 10.15: Vereinfachte Strukturformel des Fettmoleküls

Auch bei den Fettsäuren gibt es essenzielle – unverzichtbare – Nahrungsbestandteile: Während der Körper zum Leidwesen vieler Menschen ansonsten mühelos in der Lage ist, eigenständig Fettsäuren und Fette aufzubauen und zu speichern, gelingt dies bei Linolsäure und Linolensäure nicht. Diese Fettsäuren müssen mit der Nahrung zugeführt werden (als eigenständige Säure oder als Bestandteil von Fetten). Mangel an Linol- und Linolensäure führt zu Stoffwechselstörungen. Linol- und Linolensäure finden sich hauptsächlich in Pflanzenölen und in Kaltwasserfischen.

Knick macht flüssig

Warum ist Salatöl flüssig und Speck fest? Beides ist doch Fett! Richtig – aber die Analyse zeigt, dass in (Pflanzen- oder Fisch-)Ölen wesentlich mehr ungesättigte Fettsäuren enthalten sind als in festen Fetten. Wie du aus Tabelle 10.1 entnehmen kannst, unterscheiden sich die Summenformeln gesättigter und ungesättigter Fettsäuren nur geringfügig; jede Doppelbindung ersetzt zwei H-Atome. Der Unterschied in der Molekülmasse ist also sehr klein und damit kaum die Ursache für den Schmelzpunkt-Unterschied. Wir kommen dem Rätsel auf die Spur, wenn wir uns die *räumlichen* Veränderungen durch die Doppelbindungen ansehen. Zur besseren Übersichtlichkeit war in den Abbildungen 10.14 und 10.15 das Ölsäure-Molekül ebenso als »ungeknickte« geradlinige Kette dargestellt wie die Palmitin- und Stearinsäure. In der Realität allerdings führt die Doppelbindung in *natürlichen* Fetten meistens zu einem deutlichen »Knick«:

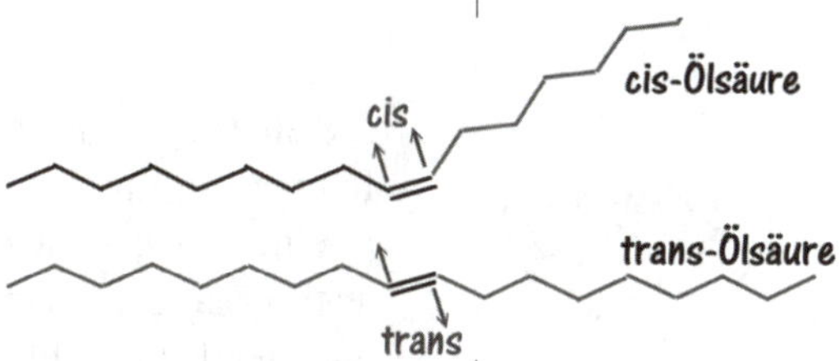

Abb. 10.16: Ölsäure mit cis- und trans-Orientierung an der Doppelbindung

An Doppelbindungen verändert sich der Winkel zwischen den C-Atomen. Die Fortsetzung der C-Kette kann in zwei verschiedenen räumlichen Orientierungen erfolgen.

Die meisten natürlichen ungesättigten Fettsäuren liegen in der cis-Orientierung vor (cis-Fettsäuren). Sie bilden damit einen deutlichen Knick in der C-Kette.

Künstlich hergestellte ungesättigte Fettsäuren – etwa zur Pommes-frites-Beschichtung – liegen dagegen überwiegend in trans-Orientierung vor (trans-Fettsäuren). Sie bilden damit annähernd eine Kette, ebenso wie die gesättigten Fettsäuren.

Aber warum in aller Welt macht die Lebensmittelindustrie denn trans-Fettsäuren?

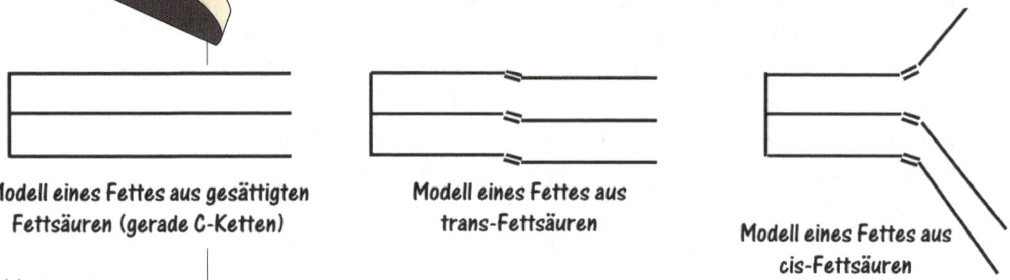

Abb. 10.17: Vereinfachte Darstellung von gesättigten und ungesättigten Fetten

In dieser stark vereinfachten Darstellung gut zu sehen: Während Fette aus gesättigten und aus trans-Fettsäuren einen einigermaßen »ordentlichen« Eindruck machen, wirkt das Fett aus cis-Fettsäuren reichlich sperrig.

Die Sperrigkeit der natürlichen cis-Fettsäuren verhindert bei Zimmertemperatur das Entstehen des festen Zustands, in dem die Moleküle ja einen möglichst geordneten Zustand einnehmen müssen. Für die leichter aneinander anzuordnenden Fette mit Kettenform ist das dagegen kein Problem – deshalb sind sie bei Zimmertemperatur fest.

Ungesättigte trans-Fettsäuren werden also hergestellt, weil die entstehenden Fette durch die Kettenform bei Zimmertemperatur fest sind. Sie können damit für lebensmitteltechnologische Zwecke besser verwendet werden als flüssige Fette (und auch besser als die gesättigte Variante), z.B. für Fettbeschichtungen (Pommes frites) in der »schnellen Küche«. Allerdings gibt es warnende Stimmen, die den trans-Fettsäuren – im Übermaß genossen – schädliche Wirkungen nachsagen.

Säurenachweis und Emulsionsbildung

Versuch 10g: Nachweis der Buttersäure

Erwärme in einem kleinen Topf etwas ranzige Butter mit Brennspiritus und wenig Wasser. Prüfe danach die Lösung mit Universalindikatorpapier oder mit Rotkohl-Indikator.

Ergebnis: Buttersäure (Butansäure) wird durch die Indikatorfärbung nachgewiesen.

Butansäure ist als Fettbestandteil eine ungewöhnlich kurzkettige Carbonsäure. Vorteil: Sie wird im menschlichen Darm nicht erst in kleinere Bruchstücke gespalten, sondern kann unverändert durch die Darmwand in die Blutbahn aufgenommen werden. Für Menschen mit Fettverdauungsproblemen kann das von Vorteil sein.

Versuch 10h: Emulsion durch Eigelb

In einem kleinen Topf wird etwas warmes Wasser, genauso viel Öl und etwas rohes Eigelb kräftig durchgerührt.

Ergebnis: Das Öl verteilt sich in feinsten Tröpfchen in der Flüssigkeit (Emulsion).

»Schuld« ist das im Eigelb enthaltene Lecithin, ein natürlicher Emulgator. Es ist im größten Teil seines Moleküls den Fetten sehr ähnlich (unpolarer Teil aus Glycerol und Fettsäuren), enthält aber zusätzliche phosphor- und stickstoffhaltige polare Anteile.

Vom Fett zur Seife

Eine Jahrtausende alte sumerische Keilschrift ist die erste überlieferte Anleitung der Menschheitsgeschichte zur Seifenherstellung. Durch Kochen von Fetten mit Pottasche (Kaliumcarbonat, K_2CO_3) sollte das begehrte Reinigungsmittel gewonnen werden. Diese Pottasche bildet im Seifensud OH^--Ionen, also eine *alkalische Lösung*. Einige Zeit später meldeten sich die Römer zu Wort: Galenus, der Leibarzt des Kaisers Marc Aurel, beschrieb die Reinigungswirkung der in Germanien aus Fett und Lauge gewonnenen Seife.

»Verseifung« von Fetten hat also eine lange Tradition. Du kannst diese Reaktion nachvollziehen:

Versuch 10i: Verseifung von Fett

Stelle aus Soda oder Backpulver eine alkalische Lösung her. Gebe wenig Öl in einen kleinen Topf und füge genauso viel alkalische Lösung zu. Erhitze die Mischung zum Sieden.

Ergebnis: Es bildet sich Seifenschaum. Fett wurde in Seife umgewandelt.

Was ist da passiert? Ganz offenbar wird das Fett-Molekül zerlegt. Es entstehen Glycerol und Fettsäuren – nicht ganz: Es entstehen die *Natrium- oder Kaliumsalze* der Fettsäuren. Man nennt diese Reaktion *Verseifung*.

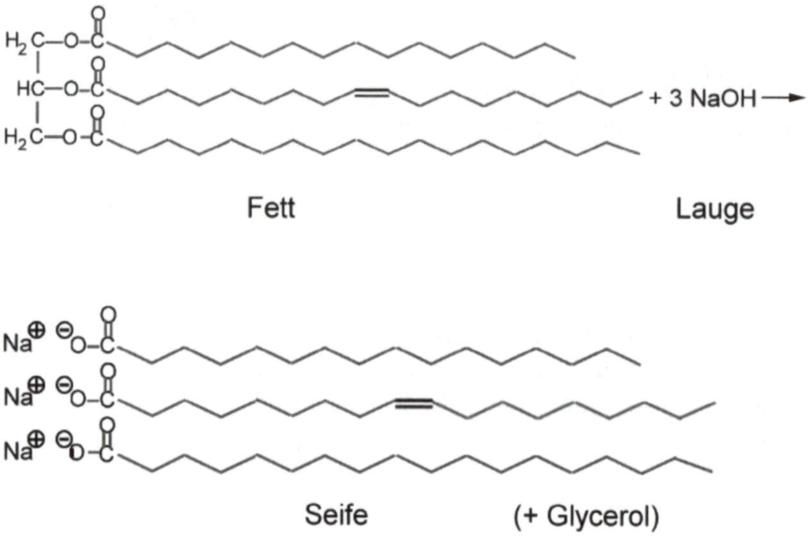

Abb. 10.18: Reaktionsgleichung der Verseifung

> Seifen sind Natrium- oder Kaliumsalze der Fettsäuren. Sie entstehen durch Kochen von Fetten mit Natron- oder Kalilauge (NaOH oder KOH).
>
> Natriumsalze werden als Kernseifen, Kaliumsalze als Schmierseifen bezeichnet.

Bereits an der Formel der Seifen erkennt man ihre Emulgatoreigenschaft: Sie enthalten den typisch langen, unpolaren Teil (die C-Kette der Fettsäuren) zur Verständigung mit unpolaren Fett-Tröpfchen und einen kleinen, sehr polaren Teil (die negative Ladung am O-Atom) zur Wechselwirkung mit dem polaren Wasser.

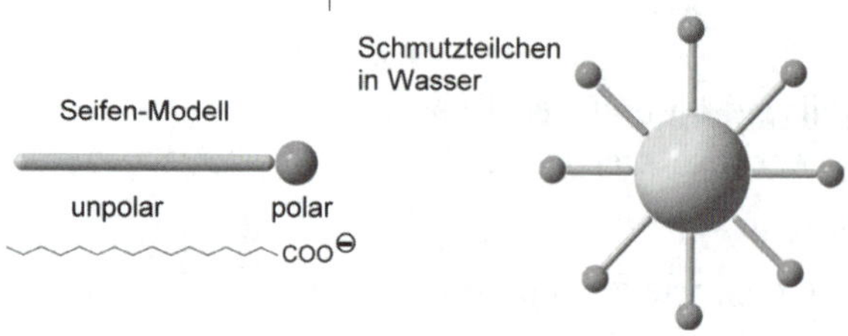

Abb. 10.19: Emulgatormodell und Emulgatorwirkung

Seifen haben neben ihrer positiven Reinigungswirkung auch Nachteile. So können sie mit hartem Wasser unlösliche Verbindungen bilden (Kalkseifen; dadurch erhöhter Seifenverbrauch) und mit sauren Verschmutzungen (z.B. Erbrochenes, das Magensalzsäure enthält) wieder zu den Fettsäuren reagieren.

Ablösen, zerteilen, emulgieren

Beim Waschen von Kleidungsstücken heften sich die Emulgator-Moleküle sowohl an die Oberflächen der Fasern als auch an die Oberflächen der daran festsitzenden Schmutzteilchen. Durch die gegenseitige Abstoßung der negativ geladenen O-Atome wird der Schmutz von der Faser gelöst. Im weiteren Waschvorgang werden die Schmutzteilchen zerteilt (dispergiert) und – eingehüllt von Emulgator-Molekülen – mit der Waschlauge entfernt: Das T-Shirt ist wieder sauber!

Zusammenfassung

In diesem Kapitel hast du gelernt

- dass Kohlenhydrate Wasserstoff- und Sauerstoff-Atome im Verhältnis 2:1 enthalten
- dass für unsere Ernährung die Einfachzucker Glucose, Fructose und Galactose von Bedeutung sind, die jeweils mehrere OH-Gruppen und ein doppelt gebundenes O-Atom enthalten sowie in Ketten- und Ringform auftreten
- dass sich diese Einfachzucker zu den Doppelzuckern Saccharose, Maltose und Lactose sowie zu den Vielfachzuckern Stärke, Glykogen und Cellulose zusammenschließen können
- dass sich verdauliche Stärke und Glykogen und unverdauliche Cellulose lediglich in der räumlichen Orientierung der Einfachzucker-Verknüpfung unterscheiden
- dass proteinbildende Aminosäuren eine Carboxylgruppe mit zusätzlicher Aminogruppe am Nachbar-C-Atom enthalten
- dass aus lediglich 20 Aminosäuren fast unendlich viele verschiedene Proteine gebildet werden können

- dass essenzielle Aminosäuren in der Nahrung enthalten sein müssen, weil sie der menschliche Körper nicht durch Umbau aus anderen Aminosäuren bilden kann
- dass grüne Pflanzen und einige Bakterien die Quelle der Proteine auf dieser Erde sind und auch bei diesem Vorgang die Fotosynthese eine Schlüsselrolle übernimmt
- dass man unter Neutralfetten die Ester des Glycerols mit langkettigen Carbonsäuren (Fettsäuren) versteht
- dass Linol- und Linolensäure als essenzielle Fettsäuren bezeichnet werden, die zur Vermeidung von Mangelerscheinungen in der Nahrung enthalten sein müssen
- dass an den Doppelbindungen in ungesättigten Fettsäuren zwei unterschiedliche räumliche Orientierungen entstehen können, die man als cis- und trans-Form bezeichnet und die den Aggregatzustand bei Zimmertemperatur beeinflussen
- dass Fette durch Reaktion mit Natron- oder Kalilauge zu Seifen umgesetzt werden und diese Seifen hervorragende Emulgatoreigenschaften besitzen

Aufgaben

1. Ordne die folgenden Verbindungen nach Kohlenhydraten und Nicht-Kohlenhydraten. Begründe jeweils deine Entscheidung.

   $CH_2OH\text{-}CHOH\text{-}COOH$; $CH_2OH\text{-}CHOH\text{-}CHOH\text{-}CHO$; $CH_3\text{-}CHOH\text{-}CO\text{-}CH_3$
2. Formuliere die Reaktionsgleichung zur Spaltung eines Doppelzuckers durch Wasser (die zugesetzte Säure wirkt lediglich als Katalysator).
3. Begründe die verringerte Süßkraft von Honig gegenüber Haushaltszucker.
4. In welcher Hinsicht unterscheiden sich Stärke und Glykogen chemisch von Cellulose?
5. In Abbildung 10.10 findest du die Verbindung aus Alanin und Glycin, das so genannte »Dipeptid« Ala-Gly (Kurzform der Bezeichnung). Formuliere die Gleichung der Reaktion dieses Dipeptids mit einem weiteren Alanin-Molekül zum »Tripeptid« Ala-Gly-Ala.
6. Nenne in Kurzform alle möglichen Tripeptide, die Alanin und Glycin in beliebigen Anteilen enthalten.

Aufgaben

7. Nenne den Unterschied zwischen essenziellen und nicht-essenziellen Aminosäuren.
8. Nenne und begründe die Eigenschaftsunterschiede zwischen einem *Gemisch* aus Glycerol und Fettsäuren und dem *Ester* des Glycerols mit Fettsäuren.
9. Formuliere in vereinfachter Schreibweise die Strukturformel eines Fettes, das aus Glycerol, Palmitinsäure, Ölsäure und Linolsäure entstanden ist.
10. Definiere die Begriffe cis- und trans-Orientierung an einer Doppelbindung.
11. Formuliere die Gleichung der Reaktion einer Fettsäure mit Kalilauge zu einer Schmierseife.
12. Begründe, weshalb Fettsäuren nicht als Emulgator wirken können, die Fettsäure-Ionen der Seifen jedoch Emulgatorwirkung besitzen.

A

Lösungen zu allen Kapiteln

Kapitel 1: Was machen die Chemiker eigentlich?

1. Kohlenstoffdioxid – Wasser – Sonnenlicht – Fotosynthese – Kohlenhydrat – Weiderind – Mensch – Kohlenstoffdioxid

2. 20 ppb Blei bedeutet 20 Milliardstel Gramm Blei oder 0,000 000 02 g_{Blei} pro Gramm Kartoffel ($g_{Kartoffel}$). In 500 g Kartoffeln können damit gerade noch 0,000 000 02 $g_{Blei}/g_{Kartoffel}$ * 500 $g_{Kartoffel}$ = 0,00001 g_{Blei} nachgewiesen werden. Es kann also noch eine Bleimenge kleiner als 0,00001 g enthalten sein.

3. Hier kann ich nur eine persönliche Lösung anbieten. *Verzichtbar*: Nagellack, Duftspray, Feuerwerkskörper. *Unverzichtbar*: Arzneimittel, (einige) Kunststoffe, Datenträger. Beim Vergleich zeigen sich oft Widersprüche; die Begründungen führen gelegentlich zu einer veränderten Bewertung.

4. Anorganische, analytische, organische, physikalische und Biochemie.

5. Mögliche Namen: Justus von Liebig, Emil Fischer, Adolf von Baeyer, Wilhelm Ostwald, Fritz Haber, Carl Bosch, Hermann Staudinger, Karl Ziegler …

A

Kapitel 2: Kalbsleberwurst und Schmutzwasser

1.

Ereignis	Art des Vorgangs	Begründung
Schnee schmilzt	Physikalisch	Der Stoff Wasser bleibt erhalten, er ändert nur seinen Zustand (fest zu flüssig). Es entstehen keine neuen Stoffe.
Gartenabfälle werden kompostiert	Chemisch	Beim Kompostieren entstehen neue Stoffe, z.B. Gartenerde. Die Abfälle werden umgewandelt.
Kaffee wird aufgebrüht	Physikalisch	Aus dem Kaffeepulver werden die löslichen Teile herausgelöst. Es entstehen keine neuen Stoffe.
Benzinmotor läuft	Chemisch	Benzin wird umgewandelt, gasförmige Stoffe entstehen (z.B. Wasserdampf, Kohlenstoffdioxid).
Elektromotor läuft	Physikalisch	Alle Stoffe bleiben unverändert erhalten, es entstehen keine neuen Stoffe. Es ändert sich nur der Zustand (die Energie) der Leitungen und beweglichen Teile.
Teebeutel wird aufgebrüht	Physikalisch	Aus dem Beutelinhalt werden die löslichen Teile herausgelöst (extrahiert). Es entstehen keine neuen Stoffe.
Brot wird getoastet	Chemisch	An der Farbe und am Geschmack erkennbar entstehen neue Stoffe. Die Stärke wird zum Teil in Zucker zerlegt, zum Teil in komplizierte Verbindungen umgewandelt.
Milch wird sauer	Chemisch	Am Geschmack und an der Veränderung der Beschaffenheit erkennbar entstehen neue Stoffe (vor allem Milchsäure), der Milchzucker wird umgewandelt.

2. Synthetische Emulgatoren: E 472 a--f und E 475 (Fettanteile chemisch verbunden mit anderen Stoffen, z.B. Weinsäure, Milchsäure usw.).

3. Flüssig-gasförmig: Zerstäubtes Parfüm. Gasförmig-flüssig: Milchschaum. Flüssig-flüssig: Fetthaltiges Wasser mit Spülmittel. Flüssig-fest: Nasser Schwamm. Fest-flüssig: Schlamm. Fest-fest: natürliches Eisenerz. Fest-gasförmig: staubige Luft. Gasförmig-fest: Bimsstein.
4. Flüssig-gasförmig: Chlorwasser. Flüssig-flüssig: Öl in Waschbenzin. Fest-flüssig: hartes Wasser (kalkhaltig). Fest-gasförmig: Radon in radioaktiven Metallen (entsteht aus den Metallteilchen). Gasförmig-gasförmig: Knallgas.
5. Abmessung eines Milchvolumens, z.B. 100 ml (100 cm^3 oder 0,1 dm^3). Genaue Wägung dieser Milchportion ergibt z.B. 102 g (oder 0,102 kg). Dichte = 102 g/100 cm^3 = 1,02 g/cm^3. Oder: Dichte = 0,102 kg/0,1 dm^3 = 1,02 kg/dm^3.
6. Dichte = 20 g/1,9 cm^3 = 10,5 g/cm^3. Das ist die Dichte von Silber.
7. Erster Schritt: Sedimentieren des Goldes und Dekantieren (Goldabtrennung, höhere Dichte von Gold). Zweiter Schritt: Destillation des verbleibenden Getränks: erst Alkohol-, dann Wasserabtrennung (Siedepunkt von Alkohol niedriger als Siedepunkt von Wasser/Zucker, Siedepunkt von Wasser niedriger als Siedepunkt von Zucker). Vollständiges Eindampfen trennt Wasser von den gelösten Bestandteilen (Siedepunkt von Wasser niedriger).
8. Eisenabtrennung mit Magnet. Trennung Styropor/Kupfer durch Sedimentation (Styropor schwimmt oben, Kupfer setzt sich ab – unterschiedliche Dichte).

Kapitel 3: Elemente – die »einfachsten« Stoffe

1. Zum Beispiel: Magnesium (als Legierung) in Bleistiftspitzern; Titan in Brillenfassungen; Zinn (als Legierung) in Lötzinn; Chrom und Nickel (als Legierung) in Stahl; Platin in Schmuck; Wolfram in Glühlampen; Quecksilber in Thermometern; Zink als Rost-Schutzschicht auf Eisen; Zink (als Legierung) in Messing usw.
2. Ar und Xe kommen aus dem Griechischen und bedeuten »träge« (Argon) bzw. »fremd« (Xenon). Beides sind Edelgase; die Bedeutung der Elementsymbole weist auf ihre Reaktionsträgheit hin. Ho (Holmium) kommt von Stockholm, La (Lanthan) kommt aus dem Griechischen und bedeutet »verstecken«, da es schwer aufzufinden war. Ru (Ruthenium) ist nach Russland benannt, Cs (Cäsium) bedeutet »himmelblau« (bezieht sich auf physikalische Untersuchungen an Cäsium).

3. Flüssig: Quecksilber und Brom. Gasförmig: Sauerstoff, Stickstoff, Fluor, Chlor, Helium, Neon, Argon, Krypton, Xenon, Radon.
4. Sie reagieren an der frischen Oberfläche mit dem Sauerstoff der Luft und bilden eine Oxidschicht. Das gilt ganz besonders für unedle (typische) Metalle.
5. Physikalische Untersuchung: Bestimmung der Dichte und Vergleich mit einem Tabellenwert. Chemische Untersuchung: Anzünden! Wenn das möglich ist, dann *war* es ein Diamant.
6. Bei der Erwärmung von 20 °C auf 40 °C nimmt die Temperatur um 20 °C zu. Eine Verdoppelung wäre das nur, wenn die Temperatur bei 0 °C beginnen würde, es also keine tiefere Temperatur geben würde. Tatsächlich beginnt die Temperaturskala aber bei –273,15 °C, in der Kelvin-Skala also bei 0 K. 20 °C entsprechen 293,15 K, 40 °C entsprechen 313,15 K. Die Temperatur hat also tatsächlich nur um ca. 6,6% zugenommen!
7. Die Temperatur ist nichts anderes als eine Art »Beschreibung« der Teilchenbewegung. Je schneller sich die Teilchen eines Stoffes bewegen, desto höher ist die Temperatur. Wenn sich die Teilchen gar nicht mehr bewegen, hat man die tiefste überhaupt mögliche Temperatur erreicht.
8. Die beste Wärmeleitfähigkeit hat Kohlenstoff in der Form von Diamant. Das ist überraschend, weil der Diamant eine *nichtmetallische* Modifikation ist und gute Wärmeleitfähigkeit allgemein als Kennzeichen der *Metalle* gilt.
9. Kalium, Rubidium, Cäsium (und Francium, das ich nicht näher beschrieben habe) sind die typischsten Metalle. Sauerstoff, Fluor und Chlor sind die typischsten Nichtmetalle.

Kapitel 4: Reaktionen, Formeln und Gleichungen

1. Besonders reaktionsfähig: Natrium, Chlor. Besonders reaktionsträge: Helium, Neon.
2. Die Aktivierungsenergie wird bei der Bildung der stabilen Teilchen wieder zurückgewonnen. Sie taucht also in der Energiebilanz nicht auf.

3. Nach der RGT-Regel verdoppelt sich die Reaktionsgeschwindigkeit jeweils bei Temperaturerhöhung um 10 °C. Bei Erhöhung um 30 °C wird der Verderb folglich acht Mal so schnell stattfinden. Das entspricht einer Haltbarkeit von 4/8 Tagen, also etwa zwölf Stunden.

4. Beispiel einer 100-g-Tafel Vollmilchschokolade: 55 g Kohlenhydrate, 33 g Fett, 9 g Eiweiß. Daraus ergibt sich der Energieinhalt 935 kJ (Kohlenhydrate) plus 1287 kJ (Fett) plus 153 kJ (Eiweiß), insgesamt 2375 kJ. Das entspricht etwa einem Viertel deines täglichen Energiebedarfs.

5. Das beruht auf einer Vereinbarung über die *Art* der Berechnung: Es wird immer die Differenz aus Energieinhalt der Produkte minus Energieinhalt der Ausgangsstoffe gebildet. Bei endothermen Reaktionen ist der Energieinhalt der Produkte, bei exothermen Reaktionen der Energieinhalt der Ausgangsstoffe der größere Wert. Man könnte die Rechenreihenfolge auch umkehren, dann müssten alle Vorzeichen vertauscht werden.

6. NO: Verhältnis N zu O = 7:8. N_2O_3: Verhältnis N zu O = 14:24 (oder 7:12). NO_2: Verhältnis N zu O = 7:16. N_2O_5: Verhältnis N zu O = 14:40 (oder 7:20). Die Sauerstoffmengen, die sich jeweils mit sieben Massenteilen Stickstoff verbinden, stehen untereinander im Verhältnis 8:12:16:20 oder – mit den kleinsten ganzen Zahlen – im Verhältnis 2:3:4:5.

7.

$N_2 + O_2 \rightarrow 2\ NO$	$N_2 + 2\ O_2 \rightarrow 2\ NO_2$
$2\ N_2 + 3\ O_2 \rightarrow 2\ N_2O_3$	$2\ N_2 + 5\ O_2 \rightarrow 2\ N_2O_5$

8.

$2\ H_2O_2$: Zwei Moleküle aus jeweils zwei H-Atomen und zwei O-Atomen. Insgesamt vier H-Atome und vier O-Atome.	3 Ca: Drei einzelne Atome Calcium.
C_3H_8: Molekül, das drei C-Atome und acht H-Atome enthält.	$2\ C_2H_6$: Zwei Moleküle aus jeweils zwei C-Atomen und sechs H-Atomen. Insgesamt vier C-Atome und zwölf H-Atome.

9. $2\ H_2O \rightarrow 2\ H_2 + O_2$ – Endotherme Reaktion mit Volumenvergrößerung. Günstig: Möglichst hohe Temperatur, möglichst geringer Druck.

A

Kapitel 5: Reise ins Innere der Atome

1. Durch die Zunahme der Kernladungszahl (Ordnungszahl) bei gleich bleibender Zahl der Kernbausteine. Das kann nur durch die Umwandlung eines Neutrons in ein Proton und ein Elektron erklärt werden.

2. Es würden möglicherweise sehr viel mehr α-Teilchen von ihrer Bahn abgelenkt, aber keine α-Teilchen reflektiert. Ein Goldatom enthält 79 Protonen; stellt man sich diese verteilt in der Hülle vor, kann man vermuten, dass es hin und wieder (häufiger als bei der tatsächlichen Anordnung der Protonen kompakt im Kern) zu Begegnungen mit den α-Teilchen kommen würde. Da die α-Teilchen gegenüber den Protonen eine vierfach höhere Masse (und die doppelte Ladung) besitzen, würden sie bei eventuellen Zusammenstößen aber nicht reflektiert, sondern nur abgelenkt. α-Teilchen, die direkt auf einen negativen Kern treffen, würden dort aufgrund der Anziehungskräfte stark abgelenkt (oder sogar festgehalten?), aber jedenfalls nicht reflektiert.

3. Dieses Nuklid enthält nur ein einziges Proton und benötigt deshalb keine Neutronen zum Zusammenhalt des Kerns.

4. Die Ordnungszahl (6) erhöht sich um eins, die Massenzahl bleibt. Es entsteht das Stickstoff-Isotop 14 (Ordnungszahl 7).

5. $(0{,}925 * 7)\ u + (0{,}075 * 6)\ u = 6{,}925\ u$

6. Weißes Mischlicht, wie die Sonne. Die Elektronen könnten Licht jeder möglichen Farbe abstrahlen (wie ein weißglühender Körper), was zu diesem Ergebnis führen würde.

7. Vanadium: K 2, L 8, M 11, N 2. Vanadium steht in den Nebengruppen, weil in seinen Atomen eine innere Elektronenschale aufgefüllt wird.

8. F < Cl < S < K < Cs. Fluor steht in der Periode ganz rechts und in der Hauptgruppe ganz oben, besitzt also sehr kleine Atome. Cl-Atome sind kleiner als S-Atome, weil sie in der Periode rechts neben S stehen; sie sind größer als F-Atome, weil sie unter diesem in der Hauptgruppe stehen. K steht weit links (1. Hauptgruppe) in der nächsten Periode (4). Cs steht noch unter K in der ersten Hauptgruppe.

9. $Ca + 2\ I \rightarrow Ca^{2+} + 2\ I^{-}$ (2 Elektronen vom Ca-Atom zu den beiden I-Atomen).

   $Mg + O \rightarrow Mg^{2+} + O^{2-}$ (2 Elektronen von Mg zu O)

   $2\ K + S \rightarrow 2\ K^{+} + S^{2-}$ (2 Elektronen von den beiden K-Atomen zum S-Atom)

10. CaO: Zahlenmäßiges Verhältnis der Ca-Ionen zu den O-Ionen im Gitter ist 1:1.
11. SO_2: Molekül aus einem S- und zwei O-Atomen.
12. SiC: Zahlenmäßiges Verhältnis der Si- zu den C-Atomen im Gitter ist 1:1.
13. Cl-O-Cl und H-S-H. An den Cl-Atomen befinden sich noch drei freie Elektronenpaare, am O- und am S-Atom jeweils zwei freie Elektronenpaare. Das H-Atom besitzt keine freien Elektronenpaare.
14. HCl ist aufgrund der großen Elektronegativitätsdifferenz der beteiligten Atome eine sehr polare Verbindung. Am Cl-Atom besteht eine negative, am H-Atom eine positive Teilladung. Da das Wasser-Molekül ebenfalls einen Dipol bildet, ziehen sich die entgegengesetzten Teilladungen an.
15. Bei Halbleitern nimmt die Leitfähigkeit beim Erwärmen zu, bei Metallen nimmt sie ab. Erklärung: Bei Halbleitern werden durch die Erwärmung zusätzliche Elektronen beweglich, bei Metallen kommt es infolge der Erwärmung zur Behinderung der Elektronenwanderung durch mehr Zusammenstöße mit den Atomrümpfen.

Kapitel 6: Essig und Seifenlauge

1. Geschmacksproben sind unzuverlässig: nicht alle Säuren schmecken sauer; nicht alles, was sauer schmeckt, ist eine Säure.
2. Basen sind eigenständige Verbindungen, Laugen sind wässrige Lösungen von Basen. Laugen enthalten immer das Ion OH^-, Basen nicht.
3. Rotkohlsaft, schwarzer Tee, Hagebuttentee.
4. Säuren reagieren mit Kalkstein unter Kohlenstoffdioxid-Bildung, wässrige Säurelösungen leiten den elektrischen Strom und färben Indikatoren in charakteristischer Weise, Säuren bilden mit Metallhydroxiden Salze.
5. a) $H_2CO_3 + NH_3 \rightarrow HCO_3^- + NH_4^+$

   b) $HCl + CO_3^{2-} \rightarrow Cl^- + HCO_3^-$
6. Bei der Autoprotolyse des Wassers entstehen Hydronium- und Hydroxid-Ionen.
7. a) Neuer pH-Wert 6. Jeweils zehnfache Verdünnung steigert bei Säuren den pH-Wert um eine Einheit.

A

b) Neuer pH-Wert 8. Durch die Verdünnung sinkt die Konzentration der Hydroxid-Ionen um den Faktor 10. Der pH-Wert bezieht sich aber auf die Konzentration der Hydronium-Ionen, und diese nimmt entsprechend zu. Bei Laugen *sinkt* deshalb bei Verdünnung der pH-Wert.

c) Neuer pH-Wert 12. Die Lauge wird um den Faktor 10 stärker konzentriert.

8. a. pH-Wert 14. Die Menge NaOH wird um das Zehnfache verringert, die Lösungsmittelmenge aber um das Hundertfache. Damit ist die zweite Lösung zehnmal konzentrierter als die erste.

   b. pH-Wert 3. Die Menge HCl wird auf den zehnten Teil reduziert, die Lösungsmittelmenge aber auf das Hundertfache erhöht. Die neue Lösung hat deshalb nur den tausendsten Teil der Konzentration der ersten Lösung.

   c. Es ist kein pH-Wert definiert. Die Lösungsmittelmenge wird auf den hundertsten Teil reduziert, die neue Lösung ist damit hundertfach konzentrierter als die erste. Sie müsste also den pH-Wert –1 erreichen; für diese Konzentrationen ist die pH-Skala aber nicht geeignet.

9. Metall + Nichtmetall → Salz

   Metall + Säure → Salz + Wasserstoff

   Metallhydroxid + Säure → Salz + Wasser

10. a. $Ca(NO_3)_2$

    b. K_2CO_3

    c. $MgSO_4$

Kapitel 7: Elektrizität und Chemie

1. Reaktion 1:

   $Zn \rightarrow Zn^{2+} + 2\ e^-$ – Zn ist Reduktionsmittel und wird oxidiert.

   $S + 2\ e^- \rightarrow S^{2-}$ – S ist Oxidationsmittel und wird reduziert.

   Reaktion 2:

   $2\ Br^- \rightarrow Br_2 + 2\ e^-$ – Br^--Ionen sind Reduktionsmittel und werden oxidiert.

   $F_2 + 2\ e^- \rightarrow 2\ F^-$ – F_2 ist Oxidationsmittel und wird reduziert.

(K^+ verändert sich bei dieser Reaktion nicht.)

Reaktion 3:

$2\ O^{2-} \rightarrow O_2 + 4\ e^-$ – zwei O^{2-}-Ionen sind Reduktionsmittel und werden oxidiert.

$4\ Fe^{3+} + 4\ e^- \rightarrow 4\ Fe^{2+}$ – die Fe^{3+}-Ionen sind Oxidationsmittel und werden reduziert. (Ein Sauerstoff-Ion bleibt unverändert.)

2. Reaktion 1:

   Die H_2-Atome werden oxidiert (jede Bindung an ein O-Atom bedeutet aufgrund der höheren Elektronegativität des Sauerstoffs eine Oxidation).

   Das C-Atom in CO_2 wird reduziert (eine Bindung weniger an Sauerstoff bedeutet entsprechend eine Reduktion).

   Reaktion 2:

   Die H-Atome des Wasserstoff-Moleküls werden oxidiert (siehe oben).

   Das C-Atom in CH_2O wird reduziert. (Bindungen an ein Sauerstoff-Atom werden durch Bindungen an zwei H-Atome ersetzt.)

3. Reaktion 1: $Al + 3\ AgCl \rightarrow AlCl_3 + 3\ Ag$

   Die Ag^+-Ionen werden durch das unedlere Metall Al reduziert.

   Reaktion 2: $Cu + Na_2O$ – keine freiwillige Reaktion!

   Kupfer ist edler als Natrium.

   Reaktion 3: $Ni + PtCl_2 \rightarrow NiCl_2 + Pt$

   Die Pt^{2+}-Ionen werden durch das unedlere Metall Ni reduziert.

   Reaktion 4: $PbO + Cr \rightarrow Pb + CrO$

   Die Pb^{2+}-Ionen werden durch das unedlere Metall Cr reduziert.

4. Batterie: liefert bereits aufgrund ihrer Zusammensetzung elektrischen Strom, verbraucht dabei das Elektrodenmaterial, Aufladen nicht möglich.

   Akkumulator: muss erst elektrische Energie aufnehmen und gibt diese Energie beim Entladen wieder ab, Aufladen ist möglich, das Elektrodenmaterial wird dadurch regeneriert.

5. Bei der Brennstoffzelle wird das Elektrodenmaterial (Gase Wasserstoff und Sauerstoff) ständig erneuert (Unterschied zur Batterie). Sie benötigt keinen Aufladevorgang (Unterschied zum Akkumulator). Sie enthält weniger giftige Inhaltsstoffe (Unterschied zu Batterie und Akkumulator).

6. Elektrolyse von $CuCl_2$:

   Minuspol: $Cu^{2+} + 2\ e^- \rightarrow Cu$

   Pluspol: $2\ Cl^- \rightarrow Cl_2 + 2\ e^-$

   Elektrolyse von MgO:

   Minuspol: $2\ Mg^{2+} + 4\ e^- \rightarrow 2\ Mg$

   Pluspol: $2\ O^{2-} \rightarrow O_2 + 4\ e^-$

Kapitel 8: Rechnen in der Chemie

1. Vervollständigte Tabelle:

Stoff	Molmasse M [g/mol]	Stoffmenge n [mol]	Stoffportion m [g]
Li_2O	30	0,2	6
Au	197	0,4	78,8
$C_6H_{12}O_6$	180	1,8	324
$CuCl_2$	134,5	0,25	33,63

2. Aus den Molmassen ergibt sich, dass die Ionen-Gruppen ($2\ Li^+ + O^{2-}$) bzw. ($Cu^{2+} + 2\ Cl^-$) gemeint sind.

3. Alkohol: M = 46 g/mol. Phosphorsäure: M = 98 g/mol.

4. Es werden m = 1200 g C-Atome verbrannt.

   Verbrennungsgleichung: $C + O_2 \rightarrow CO_2$

   Molverhältnis Kohlenstoff:Sauerstoff = 1:1

   n(C) = 1200g / (12 g/mol) = 100 mol

   Es werden 100 mol Sauerstoff für die Verbrennung von 100 mol C-Atomen verbraucht. Das entspricht 2240 Liter Sauerstoff.

   $m(O_2) = n * M = 100$ mol * 32 g/mol = 3200 g. Es werden 3,2 kg Sauerstoff verbraucht.

5. 360 Liter CO_2 entsprechen etwa der Stoffmenge 16 mol CO_2. Nach den Angaben in Aufgabe 4 entspricht das ebenfalls 16 mol verbrannten C-Atomen. Das entspricht der Stoffportion m(C) = 16 mol * 12 g/mol = 192 g. Es werden also 192 g C-Atome oxidiert.

6. Reaktionsgleichung:

   $2\ N_2 + 3\ O_2 \rightarrow 2\ N_2O_3$

2 mol Stickstoff reagieren mit 3 mol Sauerstoff zu 2 mol N_2O_3.

$n(N_2)$ = 35 g / (28 g/mol) = 1,25 mol (beachte, dass in der Aufgabe die angegebene Molmasse 14 g/mol auf ein einzelnes N-Atom bezogen war, während in der Reaktion tatsächlich N_2-Moleküle auftreten!)

2 mol Stickstoff reagieren mit 3 mol Sauerstoff. 1,25 mol Stickstoff reagieren mit x mol Sauerstoff.

x = 1,875 – es reagieren 1,875 mol Sauerstoff.

2 mol Stickstoff ergeben 2 mol N_2O_3. 1,25 mol Stickstoff ergeben dann ebenfalls 1,25 mol N_2O_3.

1,25 mol Stickstoff entsprechen (1,25 * 22,4) l = 28 l Stickstoff.

1,875 mol Sauerstoff entsprechen (1,875 * 22,4) l = 42 l Sauerstoff.

1,25 mol N_2O_3 entsprechen – wie bei Stickstoff – dem Volumen 28 l.

Kapitel 9: C gleich organische Chemie

1. Organische Verbindungen: C_2F_4, CS_2, H_2CO_2 (es handelt sich im letzten Fall um die Summenformel von Methansäure, HCOOH.)

   Anorganische Verbindungen: CaC_2 (Carbid), CO_2, $MgCO_3$ (Salz der Kohlensäure)

2. Hexan ist unpolar; Hexan-Moleküle sind über van-der-Waals-Kräfte miteinander verbunden. HCl bildet in Wasser H_3O^+- und Cl^--Ionen; in Wasser sind H_2O-Moleküle vorhanden. Ionische Wechselwirkungen und die H-Brücken zwischen Wasser-Molekülen sind viel stärker als van-der-Waals-Kräfte. Diese ionischen Wechselwirkungen und H-Brücken bleiben deshalb erhalten, es erfolgt keine Durchmischung der Phasen.

3. Strukturformeln der möglichen Hexan-Isomeren (Summenformel C_6H_{14}):

Abb. A.1: Hexan-Isomere

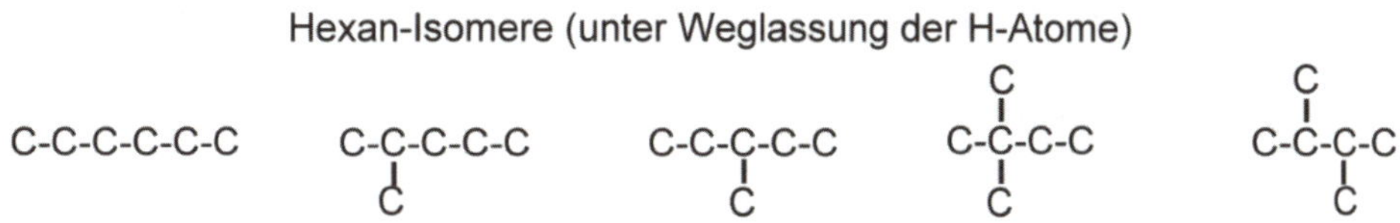

A

4. iso-Butan < n-Butan < Butanal < Butanol < Butansäure

   iso-Butan: durch Verzweigung kleinere Moleküloberfläche $\rightarrow$ geringere van-der-Waals-Kraft. n-Butan: höhere van-der-Waals-Kraft durch größere Moleküloberfläche. Butanal: Polarität durch Sauerstoff-Atom führt zur Dipol-Wechselwirkung, aber noch nicht zu H-Brücken. Butanol: H-Brücken sind möglich. Butansäure: H-Brücken plus Polarität durch O-Atom.

5. Theoretisch mögliche Strukturformeln mit drei C-Atomen:

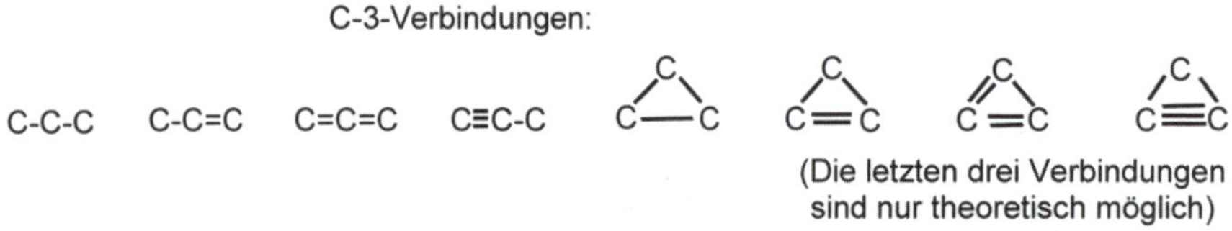

Abb. A.2: Theoretisch mögliche C-3-Strukturformeln

6. $C_2H_5COOH + C_5H_{11}OH \rightarrow C_2H_5CO\text{-}OC_5H_{11} + H_2O$
7. $CH_3OH + O_2 \rightarrow HCOOH + H_2O$
8. $C_{30}H_{62} + 3\ H_2 \rightarrow 2\ C_8H_{18} + 2\ C_7H_{16}$
9. Polymerisation: Bindungen entstehen durch Aufspaltung von Mehrfachbindungen. Es entstehen keine weiteren Produkte. Polykondensation: Bindungen entstehen durch Reaktion zwischen funktionellen Gruppen. Dabei entstehen neben dem Makro-Molekül als weitere Produkte kleinere Moleküle.
10. Durch zwei- und dreidimensionale Vernetzung der Makro-Molekülketten wird eine gegenseitige Beweglichkeit und Neuausrichtung verhindert. Dazu müssen die Monomer-Bausteine noch freie funktionelle Gruppen besitzen, die die Verknüpfungsreaktionen zwischen den Ketten bewirken.
11. Thermoplasten: in der Wärme formbar; in organischen Lösungsmitteln löslich. Duroplasten: zersetzen sich beim Erhitzen ohne vorheriges Erweichen; unlöslich in Lösungsmitteln.

Kapitel 10: Nahrung, Haushalt und Chemie

1. $CH_2OH\text{-}CHOH\text{-}COOH$: kein Kohlenhydrat; enthält keine Carbonylgruppe

   $CH_2OH\text{-}CHOH\text{-}CHOH\text{-}CHO$: Kohlenhydrat; enthält mehrere OH-Gruppen und eine Aldehydgruppe

   $CH_3\text{-}CHOH\text{-}CO\text{-}CH_3$: kein Kohlenhydrat; enthält nur eine OH-Gruppe

2. $C_{12}H_{22}O_{11} + H_2O \rightarrow 2\ C_6H_{12}O_6$

3. Honig besteht im Wesentlichen aus einem Gemisch gleicher Anteile Fructose und Glucose. Dieses Gemisch besitzt lediglich die Süßkraft 85 ((120+50)/2), während Haushaltszucker die Süßkraft 100 besitzt.

4. In Stärke und Glykogen sind die Glucoseringe in α-Form miteinander verknüpft, in Cellulose in β-Form. Stärke und Cellulose bilden mehr oder weniger ausgeprägte Spiralen, Cellulose bildet gestreckte Ketten.

5. Tripeptid Ala-Gly-Ala:

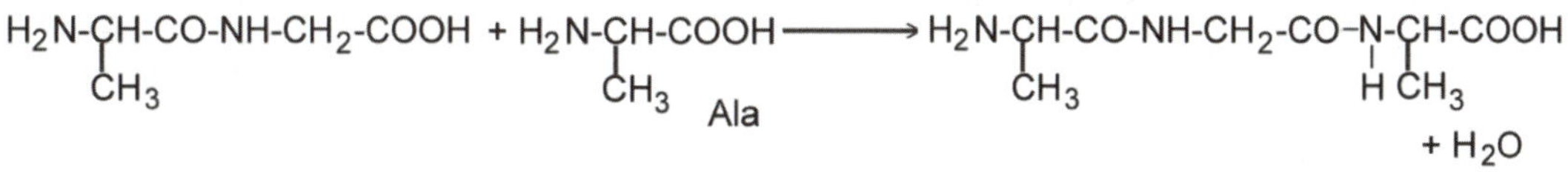

Abb. A.3: Bildung des Tripeptids

6. Ala-Ala-Ala, Gly-Gly-Gly, Ala-Gly-Gly, Gly-Gly-Ala, Gly-Ala-Gly, Gly-Ala-Ala, Ala-Ala-Gly, Ala-Gly-Ala.

7. Essenzielle Aminosäuren können im Körper nicht aus anderen (nicht-essenziellen) Aminosäuren aufgebaut werden. Nicht-essenzielle Aminosäuren können im Körper aus anderen Aminosäuren gebildet werden.

8. Glycerol + Fettsäuren: Im Gemisch ist das sehr gut wasserlösliche und hochsiedende Glycerol enthalten. Die Fettsäuren haben Säureeigenschaft und ebenfalls – durch van-der-Waals-Kräfte und H-Brücken – hohe Siedepunkte.

   Die Verbindung (Ester) enthält keine polaren H-Atome mehr. Die Verbindung kann keine H-Brücken mehr aufbauen. Sie ist schlecht wasserlöslich, hat einen niedrigeren Siedepunkt (nur noch van-der-

Waals-Kräfte zwischen den C-Ketten) und keine sauren Eigenschaften mehr.

9. Formel des Fett-Moleküls:

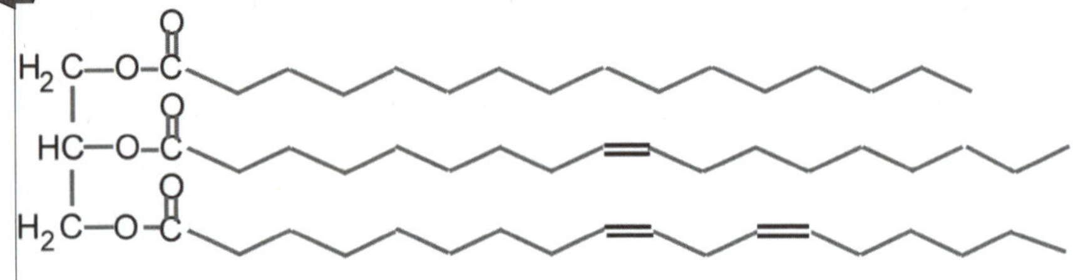

Abb. A.4: Fett-Molekül aus Palmitin-, Öl- und Linolsäure

10. cis-Orientierung: Die C-Kette setzt sich auf der gleichen Seite der Doppelbindung fort.

    trans-Orientierung: Die C-Kette setzt sich auf gegenüberliegenden Seiten der Doppelbindung fort.

11. Zum Beispiel: $C_{15}H_{31}COOH + KOH \rightarrow C_{15}H_{31}COO^- + K^+ + H_2O$

12. Fettsäuren enthalten zwar einen großen unpolaren Anteil (die C-Kette), aber die COOH-Gruppe ist nicht polar genug. Fettsäure-Ionen enthalten dagegen die geladene Gruppe COO^-. Dies genügt auch angesichts des sehr großen unpolaren Teils zur Wechselwirkung mit Wasser.

B

Verzeichnis der Elemente

Symbol	Name	Symbol	Name	Symbol	Name
Ac	Actinium	Ag	Silber	Al	Aluminium
Am	Americium	Ar	Argon	As	Arsen
At	Astat	Au	Gold	B	Bor
Ba	Barium	Be	Beryllium	Bh	Bohrium
Bi	Bismut	Bk	Berkelium	Br	Brom
C	Kohlenstoff	Ca	Calcium	Cd	Cadmium
Ce	Cer	Cf	Californium	Cl	Chlor
Cm	Curium	Co	Cobalt	Cr	Chrom
Cs	Cäsium	Cu	Kupfer	Db	Dubnium
Ds	Darmstadtium	Dy	Dysprosium	Er	Erbium
Es	Einsteinium	Eu	Europium	F	Fluor
Fe	Eisen	Fm	Fermium	Fr	Francium
Ga	Gallium	Gd	Gadolinium	Ge	Germanium
H	Wasserstoff	He	Helium	Hf	Hafnium
Hg	Quecksilber	Ho	Holmium	Hs	Hassium

Symbol	Name	Symbol	Name	Symbol	Name
I	Iod	In	Indium	Ir	Iridium
K	Kalium	Kr	Krypton	La	Lanthan
Li	Lithium	Lr	Lawrencium	Lu	Lutetium
Md	Mendelevium	Mg	Magnesium	Mn	Mangan
Mo	Molybdän	Mt	Meitnerium	N	Stickstoff
Na	Natrium	Nb	Niob	Nd	Neodym
Ne	Neon	Ni	Nickel	No	Nobelium
Np	Neptunium	O	Sauerstoff	Os	Osmium
P	Phosphor	Pa	Protactinium	Pb	Blei
Pd	Palladium	Pm	Promethium	Po	Polonium
Pr	Praseodym	Pt	Platin	Pu	Plutonium
Ra	Radium	Rb	Rubidium	Re	Rhenium
Rf	Rutherfordium	Rg	Roentgenium	Rh	Rhodium
Rn	Radon	Ru	Ruthenium	S	Schwefel
Sb	Antimon	Sc	Scandium	Se	Selen
Sg	Seaborgium	Si	Silizium	Sm	Samarium
Sn	Zinn	Sr	Strontium	Ta	Tantal
Tb	Terbium	Tc	Technetium	Te	Tellur
Th	Thorium	Ti	Titan	Tl	Thallium
Tm	Thulium	U	Uran	Uub	Ununbiium
Uup	Ununpentium	Uuq	Ununquadium	Uut	Ununtrium
V	Vanadium	W	Wolfram	Xe	Xenon
Y	Yttrium	Yb	Ytterbium	Zn	Zink
Zr	Zirconium				

Angaben im PSE

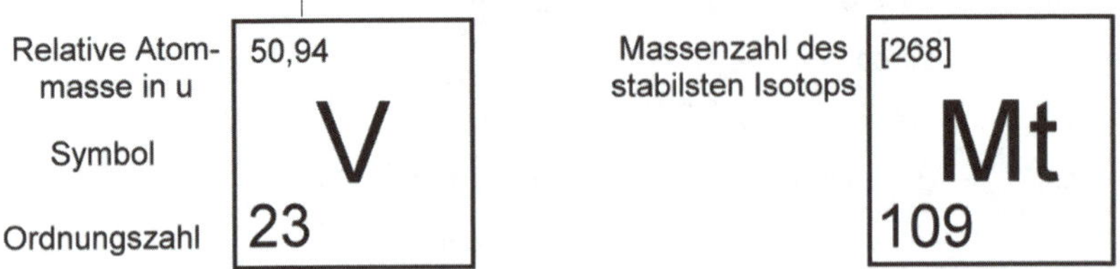

Abb. B.1: Abbildung zum PSE: Angaben zu den Elementen

Periodensystem der Elemente

Perioden	Hauptgruppen I	Hauptgruppen II	Nebengruppen										Hauptgruppen III	Hauptgruppen IV	Hauptgruppen V	Hauptgruppen VI	Hauptgruppen VII	Hauptgruppen VIII
1	1,01 H 1																	4,00 He 2
2	6,94 Li 3	9,01 Be 4											10,81 B 5	12,01 C 6	14,01 N 7	16,00 O 8	19,00 F 9	20,18 Ne 10
3	23,00 Na 11	24,31 Mg 12											26,98 Al 13	28,09 Si 14	30,97 P 15	32,07 S 16	35,45 Cl 17	39,95 Ar 18
4	39,10 K 19	40,08 Ca 20	44,96 Sc 21	47,88 Ti 22	50,94 V 23	52,00 Cr 24	54,94 Mn 25	55,85 Fe 26	58,93 Co 27	58,69 Ni 28	63,55 Cu 29	65,39 Zn 30	69,72 Ga 31	72,64 Ge 32	74,92 As 33	78,96 Se 34	79,90 Br 35	83,80 Kr 36
5	85,47 Rb 37	87,62 Sr 38	88,91 Y 39	91,22 Zr 40	92,91 Nb 41	95,94 Mo 42	[98] Tc 43	101,07 Ru 44	102,91 Rh 45	106,42 Pd 46	107,87 Ag 47	112,41 Cd 48	114,82 In 49	118,71 Sn 50	121,76 Sb 51	127,60 Te 52	126,90 I 53	131,30 Xe 54
6	132,91 Cs 55	137,33 Ba 56	174,97 Lu 71	178,49 Hf 72	180,95 Ta 73	183,84 W 74	186,21 Re 75	190,23 Os 76	192,22 Ir 77	195,08 Pt 78	196,97 Au 79	200,59 Hg 80	204,38 Tl 81	207,20 Pb 82	208,98 Bi 83	[208] Po 84	[210] At 85	[222] Rn 86
7	[223] Fr 87	[226] Ra 88	[262] Lr 103	[261] Rf 104	[262] Db 105	[266] Sg 106	[264] Bh 107	[277] Hs 108	[268] Mt 109	[281] Ds 110	[272] Rg 111	[285] Uub 112	[284] Uut 113	[289] Uuq 114	[288] Uup 115			

138,91 La 57	140,12 Ce 58	140,91 Pr 59	144,24 Nd 60	[145] Pm 61	150,36 Sm 62	151,96 Eu 63	157,25 Gd 64	158,93 Tb 65	162,50 Dy 66	164,93 Ho 67	167,26 Er 68	168,93 Tm 69	173,04 Yb 70

Lanthanoide

[227] Ac 89	232,04 Th 90	231,04 Pa 91	238,03 U 92	[237] Np 93	[244] Pu 94	[243] Am 95	[247] Cm 96	[247] Bk 97	[251] Cf 98	[252] Es 99	[257] Fm 100	[258] Md 101	[259] No 102

Actinoide

Stichwortverzeichnis

Numerisch

A

B

C

D

E

F

G

H

I

J

K

L

M

N

Q

R

S

T

U

V

W

X

Z